平法识图与钢筋翻样

主　编　米　力　牛恒茂
副主编　王　瑾　谢建平　方　军
参　编　张　宁　吴海英　代洪伟
　　　　韩淑芳　李飞云

北京理工大学出版社
BEIJING INSTITUTE OF TECHNOLOGY PRESS

内 容 提 要

本书采用最新的 22G101 系列图集,对接施工员、造价员等岗位职业标准,将技能大赛、"1+X"证书引入实训任务。以真实的施工图为典型案例,分别进行梁、柱、板、基础、剪力墙、楼梯等施工图的识读和钢筋施工翻样的解读。全书设置 7 个学习情景,包括平法识图与钢筋翻样知识准备、梁平法施工图识读与钢筋配料单编制、柱平法施工图识读与钢筋配料单编制、板平法施工图识读与钢筋配料单编制、基础平法施工图识读与钢筋配料单编制、剪力墙平法施工图识读与钢筋配料单编制、楼梯平法施工图识读与钢筋配料单编制。本书内容按岗位工作的典型任务逻辑开发,与工程实际融为一体,突出工程应用,通过制图—标准构造—钢筋翻样学做结合,使学生具备结构施工图的识读和钢筋翻样能力。为顺应"互联网 + 职业教育"需要,本书配套网络资源,满足"线上 + 线下"混合式学习需要,更大限度提升教学效率。改进传统教学方式,促进优质教育资源共享。

本书可作为高等院校、成人高校建筑工程技术、工程造价等建筑类专业教材和教学参考书,也可作为从事建筑行业工作的相关人员的参考用书。

版权专有　侵权必究

图书在版编目(**CIP**)数据

平法识图与钢筋翻样 / 米力,牛恒茂主编 . -- 北京:
北京理工大学出版社,2025. 6.
ISBN 978-7-5763-5537-6

Ⅰ . TU375;TU755.3

中国国家版本馆 CIP 数据核字第 202566ZH27 号

责任编辑:江　立		文案编辑:江　立	
责任校对:周瑞红		责任印制:王美丽	

出版发行 / 北京理工大学出版社有限责任公司

社　　址 / 北京市丰台区四合庄路 6 号

邮　　编 / 100070

电　　话 / (010) 68914026 (教材售后服务热线)

　　　　　　(010) 63726648 (课件资源服务热线)

网　　址 / http://www.bitpress.com.cn

版 印 次 / 2025 年 6 月第 1 版第 1 次印刷

印　　刷 / 河北鑫彩博图印刷有限公司

开　　本 / 787 mm × 1092 mm　1/16

印　　张 / 18.5

字　　数 / 420 千字

定　　价 / 89.00 元

前言

本书根据国家高职高专人才培养目标，依据最新 22G101-1、22G101-2、22G101-3 系列图集和 18G901-1、18G901-2、18G901-3 系列图集及相关规范，由企业专家、学院骨干教师合作开发。本书以活页式教材任务工单为载体，手册式教材和图集为参考，以三维表达、微课、3D 模型交互进行辅助教学的"三位一体"课程体系，符合高职学生学习特点和认知规律，全书多以图片、表格等形式和浅显易懂的文字展现课程知识点，以典型工作任务、实际案例设置实训项目，贴近学生、贴近企业、贴近行业岗位，改变了传统教学思路、教学方式、教学模式，培养学生自主学习，终身学习的理念。全书分为 7 个学习情景，手册分别对梁、柱、板、基础、剪力墙、楼梯构件从制图规则—构造—钢筋翻样进行了解读，内容设置由浅入深、由易到难、环环相扣，并配套使用新型活页式教材实训任务工单，通过工作任务，帮助学生实现从基本知识、基本技能的掌握到为企业进行钢筋翻样的进阶培养。

本书由鄂尔多斯职业学院米力、内蒙古建筑职业技术学院牛恒茂担任主编；鄂尔多斯职业学院王瑾、谢建平，鄂尔多斯市政府投资项目代建中心工程预决算科方军担任副主编；鄂尔多斯职业学院张宁、吴海英，内蒙古建筑职业技术学院代洪伟、韩淑芳，鄂尔多斯建筑业协会李飞云参与编写。具体编写分工为：学习情景 1 由米力、方军编写，学习情景 2 由米力、王瑾编写，学习情景 3 由米力、谢建平编写，学习情景 4 由牛恒茂、吴海英编写，学习情景 5 由米力、牛恒茂编写，学习情景 6 由代洪伟、张宁编写，学习情景 7 由韩淑芳、李飞云编写。方军、李飞云对全书钢筋翻样进行了核对，对实训任务的选取进行了把关，并提出许多宝贵的修改意见。米力、牛恒茂负责最终的通稿工作。部分插图由内蒙古建筑职业技术学院建筑工程技术专业学生张敏、周志伟绘制完成。

本书的编写得到了职业教育智慧教育资源开发项目的支持。同时在编写过程中，得到了鄂尔多斯职业学院、内蒙古建筑职业技术学院、鄂尔多斯建筑业协会、鄂尔多斯市政府投资项目代建中心等单位的领导、骨干教师、技术与管理人员的大力支持，同时参考和引用了书后所列参考文献的部分内容，在此一并向他们表示衷心的感谢！本书视频和 3D 模型交互由北京网梯科技有限公司提供支持。

由于编者水平有限，加上成书仓促，书中难免存在疏漏之处，恳请广大读者批评指正。

编　者

Contents
目录

学习情景1

平法识图与钢筋翻样知识准备

导读 "平法"一词已被建造师、造价师、监理师、预算人员和技术人员普遍采用。"平法识图与钢筋翻样知识准备"学习情景带你认识平法，熟悉平法原理、平法图集，理解建筑结构基本知识，掌握钢筋基础知识，混凝土结构的环境类别，受力钢筋的混凝土保护层厚度，钢筋的锚固，钢筋下料长度计算的基本方法。

素养元素引入 习近平总书记提出的碳达峰、碳中和的"双碳"远大目标，结合平法结构与钢筋翻样课程，以"家国心，钢筋魂"为价值引领，塑造学生具备励志成才、修身齐家、学以报国的家国观。同时，在实践过程以"铸钢筋铁骨""树工匠精神"为主线，潜移默化培养学生的家国情怀和职业素养。增强学生"筋"益求精的精度意识，养成环保意识与低碳意识，增强使命感。

1.1 认识平法

平法是由山东大学陈青来教授发明的，其最大的功绩是对结构设计技术方法、板块的建构，使之理论化、系统化，是对传统设计方法的一次深刻变革。

平法是"混凝土结构施工图平面整体表示方法"的简称，包括制图规则和构造详图。概括来讲，就是把结构构件的尺寸和配筋等，按照平面整体表示方法的制图规则，整体直接表达在各类构件的结构平面布置图上，再与标准构造详图相配合，即构成一套新型完整的结构设计，改变了传统单构件正投影剖面索引再逐个绘制配筋详图和节点构造详图这种烦琐、低效、信息离散的方法。

平法施工图图纸信息高度浓缩、整合，集成度高。图纸的数量减少；图纸的层次清晰；图纸的节点统一；识图、记忆、查找、校对、审核、验收较方便；图纸与施工顺序一致，对结构易形成整体概念。

1.2 平法原理

平法的系统科学原理：视全部设计过程与施工过程为一个完整的主系统。主系统由多个子系统构成，主要包括基础结构、柱墙结构、梁结构、板结构4个子系统，各个子系统有明确的层次性、关联性、相对完整性。

1.2.1　层次性

基础、柱墙、梁、板均为完整的子系统。

1.2.2　关联性

柱、墙以基础为支座——柱、墙与基础关联；梁以柱为支座——梁与柱关联；板以梁为支座——板与梁关联。

1.2.3　相对完整性

基础自成体系，仅有自身的设计内容而无柱或墙的设计内容；柱、墙自成体系，仅有自身的设计内容（包括在支座内的锚固纵筋）而无梁的设计内容；梁自成体系，仅有自身的设计内容（包括锚固在支座内的纵筋）而无板的设计内容；板自成体系，仅有板自身的设计内容（包括锚固在支座内的纵筋）。在设计出图的表现形式上，它们都是独立的板块。

平法贯穿了工程生命周期的全过程。平法从应用的角度看，就是一本有构造详图的制图规则。

1.3　平法图集

1.3.1　最新平法图集

（1）《混凝土结构施工图平面整体表示方法制图规则和构造详图（现浇混凝土框架、剪力墙、梁、板）》（22G101—1）：适用于抗震设防烈度为 6～9 度地区的现浇混凝土框架、剪力墙、框架-剪力墙和部分框支剪力墙等主体结构施工图的设计，以及各类结构中的现浇混凝土板（包括有梁楼盖和无梁楼盖）、地下室结构部分现浇混凝土墙体、柱、梁、板结构施工图的设计。

（2）《混凝土结构施工图平面整体表示方法制图规则和构造详图（现浇混凝土板式楼梯）》（22G101—2）：适用于抗震设防烈度为 6～9 度地区的现浇钢筋混凝土板式楼梯。

（3）《混凝土结构施工图平面整体表示方法制图规则和构造详图（独立基础、条形基础、筏形基础、桩基础）》（22G101—3）：适用于各种结构类型的现浇混凝土独立基础、条形基础、筏形基础（分梁板式和平板式）及桩基础施工图设计。

1.3.2　平法图集的内容

平法图集主要包括平面整体表示方法制图规则和标准构造详图两大部分内容。

1. 平法施工图

平法施工图是在构件类型绘制的结构平面布置图上，直接按平面整体表示方法制图规则标注每个构件的几何尺寸和配筋，同时含有结构设计说明。

2. 标准构造详图

标准构造详图提供的是平法施工图图纸中未表达的节点构造和构件本体构造等不需结

构设计师设计和绘制的内容。节点构造是指构件与构件之间的连接构造，构件本体构造是指节点以外的配筋构造。

平面整体表示方法制图规则主要使用文字表达技术规则，标准构造详图是用图形表达的技术规则。两者相辅相成，缺一不可。

1.4 建筑结构基本知识

1.4.1 建筑结构的概念

建筑结构就是基础、柱（墙）、梁、板等基本构件通过各种形式连接而形成的能够承受荷载的骨架。组成建筑结构的受力构件称为结构构件，如基础、柱、梁、板、楼梯等。

1.4.2 建筑结构的分类

建筑结构的分类方式有很多种，主要按照承重构件的材料和承重结构形式分类。

1. 按承重构件的材料分类

根据承重构件所用的材料不同，建筑结构可分为砖石结构、木结构、混凝土结构、钢结构、混合结构。

2. 按承重结构形式分类

按承重结构形式，建筑结构可分为砖混结构、框架结构、剪力墙结构、框架-剪力墙结构、框支剪力墙结构、筒体结构等。

（1）砖混结构。砖混结构是指竖向承重构件如墙（柱），采用砖、石、砌块等砌筑而成，水平承重构件如梁、板等，采用钢筋混凝土浇筑而成的结构，如图 1.1 所示。

砖混结构墙体承重，抗震能力差，隔声效果差，层高不超过 6 层，造价低，就地取材，施工难度低。

（2）框架结构。框架结构是指以梁、柱（或梁、柱、板）为主要承重构件组成的承重结构体系。这种结构的墙体一般为非承重墙，主要起围护和分隔空间的作用，如图 1.2 所示。

图 1.1 砖混结构

图 1.2 框架结构

框架结构由梁、板、柱组成，墙体不承重。在强震作用下，结构水平位移较大，高度受限，适用于大规模工业化施工。

（3）剪力墙结构。剪力墙结构是以剪力墙为竖向承重构件，板为水平承重构件组成的承重结构体系。墙体同时承受竖向荷载和水平荷载作用。剪力墙结构的墙体既是承重构件，也起分隔和围护作用，如图1.3所示。

剪力墙结构抗震性和承受风荷载的能力强，侧向位移小，适用于高层建筑。但其间距不大，平面布置灵活性差，多用于开间小的房屋。

（4）框架-剪力墙结构。框架-剪力墙结构是指在框架结构中的适当部位增设一定数量的钢筋混凝土剪力墙，形成的框架和剪力墙结合在一起共同承受竖向荷载和水平荷载作用的结构，如图1.4所示。

框架-剪力墙结构平面布置灵活，侧移刚度大，造价较高，施工周期长，适用于高层建筑。

图1.3　剪力墙结构

图1.4　框架-剪力墙结构

（5）框支剪力墙结构。当高层剪力墙结构的下部一层或几层要求有较大空间时，上部设计为剪力墙结构，下部设计为框架或局部框架结构，这种结构体系称为框支剪力墙结构。上层部分不能直接支承在基础的剪力墙上，只能由框架梁支承，则梁称为框支梁，梁将荷载传递给柱，则柱称为框支柱，其上的墙则称为框支剪力墙，如图1.5所示。

框支剪力墙抗震性能好、刚度大、稳定性强，被广泛应用于高层建筑、桥梁、地下结构和大型工业设备等领域。

（6）筒体结构。筒体结构是指由竖向筒体为主组成的承受竖向荷载和水平荷载作用的结构。筒体是由实心钢筋混凝土墙或密柱框架构成的封闭井筒式结构。筒体有实腹筒和空腹筒两种。实腹筒一般由电梯井、楼梯间、管道井等形成，开孔少，因其常位于房屋中部，又称为核心筒。空腹筒又称为框筒，由布置在房屋四周的密排立柱和截面高度很大的横梁组成，梁高一般为 0.6～1.22 m。筒体结构就是由核心筒和框筒等基本单元组成的结构，如图1.6所示。

筒体结构利用房间四周墙体形成封闭筒体，主要抵抗水平荷载，多用于高层或超高层公共建筑中。其刚度好，抗侧力，整体作用抗荷，空间分隔自由，成本高。

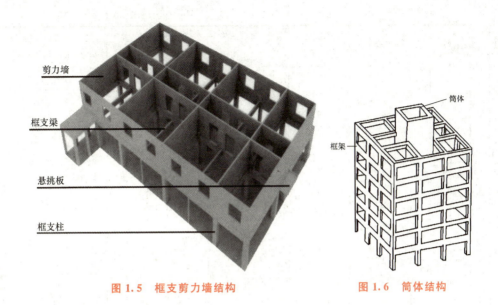

图 1.5　框支剪力墙结构　　　　　图 1.6　简体结构

1.4.3　地震与抗震

1. 地震等级

地震震级是地震的属性，是地震释放能量级别的对数表示，一次地震只有一个震级，如汶川地震，地震震级为 8 级。

2. 地震烈度

地震烈度是建筑物受地震影响破坏的程度，同一次震级的地震，可能造成不同烈度的破坏，如唐山大地震，震中唐山的烈度为 11 度，天津的烈度为 8 度，北京的烈度为 6 度。

3. 抗震设防烈度

设防烈度可以简单理解成某个地区 475 年内所能发生的最强烈的地震烈度。它是某个地区的属性，如北京地区的抗震设防烈度是 8 度，广州是 7 度。抗震设防烈度为 6 度也就是能防御 6 度的地震破坏烈度，不是防御 6 级地震，可能 6 级的地震破坏程度就能达到 8 度。

4. 抗震设防类别

（1）甲类建筑：涉及国家公共安全的重大建筑工程。

（2）乙类建筑：生命线工程及大型公共建筑。

（3）丙类建筑：大量的民用建筑及工业建筑。

（4）丁类建筑：抗震次要工程。

5. 抗震等级

抗震等级根据设防类别、结构类型、烈度、房屋高度四个因素确定，根据《建筑抗震设计标准（2024 年版）》（GB 50011—2010）规定可查表 1.1。

表 1.1　现浇钢筋混凝土房屋的抗震等级

结构类型			6		7		8		9	
框架结构		高度/m	≤24	>24	≤24	>24	≤24	>24	9	
									≤24	
	框架		四	三	三	二	二	一	一	
	大跨度框架		三		二		一		一	
框架-抗震墙结构		高度/m	≤60	>60	≤24	25~60	>60	≤24	25~60	>60	≤24	25~50
	框架		四	三	四	三	二	三	二	一	二	一
	抗震墙		三		三	二		二	一		一	
抗震墙结构		高度/m	≤80	>80	≤24	25~80	>80	≤24	25~80	>80	≤24	25~60
	剪力墙		四	三	四	三	二	三	二	一	二	一
部分框支抗震墙结构		高度/m	≤80	>80	≤24	25~80	>80	≤24	25~80			
	抗震墙	一般部位	四	三	四	三	二	三	二			
		加强部位	三	二	三	二	一	二	一			
	框支层框架		二		二		二	一	一			
框架-核心筒结构	框架		三		二		一		一			
	核心筒		二		二		一		一			
筒中筒结构	外筒		三		二		一		一			
	内筒		三		二		一		一			
板柱-抗震墙结构		高度/m	≤35	>35	≤35	>35	≤35	>35			
	框架、板柱的柱		三	二	二	二	一	一			
	抗震墙		三	二	二	一	二	一			

注：1. 建筑场地为 I 类时，除 6 度外应允许按表内降低一度所对应的抗震等级采取抗震构造措施，但相应的计算要求不应降低；
2. 接近或等于高度分界时，应允许结合房屋不规则程度及场地、地基条件确定抗震等级；
3. 大跨度框架指跨度不小于 18 m 的框架；
4. 高度不超过 60 m 的框架-核心筒结构按框架-抗震墙结构的规定确定其抗震等级。

6. 建筑场地类别

根据《建筑抗震设计标准（2024 年版）》（GB/T 50011—2010）第 4.1.6 条，建筑的场地类别应根据土层等效剪切波速和场地覆盖层厚度按表 1.2 划分为四类，其中 I 类分为 I_0、I_1 两个亚类。当有可靠的剪切波速和覆盖层厚度且其值处于表 1.2 所列场地类别的分界线附近时，应允许按插值方法确定地震作用计算所用的特征周期。

表 1.2　各类建筑场地的覆盖层厚度　　　　　　　　　　　m

岩石的剪切波速或土的等效剪切波速/（m·s^{-1}）	场地类别				
	I_0	I_1	II	III	IV
$v_s > 800$	0				
$800 \geqslant v_s > 500$		0			
$500 \geqslant v_{se} > 250$		<5	≥5		
$250 \geqslant v_{se} > 150$		<3	3~50	>50	
$v_{se} \leqslant 150$		<3	3~15	15~80	>80

注：表中 v_s 是岩石的剪切波速。

1.5　钢筋基础知识

1.5.1　钢筋的分类

钢筋的种类很多，通常按化学成分、生产工艺、轧制外形、供应形式、直径大小，以及在结构中的用途分类。

1. 按轧制外形分类

按轧制外形分类，钢筋可分为光面钢筋、带肋钢筋、钢丝（分低碳钢丝和碳素钢丝两种）及钢绞线、冷轧扭钢筋。

2. 按直径大小分类

按直径大小分类，钢筋可分为钢丝（直径为 3~5 mm）、细钢筋（直径为 6~10 mm）、粗钢筋（直径大于 22 mm）。

3. 按力学性能分类

按强度等级分类，钢筋可分为 HPB300 级钢筋、HRB400 级钢筋和 HRB500 级钢筋等。

4. 按生产工艺分类

按生产工艺分类，钢筋可分为热轧钢筋、余热处理钢筋、冷轧带肋钢筋等。

1.5.2　钢筋牌号的含义

根据《混凝土结构通用规范》（GB 55008—2021）、《钢筋混凝土用钢 第 1 部分：热轧光圆钢筋》（GB 1499.1—2024）及《钢筋混凝土用钢 第 2 部分：热轧带肋钢筋》（GB 1499.2—2024），钢筋牌号含义见表 1.3。

表 1.3　钢筋牌号的构成及其含义

类别	牌号	牌号构成	英文字母含义
热轧光圆钢筋	HPB300	由 HPB+屈服强度特征值构成	HPB—热轧光圆钢筋的英文（Hot rolled Plain Bars）
普通热轧钢筋	HRB400	由 HRB+屈服强度特征值构成	HRB—热轧带肋钢筋的英文（Hot rolled Ribbed Bars）缩写。 E—"地震"的英文（Earthquake）首位字母
普通热轧钢筋	HRB500	由 HRB+屈服强度特征值构成	HRB—热轧带肋钢筋的英文（Hot rolled Ribbed Bars）缩写。 E—"地震"的英文（Earthquake）首位字母
普通热轧钢筋	HRB600	由 HRB+屈服强度特征值构成	HRB—热轧带肋钢筋的英文（Hot rolled Ribbed Bars）缩写。 E—"地震"的英文（Earthquake）首位字母
普通热轧钢筋	HRB400E	由 HRB+屈服强度特征值+E 构成	HRB—热轧带肋钢筋的英文（Hot rolled Ribbed Bars）缩写。 E—"地震"的英文（Earthquake）首位字母
普通热轧钢筋	HRB500E	由 HRB+屈服强度特征值+E 构成	HRB—热轧带肋钢筋的英文（Hot rolled Ribbed Bars）缩写。 E—"地震"的英文（Earthquake）首位字母
细晶粒热轧钢筋	HRBF400	由 HRBF+屈服强度特征值构成	HRBF—在热轧带肋钢筋的英文缩写后加"细"的英文（Fine）首位字母。 E—"地震"的英文（Earthquake）首位字母
细晶粒热轧钢筋	HRBF500	由 HRBF+屈服强度特征值构成	HRBF—在热轧带肋钢筋的英文缩写后加"细"的英文（Fine）首位字母。 E—"地震"的英文（Earthquake）首位字母
细晶粒热轧钢筋	HRBF400E	由 HRBF+屈服强度特征值+E 构成	HRBF—在热轧带肋钢筋的英文缩写后加"细"的英文（Fine）首位字母。 E—"地震"的英文（Earthquake）首位字母
细晶粒热轧钢筋	HRBF500E	由 HRBF+屈服强度特征值+E 构成	HRBF—在热轧带肋钢筋的英文缩写后加"细"的英文（Fine）首位字母。 E—"地震"的英文（Earthquake）首位字母

1.6　混凝土结构的环境类别

影响混凝土结构耐久性最重要的因素就是环境，环境分类应根据其对混凝土结构耐久性的影响而确定。混凝土结构环境类别的划分主要适用于混凝土结构正常使用极限状态的验算和耐久性设计。环境类别的划分应符合表 1.4 的要求。

表 1.4　混凝土结构的环境类别

环境类别	条件
一	室内干燥环境； 无侵蚀性静水浸没环境
二 a	室内潮湿环境； 非严寒和非寒冷地区的露天环境； 非严寒和非寒冷地区与无侵蚀性的水或土壤直接接触的环境； 严寒和寒冷地区的冰冻线以下与无侵蚀性的水或土壤直接接触的环境
二 b	干湿交替环境； 水位频繁变动环境； 严寒和寒冷地区的露天环境； 严寒和寒冷地区冰冻线以上与无侵蚀性的水或土壤直接接触的环境

续表

环境类别	条件
三 a	严寒和寒冷地区冬季水位变动区环境； 受除冰盐影响环境； 海风环境
三 b	盐渍土环境； 受除冰盐作用环境； 海岸环境
四	海水环境
五	受人为或自然的侵蚀性物质影响的环境

注：1. 室内潮湿环境是指构件表面经常处于结露或湿润状态的环境。

　　2. 严寒和寒冷地区的划分应符合现行国家标准《民用建筑热工设计规范》（GB 50176—2016）的有关规定。

　　3. 海岸环境和海风环境宜根据当地情况，考虑主导风向及结构所处迎风、背风部位等因素的影响，由调查研究和工程经验确定。

　　4. 受除冰盐影响环境是指受到除冰盐盐雾影响的环境；受除冰盐作用环境是指被除冰盐溶液溅射的环境以及使用除冰盐地区的洗车房、停车楼等建筑。

　　5. 混凝土结构的环境类别是指混凝土暴露表面所处的环境条件

1.7　受力钢筋的混凝土保护层厚度

1.7.1　混凝土保护层的作用

在混凝土结构中，钢筋被包裹在混凝土内，由受力钢筋外边缘到混凝土构件表面的最小距离称为保护层厚度。混凝土保护层的作用如下。

1. 保证混凝土与钢筋共同工作

确保混凝土与钢筋共同工作，是保证结构构件承载能力和结构性能的基本条件。

2. 保护钢筋不锈蚀，确保结构安全和耐久性

影响钢筋混凝土结构耐久性，造成其结构破坏的因素很多，如氯离子侵蚀、冻融破坏，混凝土不密实，裂缝，混凝土碳化，碱集料反应等在一定环境条件下都能造成钢筋锈蚀引起结构破坏。钢筋锈蚀后，铁锈体积膨胀，体积一般增加到 2～4 倍，致使混凝土保护层开裂，潮气或水分渗入，加快和加重钢筋继续锈蚀，导致建筑物破坏。混凝土保护层对防止钢筋锈蚀具有保护作用。这种保护作用在无有害物质侵蚀下才能有效。但是，保护层混凝土的碳化给钢筋锈蚀提供了外部条件。因此，混凝土碳化对钢筋锈蚀有很大影响，关系到结构的耐久性和安全性。

3. 保护钢筋不受高温（火灾）影响

钢筋混凝土的保护层必须具有一定的厚度，使建筑结构在高温条件下或遇有火灾时，

保护钢筋不因受到高温影响，使结构急剧丧失承载力而倒塌。因此，保护层的厚度与建筑物的耐火性有关。混凝土和钢筋均属非燃烧体，以砂石为骨料的混凝土一般可耐 700 ℃高温。钢筋混凝土结构不能直接接触明火火源，应避免高温辐射。由于施工原因造成保护层过小，一旦建筑物发生火灾，会对建筑物耐火等级或耐火极限造成影响。这些因素在设计时均应考虑。混凝土保护层按建筑物耐火等级要求规定的厚度设计时，遇有火灾可以保护结构或延缓结构倒塌时间，可为人口疏散和物资转移提供一定的缓冲时间。如保护层过小，可能会失去缓冲时间，造成生命、财产的更大损失。

1.7.2　混凝土保护层的厚度

图集 22G101 规定，纵向受力钢筋的混凝土保护层厚度应符合表 1.5 的要求。

表 1.5　混凝土保护层的最小厚度　　　　　　　　　　　　　　　　　mm

环境类别	一	二 a	二 b	三 a	三 b
板、墙	15	20	25	30	40
梁、柱	20	25	35	40	50

注：1. 表中混凝土保护厚度指最外层钢筋外边缘至混凝土表面的距离，适用于设计工作年限为 50 年的混凝土结构。
　　2. 构件中受力钢筋的保护层厚度不应小于钢筋的公称直径。
　　3. 一类环境中，设计工作年限为 100 年的结构最外层钢筋的保护层厚度不应小于表中数值的 1.4 倍；二、三类环境中，设计工作年限为 100 年的结构应采取专门的有效措施。四类和五类环境类别的混凝土结构，其耐久性要求应符合现行国家有关标准的规定。
　　4. 混凝土强度等级为 C25 时，表中保护层厚度数值应增加 5 mm。
　　5. 基础底面钢筋的保护层厚度，有混凝土垫层时应从垫层顶面算起，且不应小于 40 mm

1.8　钢筋的锚固

1.8.1　受拉钢筋基本锚固长度

当计算中充分利用钢筋抗拉强度时，受拉钢筋基本锚固长度为

$$l_{ab}=\alpha\frac{f_y}{f_t}d$$

式中　l_{ab}——受拉钢筋的基本锚固长度；

　　　　f_y——钢筋屈服强度；

　　　　f_t——混凝土轴心抗拉强度设计值，当混凝土强度等级高于 C60 时，按 C60 取值；

　　　　d——锚固钢筋的直径；

　　　　α——锚固钢筋的外形系数，按表 1.6 取用。

表 1.6 锚固钢筋外形系数 α

钢筋类型	光圆钢筋	带肋钢筋	螺旋肋钢丝	三股钢绞线	七股钢绞线
α	0.16	0.14	0.13	0.16	0.17

受拉钢筋基本锚固长度 l_{ab} 取值见表 1.7，抗震设计时受拉钢筋基本锚固长度 l_{abE} 见表 1.8。

表 1.7 受拉钢筋基本锚固长度 l_{ab}

钢筋种类	混凝土强度等级							
	C25	C30	C35	C40	C45	C50	C55	≥C60
HPB300	$34d$	$30d$	$28d$	$25d$	$24d$	$23d$	$22d$	$21d$
HRB400、HRBF400、RRB400	$40d$	$35d$	$32d$	$29d$	$28d$	$27d$	$26d$	$25d$
HRB500、HRBF500	$48d$	$43d$	$39d$	$36d$	$34d$	$32d$	$31d$	$30d$

表 1.8 抗震设计时受拉钢筋基本锚固长度 l_{abE}

钢筋种类		混凝土强度等级							
		C25	C30	C35	C40	C45	C50	C55	≥C60
HPB300	一、二级	$39d$	$35d$	$32d$	$29d$	$28d$	$26d$	$25d$	$24d$
	三级	$36d$	$32d$	$29d$	$26d$	$25d$	$24d$	$23d$	$22d$
HRB400 HRBF400	一、二级	$46d$	$40d$	$37d$	$33d$	$32d$	$31d$	$30d$	$29d$
	三级	$42d$	$37d$	$34d$	$30d$	$29d$	$28d$	$27d$	$26d$
HRB500 HRBF500	一、二级	$55d$	$49d$	$45d$	$41d$	$39d$	$37d$	$36d$	$35d$
	三级	$50d$	$45d$	$41d$	$38d$	$36d$	$34d$	$33d$	$32d$

注：1. 四级抗震时，$l_{abE}=l_{ab}$。

2. 混凝土强度等级应取锚固区的混凝土强度等级。

3. 当锚固钢筋的保护层厚度不大于 5d 时，锚固钢筋长度范围内应设置横向构造钢筋，其直径不应小于 $d/4$（d 为锚固钢筋的最大直径）；对梁、柱等构件间距不应大于 5d，对板、墙等构件间距不应大于 10d，且均不应大于 100 mm（d 为锚固钢筋的最小直径）

1.8.2 受拉钢筋锚固长度

受拉钢筋锚固长度 l_a 取值见表 1.9，受拉钢筋抗震锚固长度 l_{aE} 见表 1.10。

表 1.9 受拉钢筋锚固长度 l_a

钢筋种类	C25		C30		C35		C40		C45		C50		C55		≥C60	
	d≤25	d>25	d≤25	d>25	d≤25	d>25	d≤25	d>25	d≤25	d>25	d≤25	d>25	d≤25	d>25	d≤25	d>25
HPB300	34d	—	30d	—	28d	—	25d	—	24d	—	23d	—	22d	—	21d	—
HRB400、HRBF400、RRB400	40d	44d	35d	39d	32d	35d	29d	32d	28d	31d	27d	30d	26d	29d	25d	28d
HRB500、HRBF500	48d	53d	43d	47d	39d	43d	36d	40d	34d	37d	32d	35d	31d	34d	30d	33d

表 1.10 受拉钢筋抗震锚固长度 l_{aE}

钢筋种类		C25		C30		C35		C40		C45		C50		C55		≥C60	
		d≤25	d>25	d≤25	d>25	d≤25	d>25	d≤25	d>25	d≤25	d>25	d≤25	d>25	d≤25	d>25	d≤25	d>25
HPB300	一、二级	39d	—	35d	—	32d	—	29d	—	28d	—	26d	—	25d	—	24d	—
	三级	36d	—	32d	—	29d	—	26d	—	25d	—	24d	—	23d	—	22d	—
HRB400、HRBF400	一、二级	46d	51d	40d	45d	37d	40d	33d	37d	32d	36d	31d	35d	30d	33d	29d	32d
	三级	42d	46d	37d	41d	34d	37d	30d	34d	29d	33d	28d	32d	27d	30d	26d	29d
HRB500、HRBF500	一、二级	55d	61d	49d	54d	45d	49d	41d	46d	39d	43d	37d	40d	36d	39d	35d	38d
	三级	50d	56d	45d	49d	41d	45d	38d	42d	36d	39d	34d	37d	33d	36d	32d	35d

注：1. 当为环氧树脂涂层带肋钢筋时，表中数据尚应乘以 1.25。

2. 当纵向受拉钢筋在施工过程中易受扰动时，表中数据尚应乘以 1.1。

3. 当锚固长度范围内纵向受力钢筋周边保护层厚度为 3d（d 为锚固钢筋的直径）时，表中数据可乘以 0.8；保护层厚度不小于 5d 时，表中数据可乘以 0.7；中间时按内插值。

4. 当纵向受拉普通钢筋锚固长度修正系数（注 1～注 3）多于一项时，可按连乘计算。

5. 受拉钢筋的锚固长度 l_a、l_{aE} 计算值不应小于 200 mm。

6. 四级抗震时，$l_{aE}=l_a$。

7. 当锚固钢筋的保护层厚度不大于 5d 时，锚固长度范围内应设置横向构造钢筋，其直径不应小于 d/4（d 为锚固钢筋的最大直径）；对梁、柱等构件间距不应大于 5d，对板、墙等构件间距不应大于 10d，且均不应大于 100 mm（d 为锚固钢筋的最小直径）。

8. HPB300 钢筋末端应做 180°弯钩，做法详见图集 22G101—1 第 2—2 页。

9. 混凝土强度等级应取锚固区的混凝土强度等级。

1.8.3　受拉钢筋各种锚固长度的逻辑关系

l_{ab}、l_{abE}、l_a、l_{aE} 之间的逻辑关系如图 1.7 所示，l_{ab}、l_{abE} 换算关系见表 1.11，l_a、l_{aE} 换算关系见表 1.12、l_{ab}、l_a 换算关系见表 1.13。系数 ζ_a 的取值：当 $d \leqslant 25$ 时，$\zeta_a = 1$；$d > 25$ 时，$\zeta_a = 1.1$。

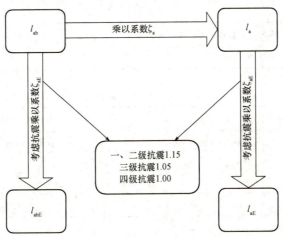

图 1.7　l_{ab}、l_{abE}、l_a、l_{aE} 之间的逻辑关系

表 1.11　l_{ab}、l_{abE} 之间的换算关系

受拉钢筋基本锚固长度 l_{ab}			抗震设计时受拉钢筋基本锚固长度 l_{abE}			
钢筋种类	混凝土强度等级		钢筋种类		混凝土强度等级	
	C30	C35			C30	C35
HPB300	$30d$	$28d$	HPB300	一、二级	$30d \times 1.15 = 35d$	$28d \times 1.15 = 32d$
				三级	$30d \times 1.05 = 32d$	$28d \times 1.05 = 29d$
HRB400、HRBF400 RRB400	$35d$	$32d$	HRB400 HRBF400	一、二级	$35d \times 1.15 = 40d$	$32d \times 1.15 = 37d$
				三级	$35d \times 1.05 = 37d$	$32d \times 1.05 = 34d$
HRB500、HRBF500	$43d$	$39d$	HRB500 HRBF500	一、二级	$43d \times 1.15 = 49d$	$39d \times 1.15 = 45d$
				三级	$43d \times 1.05 = 45d$	$39d \times 1.05 = 41d$
注：连同样钢筋种类，同样混凝土强度的条件下，相同条件下，$l_{abE} = \zeta_{aE} l_{ab}$，$\zeta_{aE}$ 取值如图 1.7 所示						

表 1.12　l_a、l_{aE} 之间的换算关系

受拉钢筋锚固长度 l_a					受拉钢筋锚固长度 l_{aE}				
钢筋种类	混凝土强度等级				钢筋种类		混凝土强度等级		
	C30		C35				C30		C35	
	$d \leqslant 25$	$d > 25$	$d \leqslant 25$	$d > 25$			$d \leqslant 25$	$d > 25$	$d \leqslant 25$	$d > 25$
HPB300	$30d$	—	$28d$	—	HPB300	一、二级	$35d$	—	$32d$	—
						三级	$32d$	—	$29d$	—

续表

受拉钢筋锚固长度 l_a						受拉钢筋锚固长度 l_{aE}			
HRB400、HRBF400、RRB400	35d	39d	32d	35d	HRB400、HRBF400	一、二级	40d	45d	37d	40d
						三级	37d	41d	34d	37d
HRB500、HRBF500	43d	47d	39d	43d	HRB500、HRBF500	一、二级	49d	54d	45d	49d
						三级	45d	49d	41d	45d

注：1. 同样钢筋种类，同样混凝土强度的条件下，相同条件下，$l_{aE}=\zeta_{aE}l_a$，ζ_{aE} 取值如图 1.7 所示。
　　2. 钢筋直径大于 25，乘以系数 1.1。

表 1.13　l_{ab}、l_a 之间的换算关系

受拉钢筋基本锚固长度 l_{ab}			受拉钢筋基本锚固长度 l_a			
钢筋种类	混凝土强度等级		混凝土强度等级			
	C30	C35	C30		C35	
			$d \leqslant 25$	$d > 25$	$d \leqslant 25$	$d > 25$
HPB300	30d	28d	30d	—	28d	—
HRB400、HRBF400、RRB400	35d	32d	35d	39d	32d	35d
HRB500、HRBF500	43d	39d	43d	47d	39d	43d
钢筋直径大于 25，乘以系数 1.1 43d×1.1＝47d						

1.8.4　钢筋的锚固形式

受力钢筋的机械锚固形式如图 1.8 所示。

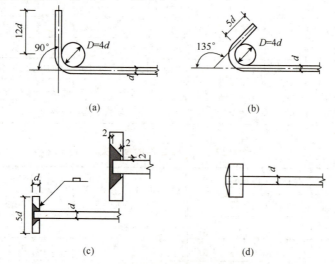

图 1.8　纵向钢筋弯钩与机械锚固形式

（a）末端带 90°弯钩；（b）末端带 135°弯钩；（c）末端与锚板穿孔塞焊；（d）末端带螺栓锚头

（1）当纵向受拉普通钢筋末端采用弯钩或机械锚固措施时，包括弯钩或锚固端头在内的锚固长度（投影长度）可取为基本锚固长度的 60%。

（2）焊缝和螺纹长度应满足承载力的要求；钢筋锚固板的规格和性能应符合现行行业标准《钢筋锚固板应用技术规程》（JGJ 256—2011）的有关规定。

（3）钢筋锚固板（螺栓锚头或焊端锚板）的承压净面积不应小于锚固钢筋截面面积的 4 倍；钢筋净间距不宜小于 4d，否则应考虑群锚效应的不利影响。

（4）受压钢筋不应采用末端弯钩的锚固形式。

（5）500 MPa 级带肋钢筋末端采用弯钩锚固措施时，当直径 $d \leqslant 25$ mm 时，钢筋弯折的弯弧内直径不应小于钢筋直径的 6 倍；当直径 $d > 25$ mm 时，不应小于钢筋直径的 7 倍。

（6）图集 22G101 构造详图中标注的钢筋端部弯折段长度 15d 均为 400 MPa 级钢筋的弯折段长度。当采用 500 MPa 级带肋钢筋时，应保证钢筋锚固弯后直段长度和弯弧内直径的要求。

1.9　钢筋下料长度基本计算

1.9.1　钢筋弯钩的相关规定

结合图集 22G101、《混凝土结构工程施工质量验收规范》（GB 50204—2015）有关内容，如图 1.9 所示，总结如下。

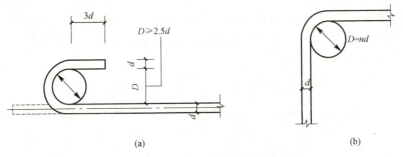

（a）　　　　　　　　　　　　　　　　　　　（b）

图 1.9　钢筋弯折的弯弧内直径 *D*

（a）光圆钢筋末端 180°弯钩；（b）末端 90°弯折

1. 钢筋弯折的弯弧内直径规定

钢筋弯折的弯弧内直径应符合下列规定：

（1）光圆钢筋不应小于钢筋直径的 2.5 倍。

（2）400 MPa 级带肋钢筋不应小于钢筋直径的 4 倍。

（3）500 MPa 级带肋钢筋，当直径 $d \leqslant 25$ mm 时，不应小于钢筋直径的 6 倍；当直径 $d > 25$ mm 时，不应小于钢筋直径的 7 倍。

（4）位于框架结构顶层端节点处的梁上部纵向钢筋和柱外侧纵向钢筋，在节点角部弯折处，当钢筋直径 $d \leqslant 25$ mm 时，不应小于钢筋直径的 12 倍；当直径 $d > 25$ mm 时，不应小于钢筋直径的 16 倍。

（5）箍筋弯折处还不应小于纵向受力钢筋直径；箍筋弯折处纵向受力钢筋为搭接或并筋时，应按钢筋实际排布情况确定箍筋弯弧内直径。

2. 平直段长度规定

纵向受力钢筋的弯折后平直段长度应符合设计要求。光圆钢筋末端作 180°弯钩时，弯钩的平直段长度不应小于钢筋直径的 3 倍。

3. 箍筋、拉结筋的末端规定

箍筋、拉结筋的末端应按设计要求作弯钩，并应符合下列规定：

（1）对一般结构构件，箍筋弯钩的弯折角度不应小于 90°，弯折后平直段长度不应小于箍筋直径的 5 倍；对有抗震设防要求或设计有专门要求的结构构件，箍筋弯钩的弯折角度不应小于 135°，弯折后平直段长度不应小于箍筋直径的 10 倍。

（2）圆形箍筋的搭接长度不应小于其受拉锚固长度，且两末端弯钩的弯折角度不应小于 135°，弯折后平直段长度对一般结构构件不应小于箍筋直径的 5 倍，对有抗震设防要求的结构构件不应小于箍筋直径的 10 倍。

（3）梁、柱复合箍筋中的单肢箍筋两端弯钩的弯折角度均不应小于 135°，弯折后平直段长度应符合第（1）款对箍筋的有关规定。

1.9.2 弯曲调整值

结构施工图中注写名称的钢筋尺寸是钢筋的外轮廓尺寸（从钢筋外皮到外皮量得的尺寸），在钢筋加工时，也按外包尺寸进行验收。钢筋弯曲后的特点是在钢筋弯曲处，内皮缩短，外皮延伸，而中心线尺寸不变，故钢筋的下料长度即中心线尺寸。钢筋成型后量度尺寸都是沿直线量外皮尺寸；同时弯曲处又呈圆弧，因此弯曲钢筋的尺寸大于下料尺寸，两者之间的差值称为弯曲调整值，即在下料时，下料长度应用量度尺寸减去弯曲调整值。

1. 弯曲 90°时弯曲调整值计算

如图 1.10 所示，推导如下，常见弯曲调整值见表 1.14。

$$\Delta = 2 \times \left(\frac{D}{2} + d \right) - \frac{1}{4} \times \pi \left(D + \frac{d}{2} \right) = 0.215D + 1.215d$$

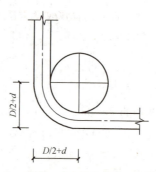

图 1.10 弯曲 90°时弯曲调整值计算示意

（注：D 为弯心直径，d 为钢筋直径，下同）

表 1.14　常见 90°弯曲调整值表

弯曲角度 90°时弯曲调整值：$\Delta = 0.215D + 1.215d$				
弯弧内直径	$D = 4d$	$D = 6d$	$D = 7d$	$D = 12d$	$D = 16d$
弯曲调整值	$2.075d$	$2.505d$	$2.720d$	$3.795d$	$4.655d$

2. 弯曲 45°时弯曲调整值计算

如图 1.11 所示，弯曲 45°时弯曲调整值计算公式为

$$\Delta = 2\left(\frac{D}{2} + d\right)\tan 22.5° - \frac{45\pi}{180}\left(\frac{D+d}{2}\right) = 0.022D + 0.436d$$

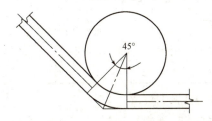

图 1.11　弯曲 45°时弯曲调整值计算示意

3. 180°弯钩增加长度

为了保证可靠黏结与锚固光圆钢筋（HPB300）末端做成弯钩，作为受力钢筋时，要求做 180°半圆弯钩，且平直段为 $3d$（图 1.12）。其增加长度计算如下：

$$l = \left(\pi\frac{D+d}{2} + 3d\right) - \left(\frac{D+d}{2}\right)$$

当 $D = 2.5d$ 时，$l = 6.25d$。

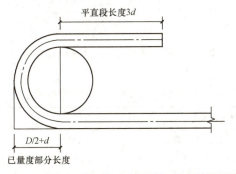

平直段长度 $3d$

$D/2 + d$

已量度部分长度

图 1.12　弯曲 180°弯钩时弯钩增加长度计算示意

（注：D 为弯心直径，d 为钢筋直径，下同）

4. 常用箍筋弯钩增加长度与弯曲调整值

设 D 为圆弧弯曲直径，d 为钢筋直径，L_p 为弯钩的平直部分长度，箍筋弯钩增加长度计算见表 1.15，钢筋弯折各种角度时的弯曲调整值计算见表 1.16。

表 1.15　弯钩增加长度

弯钩角度	180°	135°	90°
弯钩增长公式 L_z	$1.071D + 0.571d + L_p$	$0.678D + 0.178d + L_p$	$0.285D - 0.215d + L_p$

续表

弯钩角度	180°	135°	90°
L_p	$3d$	$10d$	$5d$
圆弧弯曲半径 D 参照《混凝土结构工程施工质量验收规范》（GB 50204—2015）与 22G101 相关构造			

表 1.16　钢筋弯折时的弯曲调整值

弯折角度 α	弯曲调整值公式	备注
30°	$0.006D+0.274d$	
45°	$0.022D+0.436d$	
60°	$0.053D+0.631d$	D 值根据 22G101 相关构造及各地实际情况、操作经验确定
90°	$0.215D+1.215d$	
135°	$0.236D+1.65d$	

5. 常用箍筋弯钩增加长度与弯曲调整值

按图 1.13 所示的量法，下料长度为

$$l_x = a+b+c-\left[2(D+2d)\tan\frac{\theta}{2}-d(\csc\theta-c\tan\theta)-\frac{\pi\theta}{180}(D+d)\right]$$

式中末项的括号内即弯曲调整值。将弯折角度为 30°、45°、60°代入，可得弯起钢筋弯曲调整值见表 1.17。

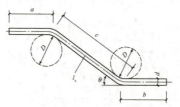

图 1.13　弯起钢筋的弯曲调整值计算简图

表 1.17　弯起钢筋的弯曲调整值

弯起角度 θ	弯曲调整值公式	备注
30°	$0.012D+0.28d$	
45°	$0.043D+0.457d$	D 值根据 22G101 相关构造及各地实际情况、操作经验确定
60°	$0.108D+0.685d$	

1.9.3　钢筋下料长度

1. 钢筋下料长度

钢筋下料长度 $l = \sum$外包尺寸－弯曲调整值＋弯钩增加长度

[案例 1] 试求 135°/135°弯钩矩形箍筋下料长度。

【案例解析】

因：　　　钢筋下料长度 $l = \sum$外包尺寸－弯曲调整值＋弯钩增加长度

故 135°/135°弯钩矩形箍筋下料长度 (l)：

下料长度 $l=$ 箍筋外包周长 -3 个 90°弯曲调整值 $+2$ 个 135°弯钩增加值

箍筋外包尺寸 $=2(b-2c)+2(h-2c)$

(1) HPB300 级钢筋。

$$90°弯曲调整值=0.215D+1.215d$$
$$=0.215\times2.5d+1.215d$$
$$=1.75d$$
$$135°弯钩增加值=0.678D+0.178d+L_p$$
$$=0.678\times2.5d+0.178d+10d$$
$$=11.87d$$

$l=2(b-2c)+2(h-2c)+18.5d$

即 $l=$ 外包尺寸 $+18.5d$

这里 D 取 $2.5d$、L_p 取 $10d$。

(2) HRB400 级钢筋。

$$90°弯曲调整值=0.215D+1.215d$$
$$=0.215\times4d+1.215d$$
$$=2.08d$$
$$135°弯钩增加值=0.678D+0.178d+L_p$$
$$=0.678\times4d+0.178d+10d$$
$$=12.89d$$

$l=2(b-2c)+2(h-2c)+19.5d$

这里 D 取 $4d$、L_p 取 $10d$。

式中　b——构件截面宽；

h——构件截面高；

d——箍筋直径；

c——混凝土构件保护层厚。

[案例2] 拉结筋下料长度。

【案例解析】

拉结筋一般既要拉住箍筋也要拉住主筋，下料长度为

$$l=(b-2c+2d)+2 个 135°弯钩增加值$$

当为 HPB300 级钢筋时

$$135°弯钩增加值=0.678D+0.178d+L_p$$
$$=0.678\times2.5d+0.178d+10d$$
$$=11.87d$$

下料长度为

$$l=(b-2c+2d)+2 个 135°弯钩增加值$$
$$=(b-2c+2d)+23.8d$$
$$=b-2c+25.8d$$

2. 钢筋的配料计算

钢筋配料是根据结构施工图，分别计算构件各根钢筋的下料长度、根数、质量，并编制钢筋配料单，绘制出钢筋加工形状、尺寸，以作为钢筋备料、加工和结算的依据。钢筋配料是钢筋工程施工的重要一环。

（1）配料程序。看懂构件配筋图→绘制出单根钢筋简图→编号→计算下料长度和根数→填写配料表→申请加工。

（2）钢筋配料单设计。

1）钢筋配料单的作用与形式。钢筋配料单是根据施工设计图纸标定钢筋的品种、规格及外形尺寸、数量进行编号，并计算下料长度，用表格形式表达的技术文件。

①作用：钢筋配料单是确定钢筋下料加工的依据；是提出材料计划、签发施工任务单和限额领料单的依据；是钢筋施工的重要工序。合理的配料单能节约材料、简化施工操作。

②形式：钢筋配料单一般用表格的形式反映，其内容由构件名称、钢筋编号、钢筋简图、尺寸、钢号、数量、下料长度及质量等内容组成。

2）钢筋配料单的编制方法及步骤。

①熟悉构件配件钢筋图，弄清楚每一编号钢筋的直径、规格、种类、形状和数量，以及在构件中的位置和相互关系。

②绘制钢筋简图。

③计算每种规格的钢筋下料长度。

④填写钢筋配料单。

⑤填写钢筋料牌。

3）钢筋的标牌与标识。钢筋除填写配料单外，还需要将每一编号的钢筋制作相应的标牌与标识，即料牌，作为钢筋加工的依据，并在安装中作为区别、核实工程项目钢筋的标志。

在钢筋混凝土工程施工过程中，先依据施工图（平面标注法）识别各类钢筋，然后依据各类钢筋的不同形式计算出下料长度，形成最终的钢筋配料单。

学习情景2

梁平法施工图识读与钢筋配料单编制

导 读 梁是指水平方向的长条形承重构件，是框架结构必不可少的构件之一。本学习情境主要阐述梁平法制图规则和标准构造详图，使学生掌握钢筋混凝土梁平法施工图的表示方法，熟练掌握梁的平法注写方式和截面注写方式，掌握钢筋混凝土梁的标准构造；能独立完成梁的施工图识读及梁内钢筋翻样。

素养元素引入 以"梁"为话题展开，弘扬劳模精神、劳动精神、工匠精神，简述二十大代表、民族脊"梁"张桂梅的故事，引导学生感党恩听党话跟党走，树立崇高的职业理想和坚定的职业信念。

2.1 梁平法识图

微课：梁的平法识图

2.1.1 梁平法施工图的表示方法

梁平法施工图是在梁平面布置图上采用平面注写方式或截面注写方式表达。

梁平面布置图应分别按梁的不同结构层（标准层），将全部梁和与其相关联的柱、墙、板一起采用适当比例绘制。

按平法绘制结构施工图时，应采用表格或其他方式注明包括地下和地上各层的结构层楼面标高、结构层高及相应的结构层号。

结构层楼面标高和结构层高在单项工程中必须统一，以保证基础、柱与墙、梁、板、楼梯等用同一标准竖向定位。为施工方便，宜将统一的结构层楼面标高和结构层高分别放在柱、墙、梁等各类构件的平法施工图中。

注：结构层楼面标高是指将建筑图中的各层地面和楼面标高值扣除建筑面层及垫层做法厚度后的标高，结构层号应与建筑楼层号对应一致。

对于轴线未居中的梁，应标注其与定位轴线的尺寸（贴柱边的梁可不注）。

2.1.2 梁平法平面注写方式钢筋识读要点

平面注写方式是在梁平面布置图上，分别在不同编号的梁中各选一根梁，在其上注写截面尺寸和配筋具体数值的方式来表达梁平法施工图，如图 2.1 所示。

平面注写包括集中标注与原位标注，集中标注表达梁的通用数值，原位标注表达梁的特殊数值。施工时，原位标注取值优先。

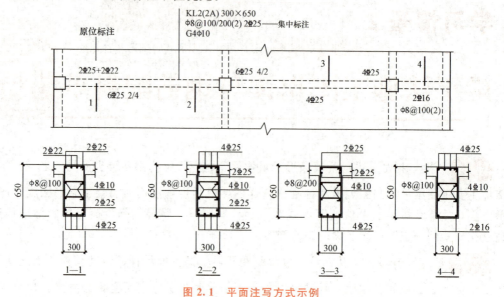

图 2.1 平面注写方式示例

1. 梁平法识图知识体系

梁构件制图规则见《混凝土结构施工图平面整体表示方法制图规则和构造详图（现浇混凝土框架、剪力墙、梁、板）》（22G101—1）第 1-22～1-33 页，知识体系见表 2.1。

表 2.1 梁平法识图知识体系

平法表达方式	平面注写方式
	截面注写方式
梁平法集中标注	梁编号
	梁截面尺寸
	梁箍筋
	梁上部通长筋或架立筋配置
	梁侧面纵向构造钢筋或受扭钢筋配置
	梁顶面标高高差
梁平法原位标注	梁支座上部纵筋，该部位含通长筋在内的所有纵筋
	梁下部纵筋
	当在梁上集中标注的内容不适用于某跨或某悬挑部分
	附加箍筋或吊筋
	充分利用钢筋抗拉强度时
	对于局部带屋面的楼层框架梁

2. 梁平法集中标注的内容

（1）梁编号，必注项，见表2.2。

表 2.2　梁编号

梁类型	代号	序号	跨数及是否带有悬挑	备注
楼层框架梁	KL	××	(××)、(××A) 或 (××B)	1.（××A）为一端有悬挑，（××B）为两端有悬挑，悬挑不计入跨数。 2.楼层框架扁梁节点核心区代号为KBH。 3.22G101—1图集中非框架梁L、井字梁JZL表示端支座为铰接；当非框架梁L、井字梁JZL端支座上部纵筋为充分利用钢筋的抗拉强度时，在梁代号后加"g"。 4.当非框架梁L按受扭设计时，在梁代号后加"N"
楼层框架扁梁	KBL	××	(××)、(××A) 或 (××B)	
屋面框架梁	WKL	××	(××)、(××A) 或 (××B)	
框支梁	KZL	××	(××)、(××A) 或 (××B)	
托柱转换梁	TZL	××	(××)、(××A) 或 (××B)	
非框架梁	L	××	(××)、(××A) 或 (××B)	
悬挑梁	XL	××	(××)、(××A) 或 (××B)	
井字梁	JZL	××	(××)、(××A) 或 (××B)	

如图 2.2 所示：

KL7（5A）表示第 7 号框架梁，5 跨，一端有悬挑。

L9（7B）表示第 9 号非框架梁，7 跨，两端有悬挑

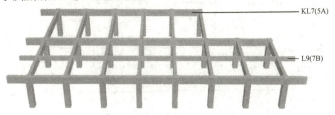

图 2.2　框架梁编号表达示意

例：Lg7（5）表示第 7 号非框架梁，5 跨，端支座上部纵筋为充分利用钢筋的抗拉强度。

例：LN5（3）表示第 5 号受扭非框架梁，3 跨

（2）梁截面尺寸：该项为必注值，见表2.3。

表 2.3　梁截面尺寸

1）当为等截面梁时，用 $b×h$ 表示
2）当为竖向加腋梁时，用 $b×h$ Yc_1×c_2 表示，其中 c_1 为腋长，c_2 为腋高，如图2.3所示

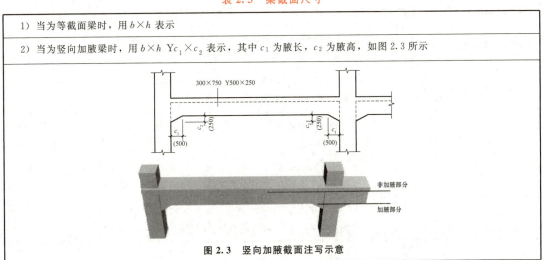

图 2.3　竖向加腋截面注写示意

3）当为水平加腋梁时，一侧加腋时用 $b \times h$ PY$c_1 \times c_2$ 表示，其中 c_1 为腋长，c_2 为腋宽，加腋部位应在平面图中绘制，如图 2.4 所示

图 2.4　水平加腋截面注写示意

4）当有悬挑梁且根部和端部的高度不同时，用斜线分隔根部与端部的高度值，即 $b \times h_1/h_2$，如图 2.5 所示

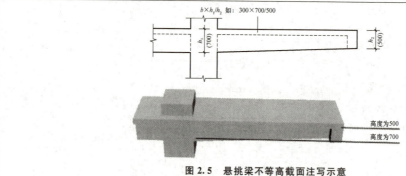

图 2.5　悬挑梁不等高截面注写示意

　　（3）梁箍筋，包括钢筋种类、直径、加密区与非加密区间距及肢数，该项为必注值，见表 2.4。

表 2.4　梁箍筋

1）箍筋加密区与非加密区的不同间距及肢数需用斜线"/"分隔；当梁箍筋为同一种间距及肢数时，则不需用斜线；当加密区与非加密区的箍筋肢数相同时，则将肢数注写一次；箍筋肢数应写在括号内	
例：Φ10@100/200(4)	表示箍筋为 HPB300 钢筋，直径为 10 mm，加密区间距为 100 mm，非加密区间距为 200 mm，均为四肢箍
例：Φ8@100(4)/150(2)	表示箍筋为 HPB300 钢筋，直径为 8 mm，加密区间距为 100 mm，四肢箍；非加密区间距为 150 mm，两肢箍
2）非框架梁、悬挑梁、井字梁采用不同的箍筋间距及肢数时，也用斜线"/"将其分隔开。注写时，先注写梁支座端部的箍筋（包括箍筋的箍数、钢筋种类、直径、间距与肢数），在斜线后注写梁跨中部分的箍筋间距及肢数	
例：13Φ10@150/200(4)	表示箍筋为 HPB300 钢筋，直径为 10 mm；梁的两端各有 13 个四肢箍，间距为 150 mm；梁跨中部分间距为 200 mm，四肢箍
例：18Φ12@150(4)/200(2)	表示箍筋为 HPB300 钢筋，直径为 12 mm；梁的两端各有 18 个四肢箍，间距为 150 mm；梁跨中部分，间距为 200 mm，两肢箍

（4）梁上部通长筋或架立筋配置（通长筋可为相同或不同直径采用搭接连接、机械连接或焊接的钢筋），该项为必注值。所注规格与根数应根据结构受力要求及箍筋肢数等构造要求而定，见表 2.5。

表 2.5　梁上部通长筋或架立筋

1）当同排纵筋中既有通长筋又有架立筋时，应用加号"＋"将通长筋和架立筋相联。注写时需将角部纵筋写在加号的前面，架立筋写在加号后面的括号内，以示不同直径及与通长筋的区别。当全部采用架立筋时，则将其写入括号内	
例：2Φ22＋(2Φ12)	表示用于四肢箍，其中 2Φ22 为通长筋，2Φ12 为架立筋，如图 2.6 所示

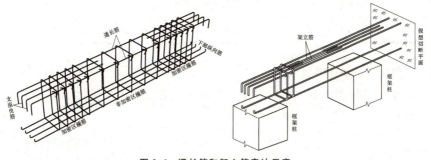

图 2.6　通长筋和架立筋表达示意

例：2Φ22＋(4Φ12)	表示 2Φ22 用于双肢箍；2Φ22＋(4Φ12) 用于六肢箍，其中 2Φ22 为通长筋，4Φ12 为架立筋
2）当梁的上部纵向钢筋和下部纵向钢筋为全跨相同，且多数跨配筋相同时，此项可加注下部纵筋的配筋值，用分号"；"将上部与下部纵筋的配筋值分隔开	
例：3Φ22；3Φ20	表示梁的上部配置 3Φ22 的通长筋，梁的下部配置 3Φ20 的通长筋

（5）梁侧面纵向构造钢筋或受扭钢筋配置，该项为必注值，见表 2.6。

表 2.6　梁侧面纵向构造钢筋或受扭钢筋

1）当梁腹板高度 $h_w \geq 450$ mm 时，需配置纵向构造钢筋，所注规格与根数应符合规范规定。此项注写值以大写字母 G 打头，接续注写设置在梁两个侧面的总配筋值，且对称配置	
例：G4Φ12	表示梁的两个侧面共配置 4Φ12 的纵向构造钢筋，每侧各配置 2Φ12
2）当梁侧面需配置受扭纵向钢筋时，此项注写值以大写字母 N 打头，接续注写配置在梁两个侧面的总配筋值，且对称配置。受扭纵向钢筋应满足梁侧面纵向构造钢筋的间距要求，且不再重复配置纵向构造钢筋	
例：N6Φ22	表示梁的两个侧面共配置 6Φ22 的受扭纵向钢筋，每侧各配置 3Φ22
注：1. 当为梁侧面构造钢筋时，其搭接与锚固长度可取为 $15d$。 　　2. 当为梁侧面受扭纵向钢筋时，其搭接长度为 l_l 或 l_{lE}，锚固长度为 l_a 或 l_{aE}；其锚固方式同框架梁下部纵筋	

（6）梁顶面标高高差，该项为选注值，见表 2.7。

表 2.7　梁顶面标高高差

梁顶面标高高差是指相对于结构层楼面标高的高差值，对于位于结构夹层的梁，则指相对于结构夹层楼面标高的高差。有高差时，须将其写入括号内，无高差时不注，如图 2.7 所示

续表

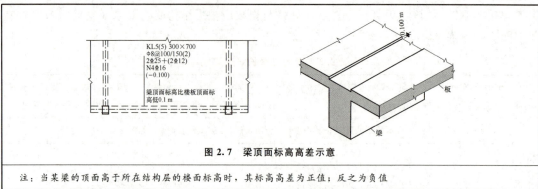

图 2.7　梁顶面标高高差示意

注：当某梁的顶面高于所在结构层的楼面标高时，其标高高差为正值；反之为负值

3. 梁平法原位标注的内容

（1）梁支座上部纵筋（图 2.8），该部位含通长筋在内的所有纵筋，见表 2.8。

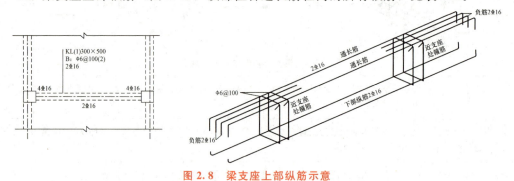

图 2.8　梁支座上部纵筋示意

表 2.8　梁支座上部纵筋

1）当上部纵筋多于一排时，用斜线 "/" 将各排纵筋自上而下分开。	
梁支座上部纵筋注写为 6⾦25 4/2	表示上一排纵筋为 4⾦25，下一排纵筋为 2⾦25
2）当同排纵筋有两种直径时，用加号 "+" 将两种直径的纵筋相联，注写时将角筋写在前面	
梁支座上部注写为 2⾦25＋2⾦22	表示梁支座上部有 4 根纵筋，2⾦25 放在角部，2⾦22 放在中部

3）当梁中间支座两边的上部纵筋不同时，需在支座两边分别标注；当梁中间支座两边的上部纵筋相同时，可仅在支座的一边标注配筋值，另一边省去不注，如图 2.9 所示

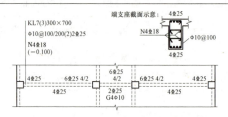

图 2.9　大小跨梁的注写示意

4）对于端部带悬挑的梁，其上部纵筋注写在悬挑梁根部支座部位。当支座两边的上部纵筋相同时，可仅在支座的一边标注配筋值

（2）梁下部纵筋，见表 2.9。

表 2.9　梁下部纵筋

1）当下部纵筋多于一排时，用斜线"/"将各排纵筋自上而下分开。	
梁支座梁下部纵筋注写为 6⻌25 2/4	表示上一排纵筋为 2⻌25，下一排纵筋为 4⻌25，全部伸入支座
2）当同排纵筋有两种直径时，用加号"＋"将两种直径的纵筋相联，注写时将角筋写在前面	
3）当梁下部纵筋不全部伸入支座时，将不伸入梁支座的下部纵筋数量写在括号内	
梁下部纵筋注写为 6⻌25 2(－2)/4	则表示上排纵筋为 2⻌25，且不伸入支座；下排纵筋为 4⻌25，全部伸入支座
梁下部纵筋注写为 2⻌25＋3⻌22(－3)/5⻌25	表示上排纵筋为 2⻌25 和 3⻌22，其中 3⻌22 不伸入支座；下排纵筋为 5⻌25，全部伸入支座
4）当梁的集中标注中分别注写了梁上部和下部均为通长的纵筋值时，则不需在梁下部重复做原位标注	
5）当梁设置竖向加腋时，加腋部位下部斜向纵筋应在支座下部以 Y 打头注写在括号内，如图 2.10（a）所示 当梁设置水平加腋时，水平加腋内上、下部斜纵筋应在加腋支座上部以 Y 打头注写在括号内，上、下部斜纵筋之间用"/"分隔，如图 2.10（b）所示	

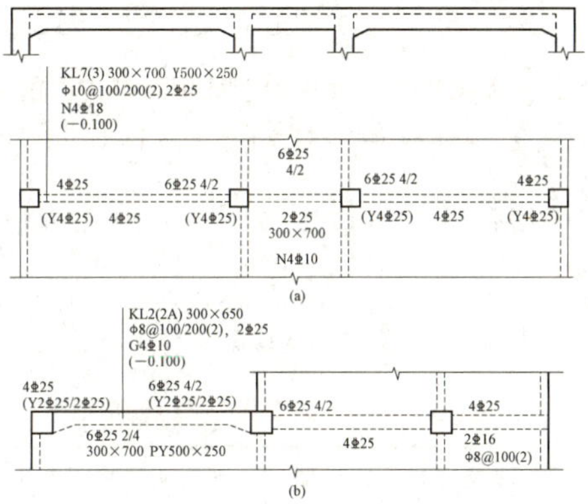

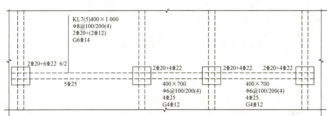

图 2.10　加腋梁平法标注

（a）梁竖向加腋平面注写方式表达示例图；（b）梁水平加腋平面注写方式表达示例

（3）当在梁上集中标注的内容（即梁截面尺寸、箍筋、上部通长筋或架立筋、梁侧面纵向构造筋或受扭纵向钢筋，以及梁顶面标高高差中的某一项或几项数值）不适用于某跨或某悬挑部分时，则将其不同数值原位标注在该悬挑部位。施工时，应按原位标注取值，如图 2.11 所示。

图 2.11　原位标注取值优先示意

（4）附加箍筋或吊筋，将其直接绘制在平面图中的主梁上，用线引注总配筋值（附加箍筋的肢数注在括号内），当多数附加箍筋或吊筋相同时，可在梁平法施工图上统一注明，少数与统一注明值不同时，再原位引注，如图 2.12 所示。

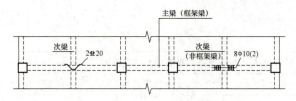

图 2.12 附加箍筋和吊筋的画法示例

（5）代号为 L 的非框架梁，当某一端支座上部纵筋为充分利用钢筋的抗拉强度时；对于一端与框架柱相连、另一端与梁相连的梁（代号为 KL），当其与梁相连的支座上部纵筋为充分利用钢筋的抗拉强度时，在梁平面布置图上原位标注，以符号"g"表示，如图 2.13 所示。

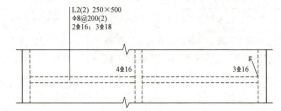

图 2.13 梁一端采用充分利用钢筋抗拉强度方式的注写示意
（注："g"表示右端支座按照非框架梁 Lg 配筋构造）

（6）对于局部带屋面的楼层框架梁（代号为 KL），屋面部位梁跨原位标注 WKL。

4. 框架扁梁平法注写规则

（1）框架扁梁注写规则同框架梁，见表 2.10。

表 2.10 框架扁梁注写规则

框架扁梁注写规则同框架梁，对于上部纵筋和下部纵筋，尚需注明未穿过柱截面的梁纵向受力钢筋的根数，如图 2.14 所示
图 2.14 框架扁梁平面注写方式示例
例：10⊕25(4)   表示框架扁梁有 4 根纵向受力钢筋未穿过柱截面，柱两侧各 2 根。施工时，应注意采用相应的构造做法

（2）框架扁梁节点核心区平法规则，见表 2.11。

表 2.11 框架扁梁节点核心区平法规则

1）框架扁梁节点核心区代号为 KBH，包括柱内核心区和柱外核心区两部分。框架扁梁节点核心区钢筋注写包括柱外核心区竖向拉结筋及节点核心区附加抗剪纵向钢筋，端支座节点核心区还需注写附加 U 形箍筋
2）柱内核心区箍筋见框架柱箍筋
3）柱外核心区竖向拉结筋，注写其钢筋种类与直径；端支座柱外核心区还需注写附加 U 形箍筋的钢筋种类、直径及根数

续表

4）框架扁梁节点核心区附加抗剪纵向钢筋，以大写字母"F"打头，大写字母"X"或"Y"注写其设置方向 x 向或 y 向，层数、每层钢筋根数、钢筋种类、直径及未穿过柱截面的纵向受力钢筋根数
例：KBH1 φ10，F X&Y 2×7Φ14(4)，表示框架扁梁中间支座节点核心区：柱外核心区竖向拉结筋 φ10；沿梁 x 向（y 向）配置两层 7Φ14 附加抗剪纵向钢筋，每层有 4 根附加抗剪纵向钢筋未穿过柱截面，柱两侧各 2 根；附加抗剪纵向钢筋沿梁高度范围均匀布置，如图 2.15（a）所示
例：KBH2 φ10，4Φ10，F X 2×7Φ14(4)，表示框架扁梁端支座节点核心区：柱外核心区竖向拉结筋 φ10；附加 U 形箍筋共 4 道，柱两侧各 2 道；沿框架扁梁 x 向配置两层 7Φ14 附加抗剪纵向钢筋，每层有 4 根附加抗剪纵向钢筋未穿过柱截面，柱两侧各 2 根；附加抗剪纵向钢筋沿梁高度范围均匀布置，如图 2.15（b）所示

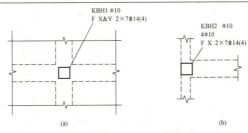

图 2.15　框架扁梁节点核心区附加钢筋注写示意

（a）中间节点核心区；（b）端支座节点核心区

5. 井字梁平法注写规则

井字梁通常由非框架梁构成，并以框架梁为支座（特殊情况下以专门设置的非框架大梁为支座），井字梁平法注写规则见表 2.12。

表 2.12　井字梁平法注写规则

（1）为明确区分井字梁与作为井字梁支座的梁，井字梁用单粗虚线表示（当井字梁顶面高出板面时可用单粗实线表示），作为井字梁支座的梁用双细虚线表示（当梁顶面高出板面时可用细实线表示）
（2）井字梁是指在同一矩形平面内相互正交所组成的结构构件，井字梁所分布范围称为"矩形平面网格区域"（简称"网格区域"）。当在结构平面布置中仅有由四根框架梁框起的一片网格区域时，所有在该区域相互正交的井字梁均为单跨；当有多片网格区域相连时，贯通多片网格区域的井字梁为多跨，且相邻两片网格区域分界处即该井字梁的中间支座。对某根井字梁编号时，其跨数为其总支座数减1；在该梁的任意两个支座之间，无论有几根同类梁与其相交，均不作为支座（图 2.16） 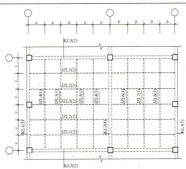 **图 2.16　井字梁矩形平面网格区域示意**
井字梁的端部支座和中间支座上部纵筋的伸出长度 a_0 值，应由设计者在原位加注具体数值予以注明。 当采用平面注写方式时，则在原位标注的支座上部纵筋后面括号内加注具体伸出长度值，如图 2.17 所示

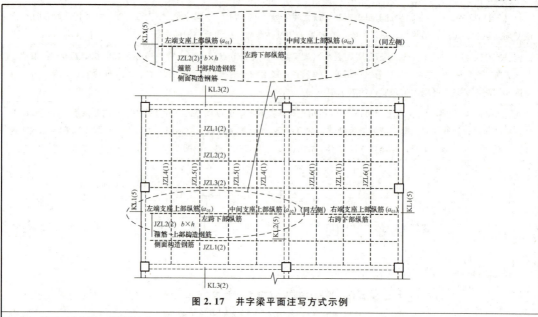

图 2.17　井字梁平面注写方式示例

例：贯通两片网格区域采用平面注写方式的某井字梁，其中间支座上部纵筋注写为 6⨀25 4/2（3 200/2 400），表示该位置上部纵筋设置两排，上一排纵筋为 4⨀25，自支座边缘向跨内伸出长度 3 200 mm；下一排纵筋为 2⨀25，自支座边缘向跨内伸出长度为 2 400 mm

当为截面注写方式时，则在梁端截面配筋图上注写的上部纵筋后面括号内加注具体伸出长度值（图 2.18）

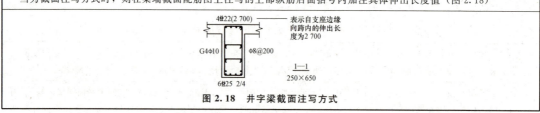

图 2.18　井字梁截面注写方式

2.1.3　梁平法截面注写方式

在实际工程中，梁构件截面注写方式应用较少，故只作简单介绍。

截面注写方式是在分标准层绘制的梁平面布置图上，分别在不同编号的梁中各选择一根梁用剖面号引出配筋图，并在其上注写截面尺寸和配筋具体数值的方式来表达梁平法施工图，如图 2.19 所示。

对所有梁进行编号，从相同编号的梁中选择一根梁，用剖面号引出截面位置，再将截面配筋详图画在本图或其他图上。当某梁的顶面标高与结构层的楼面标高不同时，还应继其梁编号后注写梁顶面标高高差（注写规定与平面注写方式相同）。

在截面配筋详图上注写截面尺寸 $b \times h$、上部筋、下部筋、侧面构造筋或受扭筋及箍筋的具体数值时，其表达形式与平面注写方式相同。

对于框架扁梁还需在截面详图上注写未穿过柱截面的纵向受力筋根数；对于框架扁梁节点核心区附加钢筋需采用平面图、剖面图表达节点核心区附加抗剪纵向钢筋、柱外核心区全部竖向拉结筋及端支座附加 U 形箍筋，注写其具体数值。

注：（1）截面注写方式既可以单独使用，也可与平面注写方式结合使用。

（2）在梁平法施工图的平面图中，当局部区域的梁布置过密时，除采用截面注写方式表达外，也可将过密区用虚线框出，适当放大比例后再用平面注写方式表示。当表达异形截面梁的尺寸与配筋时，用截面注写方式相对比较方便。

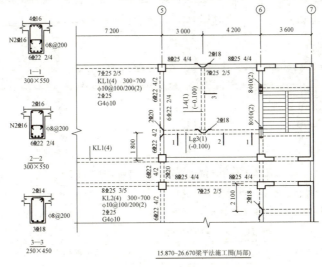

图 2.19　15.870～26.670 梁平法施工图（局部）

微课：梁配筋构造要求

2.2　梁平法构造

2.2.1　楼层框架梁 KL 纵向钢筋构造

1. 楼层框架梁纵向钢筋构造

楼层框架梁纵向钢筋构造要求包括上部纵筋构造、下部纵筋构造和节点锚固构造，见表 2.13。

3D 模型：楼层框架梁 KL 纵向钢筋构造

表 2.13　楼层框架梁 KL 纵向钢筋

楼层框架梁 KL 纵向钢筋构造及其三维示意图分别如图 2.20、图 2.21 所示。

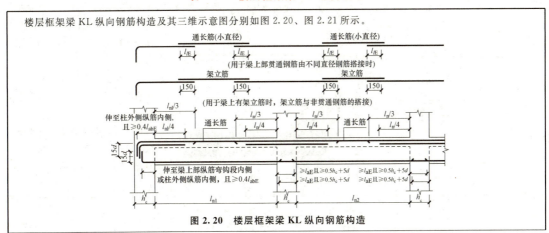

图 2.20　楼层框架梁 KL 纵向钢筋构造

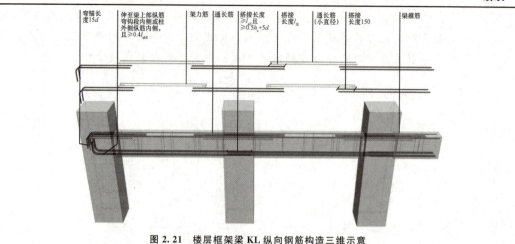

图 2.21　楼层框架梁 KL 纵向钢筋构造三维示意

框架梁的所有支座上部纵筋的延伸长度，在标准构造详图中统一取值为：第一排非通长筋及与跨中直径不同的通长筋从柱（梁）边缘起延伸至 $l_n/3$ 位置；第二排非通长筋延伸至 $l_n/4$ 位置。l_n 的取值规定为：对于端支座，l_n 为本跨的净跨值；对于中间支座，l_n 为支座两边较大一跨的净跨值
梁下部纵筋在中间支座锚固时，$\geqslant l_{aE}$ 且 $\geqslant 0.5h_c+5d$。其中 h_c 为柱截面沿框架方向的高度
梁上部通长钢筋与非贯通钢筋直径相同时，连接位置宜位于跨中 $l_{ni}/3$ 范围内；梁下部钢筋连接位置宜位于支座 $l_{ni}/3$ 范围内；且在同一连接区段内连接钢筋接头面积百分率不宜大于 50%
当框架梁设置箍筋的肢数多于两根，且当跨中通长筋仅为两根时，补充设计的架立筋与非贯通钢筋的搭接长度为 150 mm

2. 楼层框架梁端支座锚固形式

按照端支座锚固形式可分为端支座弯锚、直锚形式和端支座加锚头（锚板）形式，见表 2.14。

表 2.14　端支座锚固形式

端支座锚固形式	二维表达	三维表达	构造要求
弯锚			当 $0.4l_{abE}\leqslant$（柱宽 h_c -保护层厚度-箍筋直径 d_1 -柱外侧纵筋直径 d_2）$<l_{aE}$ 时，可采用弯锚。 端支座上部纵筋伸至柱外侧纵筋内侧且 $\geqslant 0.4l_{abE}$；向下弯折 $15d$。 端支座下部纵筋伸至梁上部纵筋弯钩段内侧或柱外侧纵筋内侧，且 $\geqslant 0.4l_{abE}$，向上弯折 $15d$

续表

端支座锚固形式	二维表达	三维表达	构造要求
端支座直锚		锚固长度伸入柱内长度≥0.5h_c+5d，≥l_{aE} 锚固长度伸入柱内长度≥0.5h_c+5d，≥l_{aE} 矩形柱	1. 当柱宽 h_c － 保护层厚度 － 箍筋直径 d_1 － 柱外侧纵筋直径 d_2≥l_{aE} 时，梁上部通长筋在端支座直锚，其伸入柱内长度同时满足 ≥0.5h_c+5d（h_c 柱截面沿框架方向的高度，下同）。 2. 直锚长度 = max（l_{aE}，0.5h_c+5d）
端支座加锚头（锚板）锚固		锚固长度伸至柱外侧纵筋内侧，且≥0.4l_{abE} 锚固长度伸至柱外侧纵筋内侧，且≥0.4l_{abE} 矩形柱	1. 当梁上部通长筋伸入柱内的长度 0.4l_{abE}≤（柱宽 h_c － 保护层厚度 － 箍筋直径 d_1 － 柱外侧纵筋直径 d_2）<l_{aE} 时，可采用端支座加锚头（锚板）锚固。 2. 梁上部通长筋伸至柱外侧纵筋内侧，且≥0.4l_{abE}

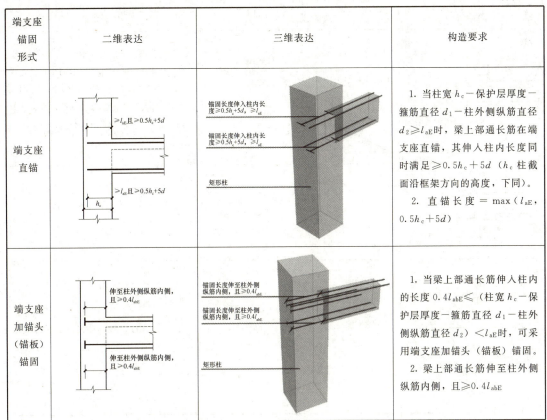

3. 中间层中间节点梁下部筋在节点外搭接

梁下部钢筋也可在节点外搭接。相邻跨钢筋直径不同时，搭接位置应位于较小直径一跨，见表 2.15。

表 2.15　中间层中间节点梁下部筋在节点外搭接

二维表达	三维表达	构造要求
	梁上部第一排钢筋 梁上部第二排钢筋 梁下部钢筋 非搭接区≥1.5h_0 搭接长度≥l_{lE}	梁下部钢筋也可在节点外搭接。相邻跨钢筋直径不同时，搭接位置应位于较小直径一跨，非搭接区≥1.5h_0，搭接长度≥l_{lE}

4. 楼层框架梁 KL 中间支座纵向钢筋构造

楼层框架梁 KL 中间支座两侧变截面处或是支座两侧梁宽不同，钢筋在节点处的构造见表 2.16。

表 2.16 KL 中间支座纵向钢筋构造

二维表达	三维表达	构造要求
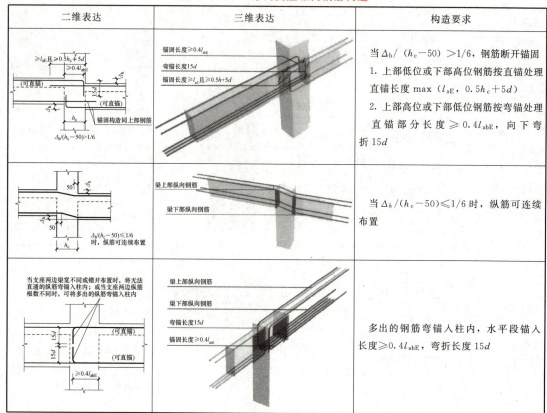		当 $\Delta_h/(h_c-50)>1/6$，钢筋断开锚固 1. 上部低位或下部高位钢筋按直锚处理直锚长度 max $(l_{aE}, 0.5h_c+5d)$ 2. 上部高位或下部低位钢筋按弯锚处理直锚部分长度 $\geq 0.4l_{abE}$，向下弯折 $15d$
		当 $\Delta_h/(h_c-50)\leq1/6$ 时，纵筋可连续布置
		多出的钢筋弯锚入柱内，水平段锚入长度 $\geq0.4l_{abE}$，弯折长度 $15d$

2.2.2 屋面框架梁 KL 纵向钢筋构造

1. 屋面框架梁 WKL 纵向钢筋构造

屋面框架梁 WKL 纵向钢筋构造要求包括上部纵筋构造、下部纵筋构造和节点锚固构造，见表 2.17。

表 2.17 屋面框架梁 WKL 纵向钢筋

屋面框架梁 WKL 纵向钢筋构造及其三维示意，如图 2.22、图 2.23 所示。

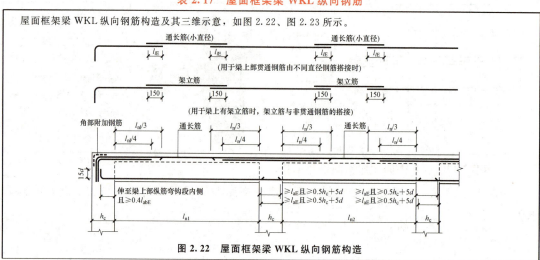

图 2.22 屋面框架梁 WKL 纵向钢筋构造

续表

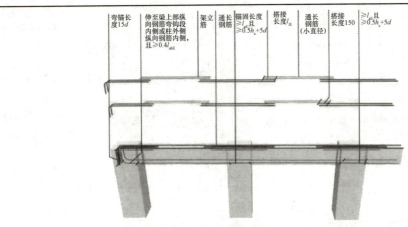

图 2.23　屋面框架梁 WKL 纵向钢筋构造三维示意

框架梁的所有支座上部纵筋的延伸长度，在标准构造详图中统一取值为：第一排非通长筋及与跨中直径不同的通长筋从柱（梁）边缘起延伸至 $l_n/3$ 位置；第二排非通长筋延伸至 $l_n/4$ 位置。l_n 的取值规定为：对于端支座，l_n 为本跨的净跨值；对于中间支座，l_n 为支座两边较大一跨的净跨值

梁下部纵筋在中间支座锚固时，$\geqslant l_{aE}$ 且 $\geqslant 0.5h_c+5d$。其中，h_c 为柱截面沿框架方向的高度

梁上部通长钢筋与非通长钢筋直径相同时，连接位置宜位于跨中 $l_{ni}/3$ 范围内；梁下部钢筋连接位置宜位于支座 $l_{ni}/3$ 范围内；且在同一连接区段内连接钢筋接头面积百分率不宜大于 50%

当框架梁设置箍筋的肢数多余两根，且当跨中通长筋仅为两根时，补充设计的架立筋与非贯通钢筋的搭接长度为 150 mm

2. 顶层节点下部钢筋构造

顶层端节点、中间节点下部钢筋构造见表 2.18。

3D 模型：顶层端节点梁下部钢筋端头加锚头（锚板）锚固

3D 模型：顶层端支座梁下部钢筋直锚

3D 模型：顶层中间节点梁下部筋在节点外搭接

表 2.18　顶层节点下部钢筋构造

端支座锚固形式	二维表达	三维表达	构造要求
顶层端节点梁下部钢筋端头加锚头（锚板）锚固	伸至梁上部纵筋弯钩段内侧且 $\geqslant 0.4l_{abE}$　h_c　顶层端节点梁下部钢筋端头加锚头（锚板）锚固	梁上部通长筋　锚固长度伸至梁上部纵筋弯钩段内侧且 $\geqslant 0.4l_{abE}$　梁下部纵筋	梁下部纵筋伸至梁上部纵筋弯钩段内侧且 $\geqslant 0.4l_{abE}$

续表

端支座锚固形式	二维表达	三维表达	构造要求
顶层端支座梁下部钢筋直锚	≥l_{aE}且≥$0.5h_c+5d$ h_c 顶层端支座梁下部钢筋直锚	梁上部通长筋 锚固长度伸入柱内长度≥$0.5h_c+5d$ ≥l_{aE} 梁下部通长筋	1. 当柱宽 h_c −保护层厚度−箍筋直径 d≥l_{aE} 时，梁下部纵筋在端支座直锚。 2. 直锚长度=$\max(l_{aE}, 0.5h_c+5d)$
顶层中间节点梁下部筋在节点外搭接	h_0 ≥l_{aE} ≥$1.5h_0$ h_c 顶层中间节点梁下部筋在节点外搭接（梁下部钢筋不能在柱内锚固时，可在节点外搭接。相邻跨钢筋直径不同时，搭接位置位于较小直径一跨）	梁上部纵筋 搭接长度 非搭接区≥$1.5h_0$	若梁下部钢筋不能在柱内锚固时，可在节点外搭接，相邻钢筋直径不同时，搭接位置位于较小直径一跨

3. WKL 中间支座纵向钢筋构造

屋面框架梁中间支座两侧变截面处或是支座两侧梁宽不同，钢筋在节点处的构造见表 2.19。

表 2.19 WKL 中间支座纵向钢筋构造

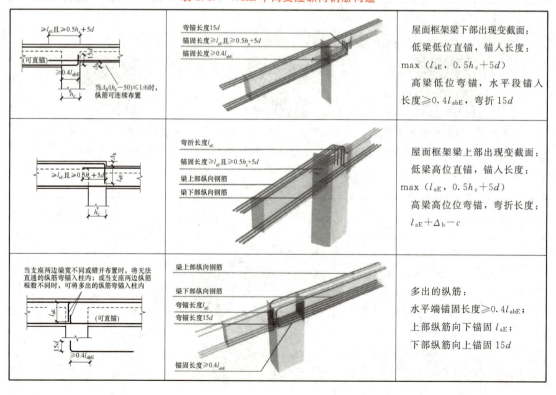

二维表达	三维表达	构造要求
≥l_{aE}且≥$0.5h_c+5d$（可直锚）≥$0.4l_{abE}$ 当$\Delta_h/(h_c-50)$≤1/6时，纵筋可连续布置 h_c	弯锚长度15d 锚固长度≥l_{aE}且≥$0.5h_c+5d$ 锚固长度≥$0.4l_{abE}$	屋面框架梁下部出现变截面：低梁低位直锚，锚入长度：$\max(l_{aE}, 0.5h_c+5d)$ 高梁低位弯锚，水平段锚入长度≥$0.4l_{abE}$，弯折 15d
≥l_{aE}且≥$0.5h_c+5d$ Δ_h l_{aE} h_c	弯折长度l_{aE} 锚固长度≥l_{aE}且≥$0.5h_c+5d$ 梁上部纵向钢筋 梁下部纵向钢筋	屋面框架梁上部出现变截面：低梁高位直锚，锚入长度：$\max(l_{aE}, 0.5h_c+5d)$ 高梁高位位弯锚，弯折长度：$l_{aE}+\Delta_h-c$
当支座两边梁宽不同或错开布置时，将无法直通的纵筋弯锚入柱内；或当支座两边梁纵筋根数不同时，可将多出的纵筋弯锚入柱内 l_{aE} （可直锚）15d ≥$0.4l_{abE}$	梁上部纵向钢筋 梁下部纵向钢筋 弯锚长度l_{aE} 弯锚长度15d 锚固长度≥$0.4l_{abE}$	多出的纵筋：水平端锚固长度≥$0.4l_{abE}$；上部纵筋向下锚固 l_{aE}；下部纵筋向上锚固 15d

4. 局部为屋面时的纵向钢筋构造

楼层框架梁，局部为屋面时的纵向钢筋构造如图 2.24 所示。

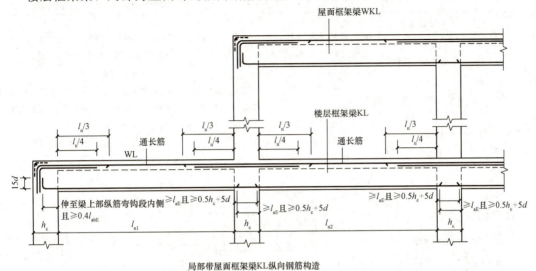

局部带屋面框架梁KL纵向钢筋构造

图 2.24　局部带屋面框架梁 KL 纵向钢筋构造

2.2.3　箍筋构造

抗震框架梁箍筋配筋构造见表 2.20、表 2.21。

表 2.20　尽端为框架柱、框架梁的箍筋构造

尽端为框架柱	（图）	（图）
尽端为框架梁	（图）	（图）

支座处为加密区：

抗震等级为一级：$\geq 2.0h_b$，且≥ 500 mm；

抗震等级为二～四级：$\geq 1.5h_b$，且≥ 500 mm；

第一根箍筋的起步距离为 50 mm

表 2.21 框架梁与剪力墙平面内、平面外连接构造

抗震等级为一级：≥2.0h_b，且≥500 mm；抗震等级为二～四级：≥1.5h_b，且≥500 mm		
当框架梁与剪力墙在平面内相交时（图2.25）： 1. 端支座按直锚考虑，锚固长度：max（l_{aE},600）； 2. 顶层进入墙内箍筋距墙边100 mm起步，间距150 mm，箍筋加密区距墙边50 mm起步； 3. 中间层箍筋不进入墙内，加密区箍筋加密区距墙边50 mm起步	当框架梁与剪力墙在平面外相交时，剪力墙厚度较小（图2.26）： 1. 端支座按弯锚考虑； 2. 框架梁上部纵筋伸至墙外侧纵筋内侧且≥0.35l_{ab}，弯折长度为15d； 3. 箍筋不进入墙内，加密区箍筋加密区距墙边50 mm起步； 4. 下部纵筋锚入墙内12d	当框架梁与剪力墙在平面外相交时，剪力墙厚度较大或设有扶壁柱时（图2.27）： 1. 端支座按弯锚考虑； 2. 框架梁上部纵筋配筋同端支座为柱时的配筋构造，伸至墙外侧纵筋内侧且≥0.4l_{ab}，弯折长度15d； 3. 顶层节点构造同22G101—1第2—14页、第2—15页
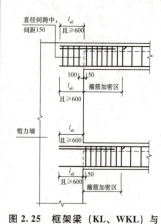 图 2.25 框架梁（KL、WKL）与剪力墙平面内相交构造	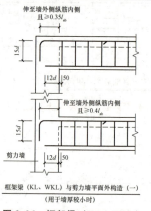 图 2.26 框架梁（KL、WKL）与剪力墙平面外构造（一） （用于墙厚较小时）	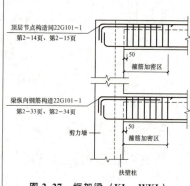 图 2.27 框架梁（KL、WKL）与剪力墙平面外构造（二） （用于墙厚较大或设有扶壁柱时）

2.2.4 附加箍筋和吊筋构造

附加箍筋和梁内吊筋主要在非框架梁与框架梁相交处，框架梁内配筋，构造见表 2.22。

表 2.22 附加箍筋和吊筋构造

附加箍筋是指在非框架梁和框架梁相交处，主梁内次梁两侧附加箍筋范围内增加的箍筋，附加箍筋范围内正常箍筋照设（图2.28）	如图 2.29 所示，当梁高≤800 时，吊筋弯起角度 α=45°；当梁高＞800 时，吊筋弯起角度 α=60°
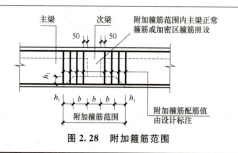 图 2.28 附加箍筋范围	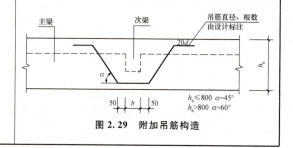 图 2.29 附加吊筋构造

2.2.5 拉结筋

当梁内设有侧面构造钢筋或侧面受扭钢筋时，需要设拉结筋，拉结筋间距为箍筋非加密区间距的两倍。设有 m 行拉结筋时，按单行计算出的数量乘以 m。

2.3 梁平法钢筋翻样

微课：梁平法钢筋翻样

2.3.1 梁内钢筋解析

梁内钢筋如图 2.30 所示。

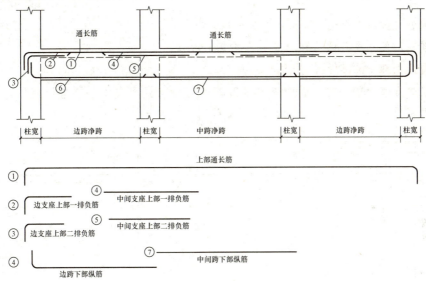

图 2.30 梁内钢筋

1. 上部贯通筋（通长筋）

框架梁上部通长筋构造如图 2.31 所示。按达到基本条件进行翻样，也就是伸入支座的直锚长度为 $0.4l_{abE}$。下料长度见表 2.23。

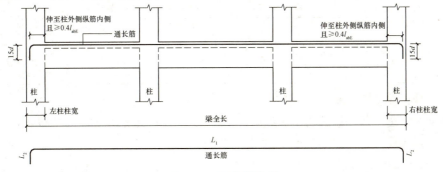

图 2.31 通长筋构造

表 2.23 通长筋下料长度

L_1		L_2		下料长度
梁全长－（左柱柱宽＋右柱柱宽）＋2×0.4l_{abE}		15d		$L_1+2L_2-2×90°$弯曲调整值
弯曲角度90°时弯曲调整值：$\Delta=0.215D+1.215d$				
弯弧内直径	$D=4d$	$D=6d$	$D=7d$	$D=12d$	$D=16d$
弯曲调整值	2.075	2.505	2.720	3.795	4.655

注意事项如下：

（1）在实际施工现场，梁上部纵筋伸入柱支座常常紧靠柱外侧纵筋内侧，伸入支座的直锚长度为（柱宽－保护层厚度c－箍筋的直径d_1－柱外侧纵筋直径d_2），也就是$L_1=$梁全长－（左柱柱宽＋右柱柱宽）＋2×（柱宽－保护层厚度c－箍筋的直径d_1－柱外侧纵筋直径d_2），下同。

（2）弯弧直径按照 22G101 系列图集选取。

（3）梁纵筋伸入支座的直锚长度应考虑钢筋避让。

2. 边支座上部一排直角筋（负筋）

框架梁边支座上部一排负筋构造如图 2.32 所示。按达到基本条件进行翻样，也就是伸入支座的直锚长度为 0.4l_{abE}，下料长度见表 2.24。

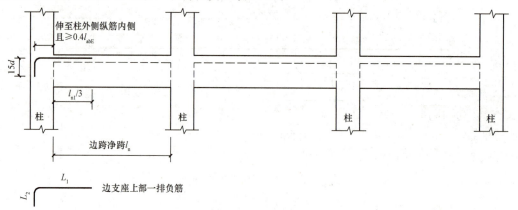

图 2.32 边支座上部一排直角筋（负筋）构造

表 2.24 边支座上部一排直角筋（负筋）下料长度

L_1	L_2	下料长度
$\dfrac{l_n}{3}+0.4l_{abE}$	15d	$L_1+L_2-90°$弯曲调整值

3. 边支座上部二排直角筋（负筋）

框架梁边支座上部二排负筋构造如图 2.33 所示。按达到基本条件进行翻样，也就是伸入支座的直锚长度为 0.4l_{abE}，下料长度见表 2.25。

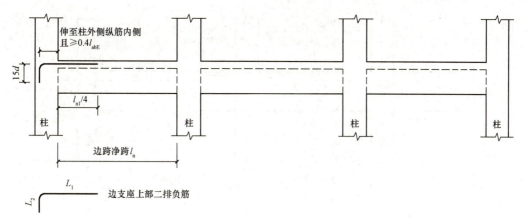

图 2.33   边支座上部二排直角筋（负筋）构造

表 2.25   边支座上部二排直角筋（负筋）下料长度

L_1	L_2	下料长度
$\dfrac{l_n}{4}+0.4l_{abE}$	$15d$	$L_1+L_2-90°$弯曲调整值

4. 中间支座上部一排直筋（负筋）

框架梁中间支座上部一排负筋构造如图 2.34 所示，下料长度见表 2.26。

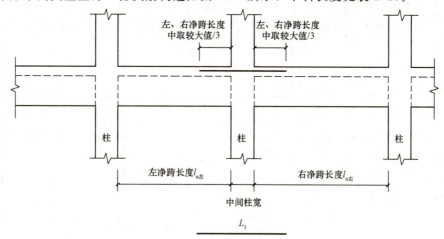

图 2.34   中间支座上部一排直筋（负筋）构造

表 2.26   中间支座上部一排直筋（负筋）下料长度

L_1	下料长度
$2\max\left(\dfrac{l_{n左}}{3},\dfrac{l_{n右}}{3}\right)+$柱宽	$2\max\left(\dfrac{l_{n左}}{3},\dfrac{l_{n右}}{3}\right)+$柱宽

5. 中间支座上部二排直筋（负筋）

框架梁中间支座上部二排负筋构造如图 2.35 所示，下料长度见表 2.27。

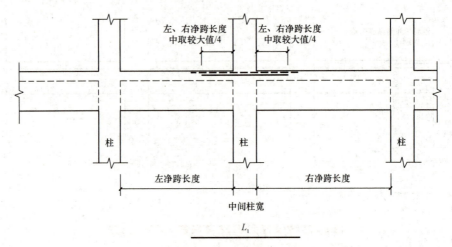

图 2.35　中间支座上部二排直筋（负筋）构造

表 2.27　中间支座上部二排直筋（负筋）下料长度

L_1	下料长度
$2\max\left(\dfrac{l_{n左}}{4},\dfrac{l_{n右}}{4}\right)+$ 柱宽	$2\max\left(\dfrac{l_{n左}}{4},\dfrac{l_{n右}}{4}\right)+$ 柱宽

6. 边跨下部跨中直角筋

框架梁边跨下部跨中直角筋构造如图 2.36 所示，下料长度见表 2.28。

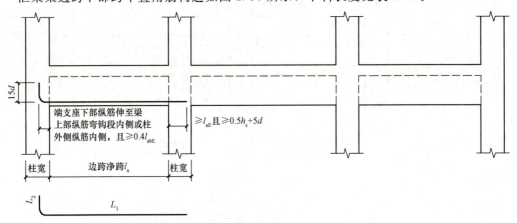

图 2.36　边跨下部跨中直角筋

表 2.28　边跨下部跨中直角筋下料长度

L_1	L_2	下料长度
净跨 $l_n+0.4l_{abE}+\max(l_{aE},0.5h_c+5d)$	$15d$	$L_1+L_2-90°$ 弯曲调整值

注意：实际施工中按照钢筋避让情况计算伸入支座的直锚长度。

7. 中间跨下部筋

框架梁中间跨下部筋构造如图 2.37 所示，下料长度见表 2.29。

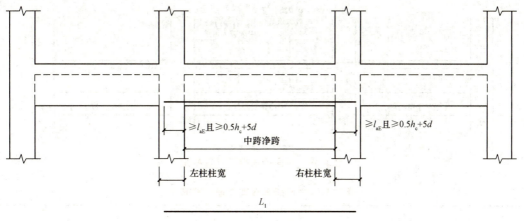

图 2.37　中间跨下部筋构造

表 2.29　中间跨下部筋下料长度

L_1	下料长度
净跨 $l_n + 2\max\ (l_{aE},\ 0.5h_c + 5d)$	净跨 $l_n + 2\max\ (l_{aE},\ 0.5h_c + 5d)$

8. 边跨和中间跨之间搭接架立筋

框架梁边跨和中间跨之间搭接架立筋构造如图 2.38 所示，下料长度见表 2.30。

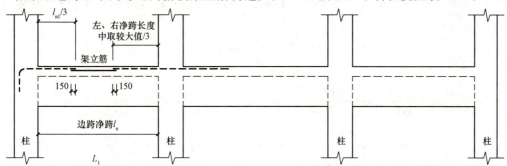

图 2.38　边跨和中间跨之间搭接架立筋构造

表 2.30　边跨和中间跨之间搭接架立筋下料长度

L_1	下料长度
边跨净跨 $l_n - \dfrac{\text{边跨净跨}\ l_n}{3} - \dfrac{\max\ (l_{n左},\ l_{n右})}{3} + 2\times150$	边跨净跨 $l_n - \dfrac{\text{边跨净跨}\ l_n}{3} - \dfrac{\max\ (l_{n左},\ l_{n右})}{3} + 2\times150$

9. 中间跨搭接架立筋

框架梁中间跨搭接架立筋构造如图 2.39 所示，下料长度见表 2.31。

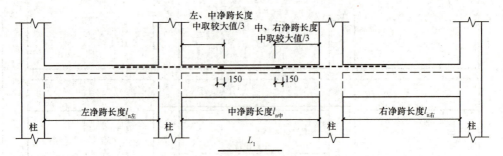

图 2.39　中间跨搭接架立筋构造

表 2.31　中间跨搭接架立筋下料长度

L_1	下料长度
中跨净跨 $l_n - \dfrac{\max(l_{n左}, l_{n中})}{3} - \dfrac{\max(l_{n中}, l_{n右})}{3} + 2 \times 150$	边跨净跨 $l_n - \dfrac{边跨净跨\ l_n}{3} - \dfrac{\max(l_{n左}, l_{n右})}{3} + 2 \times 150$

2.3.2　钢筋翻样实例

取某教学楼第一层楼的 KL1，共计 5 根，如图 2.40 所示，梁混凝土保护层厚度为 25 mm，抗震等级为 3 级，混凝土强度等级为 C35，柱截面尺寸为 500 mm×500 mm，轴线居中，未注明拉结筋为 φ6，间距按满足构造要求，请对其进行钢筋下料计算，并填写钢筋配料单。

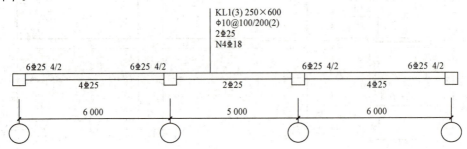

图 2.40　框架梁 KL1 平法施工图

【案例解析】

（1）熟悉梁平法施工图。

（2）绘制钢筋根数大样图。

结合以上平法的识读，本例中纵向钢筋根数的大样图绘制如图 2.41 所示。

（3）钢筋下料长度计算。

1）钢筋分解。根据构造详图和钢筋根数大样图，对梁内钢筋进行分解，见表 2.32。

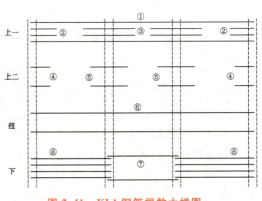

图 2.41　KL1 钢筋根数大样图

表 2.32 钢筋分解

钢筋编号	钢筋描述	钢筋根数	备注
①号筋	通长钢筋	2Φ25	
②号筋	边支座上部第一排负筋	4Φ25	左右支座各2Φ25
③号筋	中间支座上部负筋	4Φ25	中间两支座各2Φ25
④号筋	边支座上部第二排负筋	4Φ25	左右支座各2Φ25
⑤号筋	中间支座上部直角筋	4Φ25	中间两支座各2Φ25
⑥号筋	抗扭钢筋	4Φ18	梁的每侧面各配置2Φ18钢筋，对称布置
⑦号筋	中间跨下部纵筋	2Φ25	
⑧号筋	边跨下部纵筋	8Φ25	左右两边跨各4Φ25
⑨号筋	箍筋	ϕ10@100/200	
⑩号筋	拉结筋	ϕ6	间距按两倍箍筋非加密区间距布置

2）常用数据计算。下料长度计算过程中，需要一些基本的参数，计算见表 2.33。

表 2.33 基本参数表

查阅图集22G101—1，查得有关数据	
（1）根据混凝土强度等级、钢筋级别、抗震等级得 l_{abE}；根据混凝土强度等级、钢筋级别、钢筋直径、抗震等级得 l_{aE}	
Φ35、HRB400级钢、三级抗震：$l_{abE}=34d$	Φ25：$l_{abE}=34d=34\times25=850$（mm）
	Φ25：$0.4l_{abE}=0.4l_{abE}=0.4\times34\times25=340$（mm）
	Φ18：$0.4l_{abE}=0.4l_{abE}=0.4\times34\times18=245$（mm）
根据混凝土强度等级、钢筋级别、钢筋直径、抗震等级得：$l_{aE}=34d$	Φ25：$l_{aE}=34d=34\times25=850$（mm）
	Φ18：$l_{aE}=34d=34\times18=612$（mm）
（2）弯折长度 $15d$	Φ25：$15d=15\times25=375$（mm）
	Φ18：$15d=15\times18=270$（mm）
（3）$0.5h_c+5d$（h_c 为柱宽，下同，d 为钢筋直径）	$0.5h_c+5d=0.5\times500+5\times25=375$（mm）
（4）90°弯曲调整值 $\Delta=0.215D+1.215d$（纵向钢筋的弯折角度为90°，依据22G101—1可知弯曲直径 $D=4d$）$\Delta=0.215D+1.215d=0.215\times4d+1.215d=2.08d$	Φ25：$2.08d=2.08\times25=52$（mm）
	Φ18：$2.08d=2.08\times18=37$（mm）

3）钢筋下料长度。各纵向钢筋、箍筋、拉结筋下料长度计算见表 2.34。

表 2.34 钢筋下料长度

①号筋下料长度	
钢筋根数	4⊈25
钢筋简图	375 ⌐——— 17 180 ———⌐ 375
钢筋下料长度	梁全长－（左柱柱宽－右柱柱宽）＋2×0.4l_{abE}＋2×15d－2×90°弯曲调整值 ＝（6 000＋5 000＋6 000＋500）－500－500＋2×340＋2×375－2×52 ＝17 826（mm）

* 按照施工现场实际情况，考虑钢筋避让情况（假定柱保护层厚度为 25，柱箍筋直径为 8，柱外侧纵筋直径为 25 mm），下同：

①号筋下料长度	
钢筋简图	375 ⌐——— 17 384 ———⌐ 375
钢筋下料长度	梁全长－（左柱柱宽－右柱柱宽）＋2×（柱宽－保护层厚度 c－箍筋的直径 d_1－柱外侧纵筋直径 d_2）＋2×15d－2×90°弯曲调整值 ＝（6 000＋5 000＋6 000＋500）－500－500＋2×（500－25－8－25）＋2×375－2×52 ＝18 030（mm）

②号筋下料长度	
钢筋根数	4⊈25
钢筋简图	375 ⌐——— 2 174 ———
钢筋下料长度	$\dfrac{l_n}{3}$＋0.4l_{abE}＋15d－90°弯曲调整值 $\dfrac{6\,000-500}{3}$＋340＋375－52＝2 496（mm）

③号筋下料长度	
钢筋根数	4⊈25
钢筋简图	——— 4 167 ———
钢筋下料长度	$2\max\left(\dfrac{l_{n左}}{3},\ \dfrac{l_{n右}}{3}\right)$＋柱宽 ＝2×$\dfrac{6\,000-500}{3}$＋500＝4 167（mm）

④号筋下料长度	
钢筋根数	4⊈25
钢筋简图	——— 1 715 ——— 375

续表

钢筋下料长度	$\dfrac{l_n}{4}+0.4l_{abE}+15d\ -90°$ 弯曲调整值 $=\dfrac{6\,000-500}{4}+340+375-52=2\,038\ (\text{mm})$
⑤号筋下料长度	
钢筋根数	4$\oplus$25
钢筋简图	3 250
钢筋下料长度	$2\max\left(\dfrac{l_{n左}}{4},\ \dfrac{l_{n右}}{4}\right)+$ 柱宽 $=2\times\dfrac{6\,000-500}{4}+500=3\,250\ (\text{mm})$
⑥号筋下料长度	
钢筋根数	4$\oplus$18
钢筋简图	270　16 990　270
钢筋下料长度	梁全长－（左柱柱宽＋右柱柱宽）＋$2\times0.4l_{abE}+2\times15d-2\times90°$ 弯曲调整值 $=(6\,000+5\,000+6\,000+500)-500-500+2\times245+2\times270-2\times37=17\,456\ (\text{mm})$
⑦号筋下料长度	
钢筋根数	2$\oplus$25
钢筋简图	6 200
钢筋下料长度	净跨 $l_n+2\max\ (l_{aE},\ 0.5h_c+5d)$ $=5\,000-500+2\times\max\ (850,\ 375)=6\,200\ (\text{mm})$
⑧号筋下料长度	
钢筋根数	8$\oplus$25
钢筋简图	375　6 690
钢筋下料长度	净跨 $l_n+0.4l_{abE}+\max\ (l_{aE},\ 0.5h_c+5d)+15d-90°$ 弯曲调整值 $=6\,000-500+340+850+375-52=7\,013\ (\text{mm})$
⑨号筋下料长度	
钢筋简图	180　530
下料长度	$2\ (b-2c)+2\ (h-2c)+18.5d$ $=2\times(250-50)+2\times(600-50)+18.5\times10=1\,685\ (\text{mm})$

箍筋加密区范围	三级抗震，加密区范围 max（$1.5h_b$，500） ＝max（$1.5×600$，500）＝900（mm）
钢筋根数	以第一跨为例，第一跨左端加密区根数： 第一跨左端加密区箍筋根数：$n_1=\dfrac{左端加密区长度-50}{加密区间距}+1$ 第一跨右端加密区箍筋根数：$n_2=\dfrac{右端加密区长度-50}{加密区间距}+1$ 第一跨中间加密区箍筋根数：$n_3=\dfrac{中间非加密区长度}{非加密区间距}-1$ $n=n_1+n_2+n_3$ 或 $n=\dfrac{左端加密区长度-50}{加密区间距}+\dfrac{右端加密区长度-50}{加密区间距}+\dfrac{中间非加密区长度}{非加密区间距}+1$
	第一跨左端加密区箍筋根数：$n_1=\dfrac{900-50}{100}+1=10$（根） 同理，第一跨右端加密区箍筋根数：$n_2=10$ 根 第一跨中间加密区箍筋根数：$n_3=\dfrac{6\,000-500-900-900}{200}-1=18$（根） 第一跨箍筋根数共计 $10+10+18=38$（根） 三跨同一跨，一、三跨箍筋根数共计 $38×2=76$（根） 第二跨左端加密区箍筋根数：$n_1=\dfrac{900-50}{100}+1=10$（根） 同理第二跨右端加密区箍筋根数：$n_2=10$ 根 第二跨中间非加密区箍筋根数：$n_3=\dfrac{5\,000-500-900-900}{200}-1=13$（根） 第二跨箍筋根数共计：$10+10+13=33$（根） 单根框架梁箍筋根数合计：$76+33=109$（根）

⑩号钢筋下料长度

钢筋简图	↤ 200 ↦
下料长度	$b-2c+25.8d$ ＝$250-50+25.8×6=355$（mm）
	$n=\dfrac{梁跨净跨-100}{2×非加密区间距}+1$
钢筋根数	第一跨拉结筋根数：$n=\dfrac{6\,000-500-100}{2×200}+1=15$（根） 两行共计 $15×2=30$（根） 第三跨同第一跨，拉结筋根数：$30+30=60$（根） 第二跨拉结筋根数：$n=\dfrac{5\,000-500-100}{2×200}+1=12$（根） 两行共计 $12×2=24$（根） 单根框架梁箍筋根数合计：$60+24=84$（根）

（4）编制钢筋下料表见表 2.35。

表 2.35　钢筋配料单

构件名称	钢筋编号	简图	直径/mm	钢筋级别	下料长度/mm	单位根数	合计根数
KL1 共5根	①	375 ⌐ 17 180 ⌐ 375	25	Φ	17 826	2	10
	②	375 ⌐ 2 174	25	Φ	2 496	4	20
	③	4 167	25	Φ	4 167	4	20
	④	375 ⌐ 1 715	25	Φ	2 038	4	20
	⑤	3 250	25	Φ	3 250	4	20
	⑥	270 ⌐ 16 990 ⌐ 270	18	Φ	17 456	4	20
	⑦	6 200	25	Φ	6 200	2	10
	⑧	375 ⌐ 6 690	25	Φ	7 013	8	40
	⑨	180 / 530	10	φ	1 685	109	545
	⑩	200	6	φ	355	84	420

学习情景评价表

姓名		学号			
专业			班级		
评价标准					
项次	项目	评价内容	分值	自评分	教师评分
1	职业特质	过程导向的思维；追求准确与快速的计算能力	5		
2		追求达到设计规范与图集、标准的价值	5		
3	技术能力	识图能力	10		
4		解读构造的能力	10		
5		钢筋下料计算能力	10		
6		配料单编制能力	15		
7	相关知识	平法钢筋识图	10		
8		平法钢筋构造与下料计算	10		
9		配料单编制	15		
10	通用能力	合作和沟通能力	4		
11		技术与方法能力	3		
12		职业价值的认识能力	3		
自评做得很好的地方					
自评做得不好的地方					
以后需要改进的地方					
工作时效		提前○　准时○　超时○			
自评		★★★★★（5、4、3、2、1分别代表非常好、好、一般、差、非常差）			
教师评价		★★★★★（5、4、3、2、1分别代表非常好、好、一般、差、非常差）			
学习建议		知识补充			
		技能强化			
		学习途径			

实训一 框架梁平法施工图识读

班级＿＿＿＿＿＿＿＿＿＿ 姓名＿＿＿＿＿＿＿＿＿＿ 学号＿＿＿＿＿＿＿＿＿＿

1. 框架梁平法识读要点

（1）框架梁的平法标注分为集中标注和原位标注两部分，如图 2.42 所示。

（2）集中标注包括：构件编号＋几何要素＋配筋要素＋补充要素。具体为梁的代号和序号及跨数、梁截面尺寸、箍筋值、通长筋（抗震）或架立筋（非抗震）值、侧面筋值（侧面构造筋或抗扭筋）和梁顶面相对标高高差选注值。

（3）原位标注主要表达支座上部负弯矩筋（包括通过该位置的通长筋），下部通长筋，以及某部位与集中标注某项的不相同值。

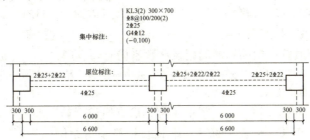

图 2.42 框架梁示意图集中标注与原位标注示意

2. 框架梁平面注写方式的识读

梁的平面注写是在梁的平面布置图上，从不同类型的梁中分别选 1 根，在其上注写截面尺寸和钢筋配置具体数值的表达方法。

（1）梁的截面尺寸的注写方法：当梁为等截面梁时，截面尺寸用 $b \times h$ 表示（b 为梁宽，h 为梁高）。

当梁宽 $b=300$ mm、梁高 $h=650$ mm 时，即表示为 300×650。图 2.42 所示的 KL3 截面尺寸为＿＿＿＿。

当梁为悬挑梁（图 2.43），梁的端部和根部高度不同时，应用斜线分隔根部与端部的高度值，即截面尺寸用 $b \times h_1/h_2$ 表示（b 为梁宽，h_1 为梁根部高度，h_2 为梁端部高度）。

图 2.43 悬挑梁

如图 2.44 所示，XL1 $300 \times 700/500$ 表示编号为 1 的悬挑梁梁宽为＿＿＿＿＿＿＿＿ mm，梁的根部高度为＿＿＿＿＿＿＿＿ mm，梁的端部高度为＿＿＿＿＿＿＿＿ mm。

（2）梁箍筋配置的注写内容包括箍筋的级别、直径、加密区与非加密区的间距及肢数。

当箍筋加密区与非加密区的间距不同时，或箍筋的肢数不同时，用"/"分隔。当梁箍筋为同一种间距及肢数时，则不需用斜线；当加密区与非加密区的箍筋肢数相同时，则将肢数注写一次；将箍筋肢数写在括号内。例如，Φ10@100/200（4）表示箍筋为_____（选填HPB300、HRB400、HRB）级钢筋，直径为_____ mm，加密区间距为_____ mm，非加密区间距为_____ mm，为_____肢箍；

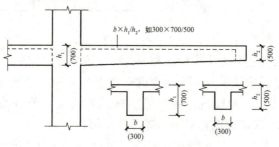

图2.44　截面逐渐变化的悬挑梁

Φ8@100(4)/200(2)表示箍筋为_____（选填 HPB300、HRB400）级钢筋，直径为_____ mm，加密区间距为_____ mm，_____肢箍，非加密区间距为_____ mm，为两肢箍。梁的箍筋间距及肢数不同时，也用_____分隔。

注：梁支座端部的箍筋数量放在前面，然后是箍筋的钢筋级别、直径、间距和肢数，在斜线后面的是该梁跨中部分箍筋的间距及肢数。

（3）梁的纵向钢筋的注写方法：梁的上部钢筋有通长钢筋和非通长钢筋，通长在角部，非通长在中间，通长钢筋采用集中标注，非通长钢筋采用原位标注，原位标注的根数包含了集中标注的根数，当原位标注的通长钢筋与非通长钢筋直径不同时，用"+"分开，通长在前，非通长在后；当梁的箍筋肢数超过2时，上部钢筋就会出现既有通长筋又有架立筋的情况，那么，在集中标注的通长筋后面用"+"号和括号来注写架立筋，架立筋的根数、级别和直径注写在括号内；例如，2Φ20用于_____肢筋，2Φ20＋(4Φ12)用于_____肢筋，其中，_____为通长筋，_____为架立筋；当梁的纵向钢筋多于一排时，用斜线"/"将各排纵向钢筋自上而下分开。

（4）当梁配置有受扭或构造钢筋时，以大写字母 N 打头或用 G 开头，表示对称布置，例如，G4Φ14 表示梁的两侧面共配置了_____的纵向构造钢筋，梁的每侧面各配置_____钢筋，并对称布置；N6Φ20 表示梁的两侧面共配置了_____的纵向受扭钢筋，梁的每侧面各配置_____钢筋，并对称布置。

3. 框架梁截面注写方式的识读

截面注写方式是在分标准层绘制的梁平面布置图上对所有梁按规定进行编号，分别在不同编号的梁中各选择一根梁用剖切符号引出配筋图，并在配筋图上注写截面尺寸和配筋具体数值，其他相同编号的梁仅需标注编号。

用截面注写方式绘制平法施工图时，从相同编号的梁中选择一根梁，先将单边截面号画在该梁上，截面号引线位置就是需要绘制截面的位置，再将相应截面配筋详图画在本图或其他图上。

梁平法施工图截面注写方式的内容包括梁平面布置图、从平面图上引出的梁截面钢筋排布图和结构层楼面标高与结构层高表三部分，如图 2.45 所示。

L3(1) 左、右支座均为 1—1 截面，跨中为 2—2 截面。

解读：等截面梁尺寸为_____；下部通长筋为_____，上部通长筋为_____，左、右支座筋为_____，可判断此处非通长筋_____，箍筋为_____，侧面中部筋为_____，拉结筋未标注（默认按构造要求设置）；梁顶标高高差为_____，在平面图中的梁编号后面标注。

L4(1) 跨中为 3—3 截面。

解读：等截面梁尺寸为_____；下部通长筋为_____，上部通长筋为_____，箍筋为_____；梁顶标高高差为_____。

L1(1) 跨中为 4—4 截面。

解读：等截面梁尺寸为_____；下部通长筋为_____，上部通长筋为_____，箍筋为_____。

平面图上已明确标注在主、次梁交接处设置附加箍筋和附加吊筋，在⑤轴 KL5 上设置 1 处附加吊筋_____，有两处设置的附加吊筋未标注配筋值；在⑥轴 KL5 上有 3 处附加箍筋示意，但未标注具体配筋值。该三处附件箍筋为_____。

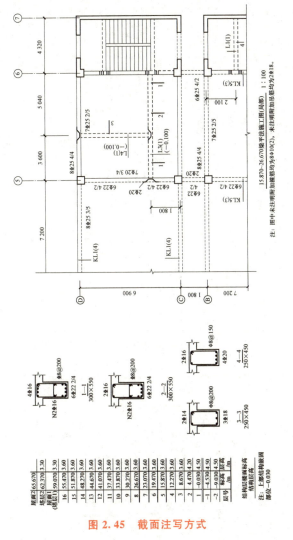

图 2.45　截面注写方式

实训二　绘制钢筋根数大样图

班级_____　姓名_____　学号_____

如图 2.46 所示为 5KL7，绘制钢筋根数大样图。

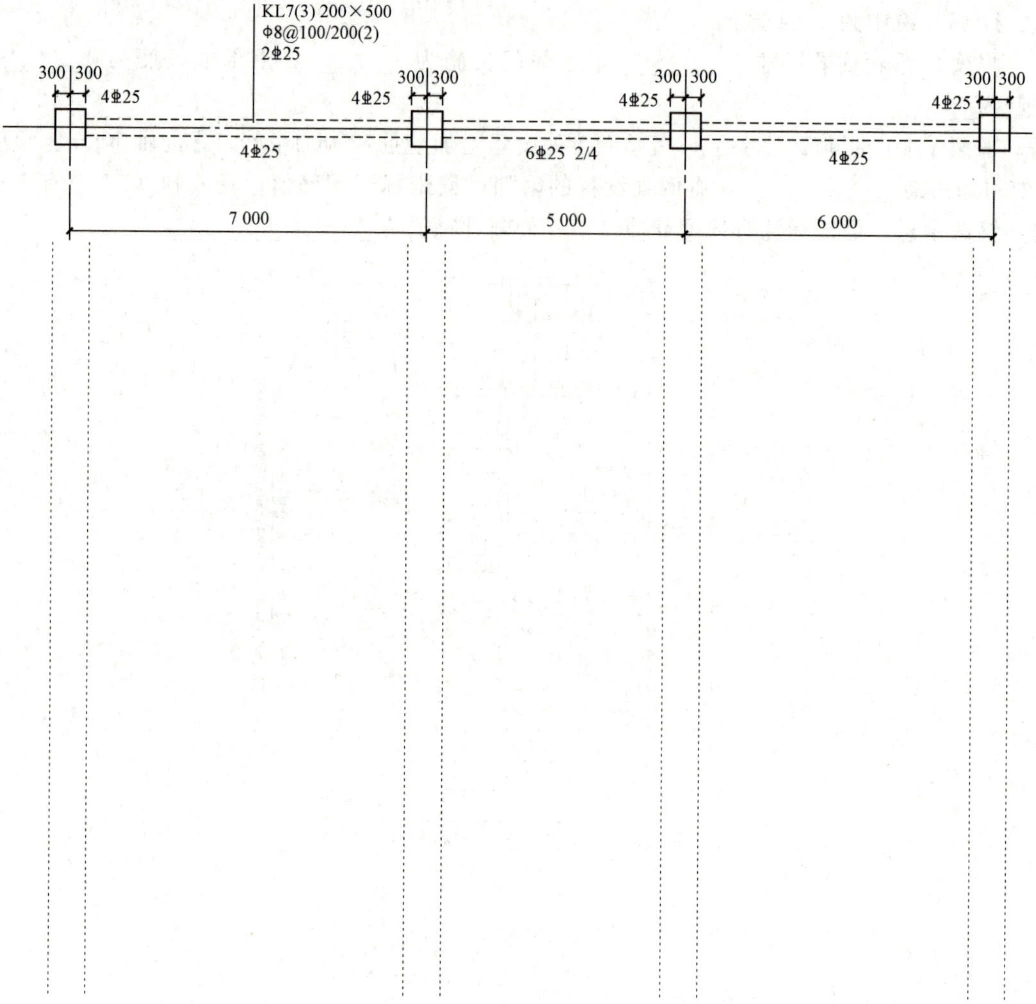

KL7(3) 200×500
Φ8@100/200(2)
2Φ25

300 | 300
4Φ25

4Φ25

300 | 300
4Φ25

300 | 300
4Φ25

300 | 300
4Φ25

4Φ25

6Φ25 2/4

4Φ25

7 000　　　5 000　　　6 000

图 2.46　KL7

实训三　绘制梁大样图

（对接"1＋X"建筑工程识图职业技能证书、职业院校"建筑工程识图"技能大赛）

班级 ＿＿＿＿＿＿＿＿＿＿　　姓名 ＿＿＿＿＿＿＿＿＿＿　　学号 ＿＿＿＿＿＿＿＿＿＿

取某教学楼第一层楼的 KL1，如图 2.47 所示，梁混凝土保护层厚度为 25 mm，抗震等级为 1 级，混凝土强度等级为 C35，柱截面尺寸为 500 mm ×500 mm，轴线居中。板厚取 120 mm。

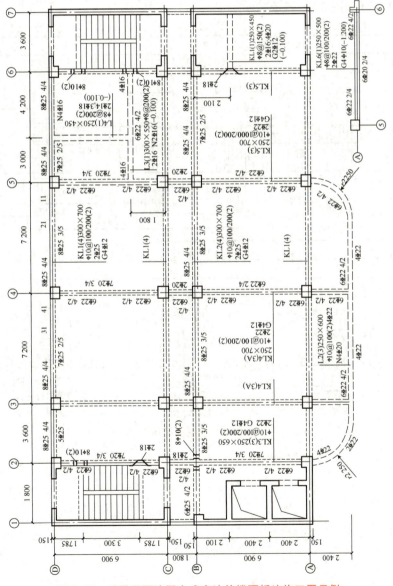

图 2.47　采用平面注写方式表达的楼面板法施工图示例

（注：可在结构层楼面标高、结构层高表中加设混凝土强度等级栏）

绘制要求：

（1）绘制梁①轴线 KL1 立面图（即纵剖面图）。

（2）要求绘制出所有纵向钢筋及钢筋不可见截断点的位置并标注尺寸，并标注钢筋级别、根数及直径（以工地能结合规范按图放样即可，参考图集 22G101 不考虑柱边钢筋退让问题）。

（3）要求绘制出箍筋加密区与非加密区的分界线并标注分界线尺寸和各区箍筋级别、直径和间距。

（4）绘制梁、板构件轮廓线。

（5）标注梁截面尺寸、梁顶面标高，图名及比例，图名根据绘制内容自定。

（6）绘图比例为 1：1，出图比例为 1：20。

绘制完成效果如图 2.48 所示。

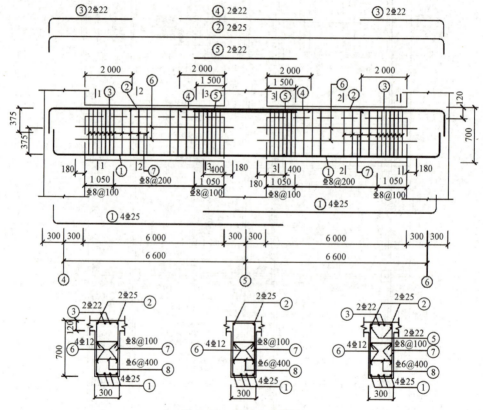

图 2.48　绘制完成效果

典型岗位职业能力综合实训：钢筋配料单编制

班级＿＿＿＿＿＿＿＿　　姓名＿＿＿＿＿＿＿＿　　学号＿＿＿＿＿＿＿＿

【知识要点】

（1）抗震框架梁下部钢筋在中间支座的直锚长度，应为过柱中线加 $5d$ 与 l_{aE} 的较大者。如果贯穿支座到梁跨下某部位连接，应经设计人出具变更。

（2）边柱的止锚区宽度为过柱中线加 $5d$ 至柱纵筋内侧之间的距离。抗震梁受拉钢筋在边柱支座锚固，当直锚时应≥l_{aE} 且进入止锚区后再截断；当弯锚时，应使直段≥$0.4l_{aBE}$ 且进入止锚区后再弯钩，弯折长度为 $15d$。

【任务实施】

实训任务：某高层建筑梁钢筋配料单设计。

（1）所用原始材料。该工程的梁平法施工图如图 2.49 所示。结构为二级抗震等级，现场一级钢为盘条，三级钢 9 m 定尺，混凝土强度等级为 C30。框架柱截面尺寸为 600 mm×600 mm。

（2）钢筋配料单。要求计算某一层梁（如标高 15.870 m）的钢筋配料，并编制钢筋配料单。

（3）钢筋配料单的形式。钢筋配料单一般用表格的形式反映，其内容由构件名称、钢筋编号、钢筋简图、尺寸、钢号、数量、下料长度及质量等内容组成，见表 2.36。

表 2.36　钢筋配料单（范例）

构件名称	钢筋编号	简图	直径/mm	钢筋级别	下料长度/mm	单位根数	合计根数	质量/kg
L15 共 5 根	①	6 190	10	φ	6 315	2	10	39.0
	②	250　6 190	25	Φ	6 575	2	10	253.1
	③	250　265　4 560	25	Φ	6 962	2	10	266.1
	④	200　550	6	φ	1 600	32	160	58.6

【技能训练】

通过某高层建筑梁钢筋配料单设计，掌握框架梁平法施工图识读，能够绘制各框架梁钢筋根数大样图，熟悉框架梁钢筋构造，学会计算钢筋下料长度（不考虑钢筋避让），通长筋考虑钢筋连接位置，编制钢筋配料单。也可以根据实际情况选择一、二道梁进行练习。

钢筋配料表见表 2.37。

表 2.37 钢筋配料表

构件 名称	钢筋 编号	简图	直径 /mm	钢筋 级别	下料长度 /mm	单位 根数	合计 根数

续表

构件 名称	钢筋 编号	简图	直径 /mm	钢筋 级别	下料长度 /mm	单位 根数	合计 根数

学习情景 3

柱平法施工图识读与钢筋配料单编制

导 读 柱是竖向承重构件，是框架结构必不可少的构件之一。通过本学习情景，学生能进一步熟悉图集 22G101 的相关内容；掌握柱结构施工图中列表注写方式与截面注写方式所表达的内容；掌握柱标准构造详图中基础插筋、首层纵筋、中间层纵筋、顶层纵筋、箍筋加密区和非加密区构造。能够进行各种钢筋翻样、下料长度计算，能够编制柱钢筋配料单。

素 养 元素引入 以成语"中流砥柱、一柱擎天"展开，强调柱子在结构中的重要性。它是框架结构的"能力担当"，承受了框架结构上部的全部荷载。以此鼓励学生担当作为，奋勇前行。四平八稳地架好"梁"、立好"柱"，不折不扣打牢为人民服务的"根"和"基"。

3.1 柱平法识图

微课：柱平法识图

3.1.1 柱平法施工图的表示方法

柱平法施工图是在柱平面布置图上采用列表注写方式或截面注写方式表达。

在柱平法施工图中，应按规定注明各结构层的楼面标高、结构层高及相应的结构层号，还应注明上部结构嵌固部位位置。

上部结构嵌固部位的注写：

（1）框架柱嵌固部位在基础顶面时，无须注明。

（2）框架柱嵌固部位不在基础顶面时，在层高表嵌固部位标高下使用双细线注明，并在层高表下注明上部结构嵌固部位标高。

（3）框架柱嵌固部位不在地下室顶板，但仍需要考虑地下室顶板对上部结构实际存在嵌固作用时，可在层高表地下室顶板标高下使用双虚线注明，此时首层柱端箍筋加密区长度范围及纵向钢筋（也称为"纵筋"）连接位置均按嵌固部位要求设置。

3.1.2 柱列表注写方式钢筋识读要点

列表注写方式是在柱平面布置图上（一般只需采用适当比例绘制一张柱平面布置图，

包括框架柱、转换柱、芯柱等），分别在同一编号的柱中选择一个（有时需要选择几个）截面标注几何参数代号；在柱表中注写柱编号、柱段起止标高、几何尺寸（含柱截面对轴线的定位情况）与配筋的具体数值，并配以柱截面形状及其箍筋类型的方式来表达柱平法施工图，如图 3.1 所示。

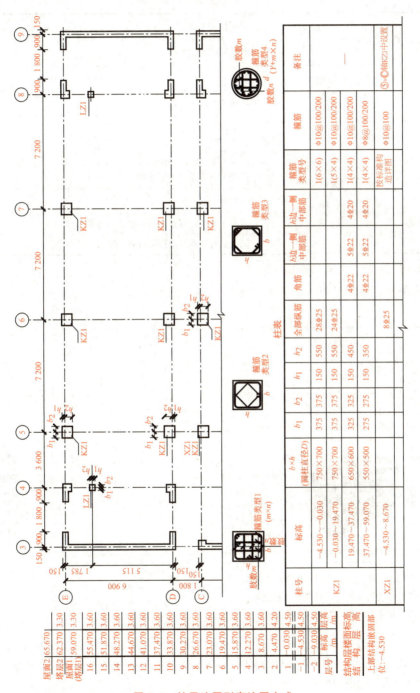

图 3.1　柱平法图列表注写方式

1. 柱构件平法识图知识体系

《混凝土结构施工图平面整体表示方法制图规则和构造详图（现浇混凝土框架、剪力墙、梁、板）》（22G101—1）第1－3～1－8页讲述的是梁构件制图规则，知识体系见表3.1。

表3.1　柱平法识图知识体系

平法表达方式	列表注写方式
	截面注写方式
列表注写	柱编号
	各段柱的起止标高
	柱截面尺寸
	柱纵筋
	箍筋类型编号及箍筋肢数
	柱箍筋
数据标注方式	列表注写：在单独的列表中注写各数据项
	截面注写：在平面图上选择一个直接注写

2. 框架柱列表注写方式的识读

（1）柱编号。柱编号由类型代号和序号组成。见表3.2。

表3.2　柱代号

柱类型	框架柱	转换柱	芯柱
类型代号	KZ	ZHZ	XZ
序号	××	××	××
三维表达			
特征	由混凝土柱、梁、板组成的框架结构中的柱称为框架柱，柱根部为嵌固在基础或地下结构上，并与框架梁刚性连接构成框架	包括部分框支剪力墙结构中的框支柱和框架-核心筒、框架－剪力墙中支承托柱转换梁的柱，是更广义的框支柱	设在框架柱、框支柱、剪力墙柱核心部位的暗柱

注：编号时，当柱的总高、分段截面尺寸和配筋均对应相同，仅截面与轴线的关系不同时，仍可将其编为同一柱号，但应在图中注明截面与轴线的关系

（2）注写各段柱的起止标高。自柱根部往上以变截面位置或截面未变但配筋改变处为界分段注写。

梁上起框架柱的根部标高是指梁顶面标高；剪力墙上起框架柱的根部标高为墙顶面标高。从基础起的柱，其根部标高是指基础顶面标高。

当屋面框架梁上翻时，框架柱顶标高应为梁顶面标高。

芯柱的根部标高是指根据结构实际需要而定的起始位置标高。

（3）几何尺寸。柱截面尺寸及与轴线的关系见表 3.3。

表 3.3　几何尺寸

矩形柱	圆柱
注写柱截面尺寸 $b \times h$ 及与轴线关系的几何参数代号 b_1、b_2 和 h_1、h_2 的具体数值，需对应于各段柱分别注写。其中 $b=b_1+b_2$，$h=h_1+h_2$。当截面的某一边收缩变化至与轴线重合或偏到轴线的另一侧时，b_1、b_2、h_1、h_2 中的某项为零或为负值	表中 $b \times h$ 一栏改用在圆柱直径数字前加 d 表示。为表达简单，圆柱截面与轴线的关系用 b_1、b_2 和 h_1、h_2 表示，并使 $d=b_1+b_2=h_1+h_2$

柱号	标高	$b \times h$（圆柱直径 D）	b_1	b_2	h_1	h_2
KZ3	0.03～15.87	600×600	300	300	450	150
	15.87～33.87	500×500	250	250	350	150
KZ4	0.03～15.87	$D600$	300	300	300	300
	15.87～33.87	$D600$	250	250	250	250

对于芯柱，根据结构需要，可以在某些框架柱的一定高度范围内，在其内部的中心位置设置（分别引注其柱编号）。芯柱中心应与柱中心重合，并标注其截面尺寸

（4）柱纵筋。当柱纵筋直径相同，各边根数也相同时（包括矩形柱、圆柱和芯柱），将纵筋注写在"全部纵筋"，一栏中；除此之外，柱纵筋分角筋、截面 b 边中部筋和 h 边中部筋三项分别注写（对于采用对称配筋的矩形截面柱，可仅注写一侧中部筋，对称边省略不注；对于采用非对称配筋的矩形截面柱，必须每侧均注写中部筋），见表 3.4。

表 3.4　柱纵筋

柱编号	标高/m	……	全部纵筋	角筋	b 边一侧中部筋	h 边一侧中部筋
KZ1	−4.530～−0.030	……	28Φ25			
	0.030～19.470		24Φ25			
	19.470～37.470	……		4Φ22	5Φ22	4Φ20
	37.470～59.070			4Φ22	5Φ22	4Φ20

（5）注写箍筋类型编号及箍筋肢数，在箍筋类型栏内注写。按表 3.3 规定的箍筋类型编号和箍筋肢数。箍筋肢数可有多种组合，应在表 3.5 中注明具体的数值：m、n 及 Y 等。

表 3.5　箍筋类型表

箍筋类型编号	箍筋肢数	复合方式	箍筋类型编号	箍筋肢数	复合方式
1	$m \times n$		3	—	
2	—		4	$Y + m \times n$	

注：1. 确定箍筋肢数时应满足对柱纵筋"隔一拉一"及箍筋肢距的要求。

2. 具体工程设计时，若采用超出本表所列举的箍筋类型或标准构造详图中的箍筋复合方式，应在施工图中另行绘制，并标注与施工图中对应的 b 和 h

（6）柱箍筋，包括钢筋种类、直径与间距。柱箍筋的表达见表 3.6。

表 3.6　柱箍筋表达

用斜线"/"区分柱端箍筋加密区与柱身非加密区长度范围内箍筋的不同间距	当框架节点核心区内箍筋与柱端箍筋设置不同时，应在括号中注明核心区箍筋直径及间距	当箍筋沿柱全高为一种间距时，则不使用"/"线	当圆柱采用螺旋箍筋时，需在箍筋前加"L"
Φ10@100/200	Φ10@100/200（Φ12@100）	Φ12@100	LΦ10@100/200
箍筋为 HPB300 钢筋，直径为 10 mm，加密区间距为 100 mm，非加密区间距为 200 mm	柱中箍筋为 HPB300 钢筋，直径为 10 mm，加密区间距为 100 mm，非加密区间距为 250 mm。框架节点核心区箍筋为 HPB300 级，直径为 12 mm，间距为 100 mm	表示沿柱全高范围内箍筋均为 HPB300，钢筋直径为 12 mm，间距为 100 mm	表示采用螺旋箍筋，HPB300，钢筋直径为 10 mm，加密区间距为 100 mm，非加密区间距为 200 mm

3.1.3　框架柱截面注写方式的识读

在进行上述列表注写时，有时会遇到柱子截面和配筋在整个高度上没有变化的情况，这样就可以省去两个表格，而采用截面注写的表示方法。截面注写是在标准层绘制的柱平面布置图上分别在同一编号的柱中选择一个截面，直接注写截面尺寸和钢筋具体数字的方式来表达柱截面的尺寸、配筋等情况，如图 3.2 所示。

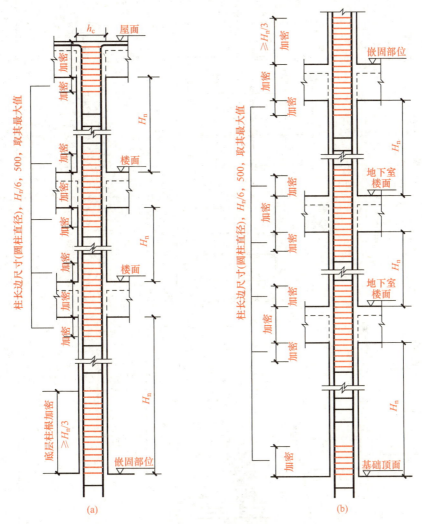

图 3.2　柱平法施工图 1∶100（截面注写方式）

截面注写与列表注写之间的关系，见表 3.7。

表 3.7 列表注写与截面注写关系

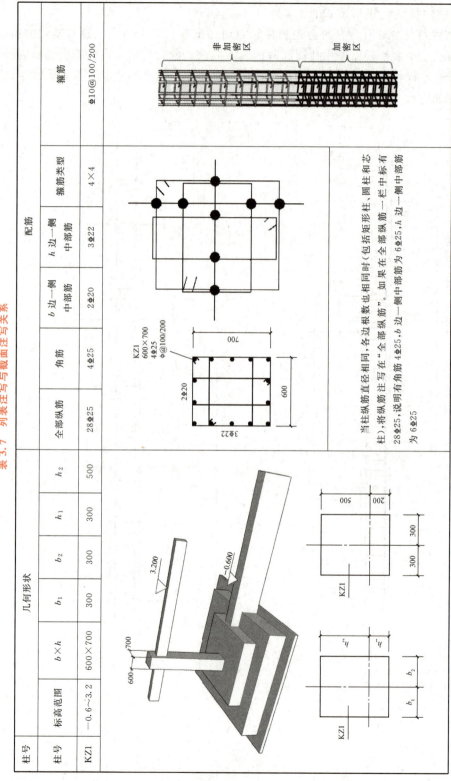

3.2　柱平法钢筋构造

微课：框架柱平法
钢筋构造

3.2.1　柱纵向钢筋根部节点构造

柱有基础上起柱、梁上起柱和剪力墙上起柱，相关构造见表 3.8、表 3.9。

表 3.8　柱纵向钢筋在基础中构造

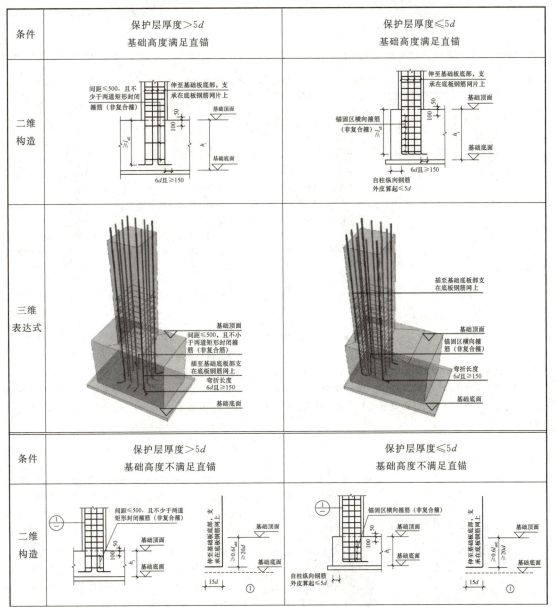

三维表达	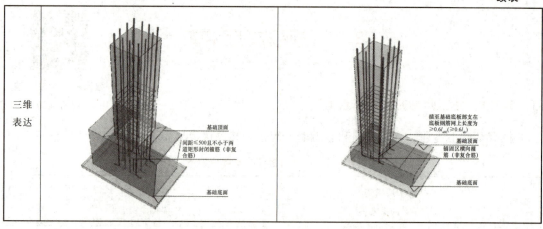

表 3.9　剪力墙上起柱 KZ 纵筋构造、梁上起柱 KZ 纵筋构造、底层刚性地面上下各加密 500

柱与墙重叠一层	柱纵筋锚固在墙顶部时柱根构造
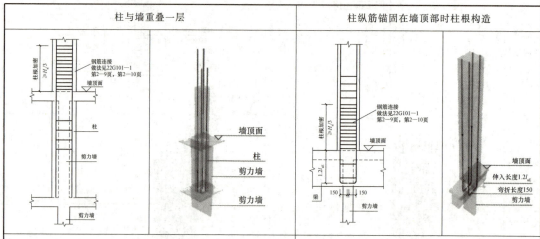	

（1）柱与墙重叠一层时，根部与下层柱锚固长度为下层柱高。

（2）钢筋连接做法同抗震框架柱纵向钢筋连接构造。

（3）墙上起柱 KZ，在墙顶面标高以上柱根部加密，加密区长度 $\geqslant H_n/3$，锚固范围内的柱箍筋按上柱非加密区箍筋要求配置

（1）当柱纵筋锚固在墙顶部时，抗震剪力墙上起柱插筋应插至墙顶面以下 $1.2l_{abE}$ 处，水平弯折 $90°$，弯折长度取 150 mm。

（2）墙上起柱 KZ，在墙顶面标高以上柱根部加密，加密区长度 $\geqslant H_n/3$，锚固范围内的柱箍筋按上柱非加密区箍筋要求配置

梁上起柱 KZ 纵筋构造	梁上起框架柱钢筋构造要求如下

梁上起框架柱钢筋构造要求如下

（1）梁上起柱插筋应伸至框架梁底配筋位置，梁内直锚长度应 $\geqslant 0.6l_{abE}$ 且 $\geqslant 20d$，端部做 $90°$ 弯锚，弯折长度取 $15d$。

（2）梁上起框架柱时，梁的平面外方向应设梁，以平衡柱脚在该方向的弯矩；当柱宽度大于梁宽时，梁应设水平加腋。

（3）梁上起框架柱时，在梁内设置间距不大于 500 mm，且至少 2 道柱箍筋

续表

柱与墙重叠一层	柱纵筋锚固在墙顶部时柱根构造
底层刚性地面上下各加密500	
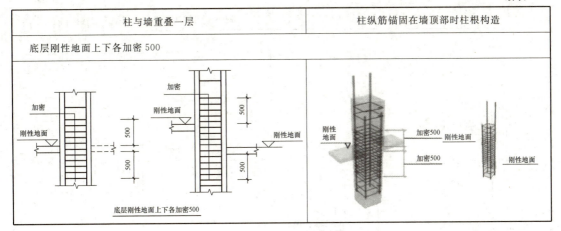 底层刚性地面上下各加密500	

3.2.2　中间层 KZ 纵向钢筋连接构造

因施工工艺等原因，框架柱纵向钢筋需每层进行连接，在实际施工中是每层都要进行绑扎搭接、机械连接或焊接连接，地下室 KZ 纵向钢筋连接构造见表 3.10，KZ 纵向钢筋连接构造见表 3.11，从构造中理解非连接区段，一、二接头位置距离，嵌固位置等构造。

3D 模型：无地下室柱
纵筋中间层节点构造

表 3.10　地下室 KZ 纵向钢筋连接构造

绑扎搭接	机械连接
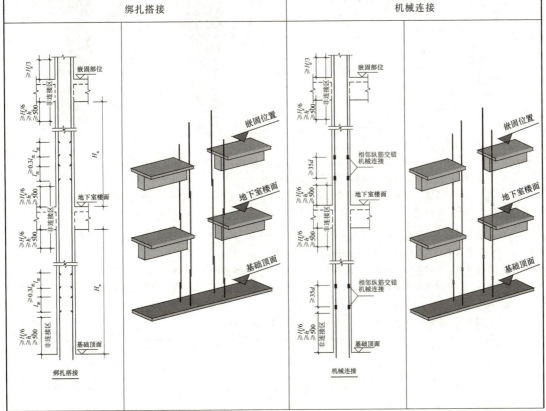	

续表

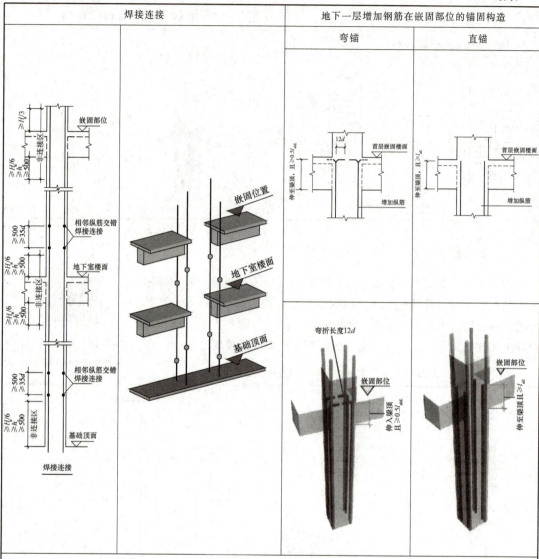

注：1. 柱纵筋的连接方式：即绑扎搭接、机械连接、焊接连接。

2. 接头面积百分率：柱相邻纵向钢筋连接接头相互错开。在同一连接区段内钢筋接头面积百分率不宜大于50%。

3. 非连接区段：地下室柱纵筋的非连接区设置在基础顶面、地下室楼面处梁顶面以上及梁底面以下，非连接区的长度要求同时满足≥$H_n/6$、≥h_c、≥500，即 max（$H_{n/6}$，h_c，500）。

4. 连接长度：当柱纵筋为搭接时，搭接长度为 l_{lE}，相邻两根纵筋的搭接区净距离≥$0.3l_{lE}$；当柱纵筋为机械连接时，相邻两根纵筋的连接点距离≥35d；当柱纵筋为焊接时，相邻两根纵筋的连接点距离应同时满足≥35d、≥500，即 max（35d，≥500）。

5. 嵌固位置：若建筑带地下室，框架柱的嵌固部位在首层楼面

表 3.11　KZ 纵向钢筋连接构造

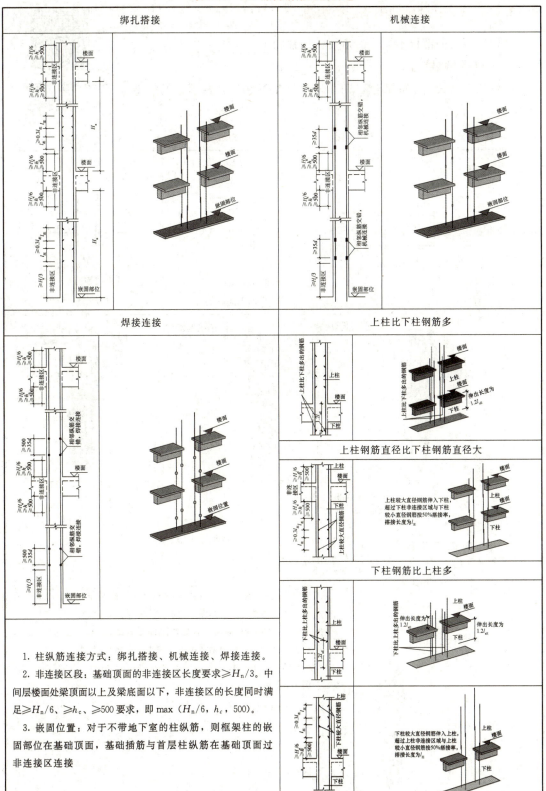

1. 柱纵筋连接方式：绑扎搭接、机械连接、焊接连接。

2. 非连接区段：基础顶面的非连接区长度要求 $\geqslant H_n/3$。中间层楼面处梁顶面以上及梁底面以下，非连接区的长度同时满足 $\geqslant H_n/6$、$\geqslant h_c$、$\geqslant 500$ 要求，即 $\max\ (H_n/6,\ h_c,\ 500)$。

3. 嵌固位置：对于不带地下室的柱纵筋，则框架柱的嵌固部位在基础顶面，基础插筋与首层柱纵筋在基础顶面过非连接区连接

3.2.3 KZ柱顶纵向钢筋连接构造

3D模型：中柱柱顶钢筋构造

柱根据所在的部位不同分为角柱、边柱和中柱。

1. 中柱柱顶钢筋构造

中柱位于框架的中间部位，四面均与框架梁相连，柱顶钢筋构造见表3.12。

表3.12 中柱柱顶钢筋构造

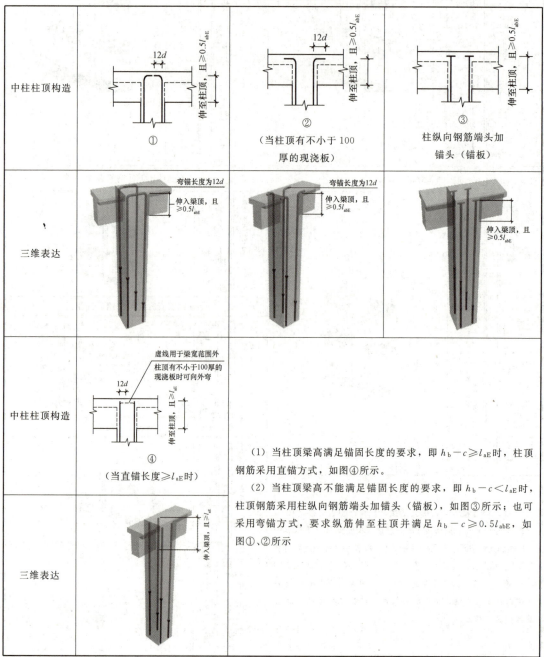

（1）当柱顶梁高满足锚固长度的要求，即 $h_b - c \geqslant l_{aE}$ 时，柱顶钢筋采用直锚方式，如图④所示。

（2）当柱顶梁高不能满足锚固长度的要求，即 $h_b - c < l_{aE}$ 时，柱顶钢筋采用柱纵向钢筋端头加锚头（锚板），如图③所示；也可采用弯锚方式，要求纵筋伸至柱顶并满足 $h_b - c \geqslant 0.5 l_{abE}$，如图①、②所示

2. 边柱、角柱柱顶钢筋构造

角柱位于房屋转角的部位，两面临空，两面与框架梁相连，边柱位于框架外侧，一面临空，三面与框架梁相连，构造见表 3.13。

表 3.13　框架柱边柱和角柱柱顶钢筋构造

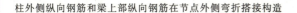

柱外侧纵向钢筋和梁上部纵向钢筋在节点外侧弯折搭接构造	
梁宽范围内钢筋	
从梁底算起 $1.5l_{abE}$ 超过柱内侧边缘	从梁底算起 $1.5l_{abE}$ 未超过柱内侧边缘

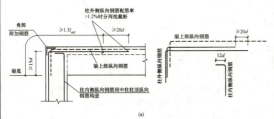

[伸入梁内柱纵向钢筋做法（从梁底算起 $1.5 l_{abE}$ 超过柱内侧边缘）]

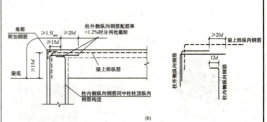

[伸入梁内柱纵向钢筋做法（从梁底算起 $1.5 l_{abE}$ 超过柱内侧边缘）]

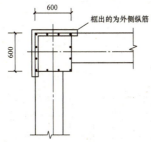

柱外侧纵筋如图中框出部分。

判断配筋率是否大于 1.2%，

柱外侧纵筋配筋率为：$\dfrac{柱外侧纵筋面积和}{柱截面面积}$

1. 锚固长度从梁底算起 $\geqslant 1.5l_{abE}$。
2. 从梁底算起锚固长度 $1.5l_{abE}$ 未超过柱内侧边缘，要求在柱顶平直段长度 $\geqslant 15d$。
3. 柱外侧纵向钢筋配筋率 $>1.2\%$ 分两批截断，两批截断钢筋错开 $\geqslant 20d$。
4. 柱内侧纵筋弯折后伸出 $12d$。
5. 梁宽范围内 KZ 边柱和角柱柱顶纵向钢筋伸入梁内的柱外侧纵筋不宜少于柱外侧全部纵筋面积的 65%。

如图柱外侧纵筋 7 根，那么伸入梁内的纵筋应该 $\geqslant 7\times65\%=5$（根）。

6. 除第 5 条 5 根伸入梁内外，剩余 2 根为梁范围外柱外侧钢筋，可以在节点内锚固，分为两层布置，柱顶第一层钢筋伸至柱内边并向下弯折 $8d$，第二层钢筋伸至柱内边；如现浇板厚度不小于 100 mm 时，也可以在现浇板内锚固

续表

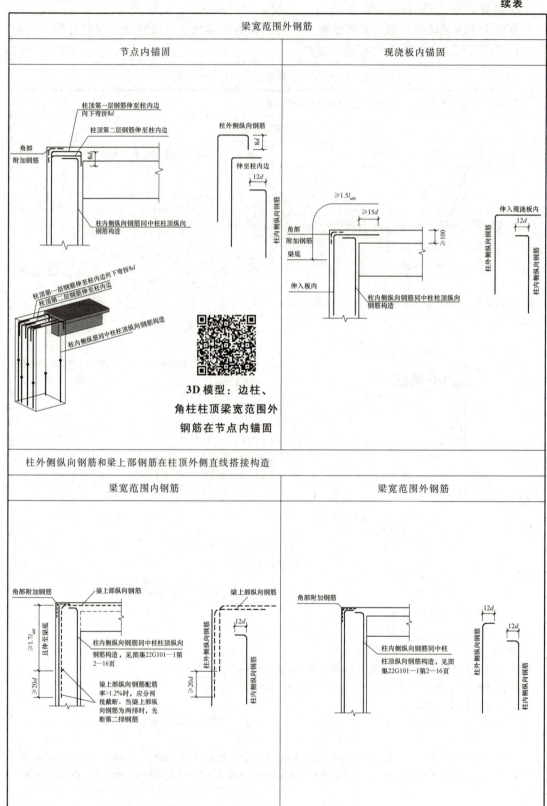

梁宽范围外钢筋

节点内锚固	现浇板内锚固

3D模型：边柱、角柱柱顶梁宽范围外钢筋在节点内锚固

柱外侧纵向钢筋和梁上部钢筋在柱顶外侧直线搭接构造

梁宽范围内钢筋	梁宽范围外钢筋

续表

梁宽范围内柱外侧纵向钢筋弯入梁内作梁筋构造	节点纵向钢筋弯折要求及角部附加钢筋
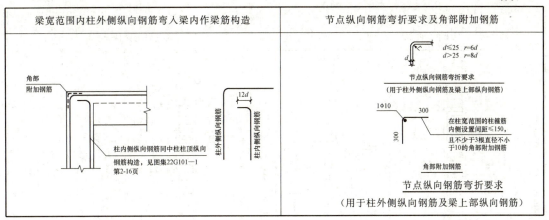	

3.2.4　框架柱 KZ 柱顶纵向钢筋连接构造

框架柱箍筋加密区范围见表3.14。

表 3.14　地下室 KZ 箍筋加密区范围、KZ 箍筋加密区范围

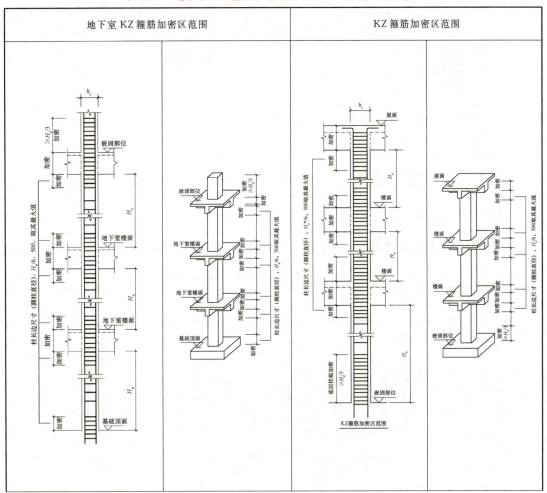

续表

单向穿层 KZ 箍筋加密区范围 （单方向无梁且无板）	双向穿层 KZ 箍筋加密区范围 （双方向无梁且无板）
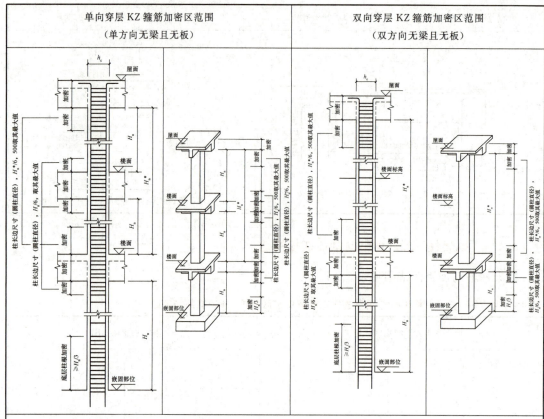	

注：1. 非连接区段箍筋加密。嵌固位置箍筋加密区范围≥$H_n/3$，其他位置箍筋加密区范围区 max（$H_n/6$，h_c，500）。

　　2. 柱内箍筋加密。

　　3. H_n 为柱净高，h_c 为柱长边尺寸

3.2.5　框架柱 KZ 柱顶纵向钢筋连接构造

抗震框架柱变截面通常是上柱截面比下柱截面小，上柱截面向内缩进。构造见表 3.15。

表 3.15　KZ 柱变截面位置纵向钢筋构造

①	②	③	④	⑤
	($\Delta/h_b \leqslant 1/6$)		($\Delta/h_b \leqslant 1/6$)	

续表

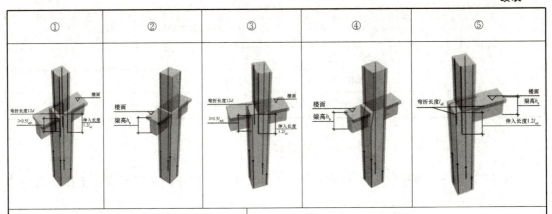

| ① | ② | ③ | ④ | ⑤ |

（1）内侧尺寸变化，纵筋断开锚固构造：上柱截面内侧缩进，当 $\Delta/h_b > 1/6$ 时，该部位柱纵筋采用断开锚固构造，如图①、③所示。

下柱纵筋向上伸至梁顶 $\geqslant 0.5l_{abE}$ 后弯折 $12d$，上柱收缩面的纵筋自梁顶向下锚固 $1.2l_{aE}$。

（2）内侧尺寸变化，纵筋直通构造：上柱截面内侧缩进，当 $\Delta/h_b \leqslant 1/6$ 时，该部位柱纵筋不断开，同中柱纵向钢筋构造，如图②、④所示

（3）外侧尺寸变化，纵筋断开锚固构造：当抗震框架柱为边角柱，上柱截面外侧缩进时，纵筋在该部位需断开锚固，如图⑤所示。

下柱收缩面纵筋向上伸至梁顶后弯折，并满足锚固长度 l_{aE} 要求，其弯折长度值为 $l_{aE}+\Delta-c$，上柱收缩面的纵筋，自梁顶向下锚固 $1.2l_{aE}$。

（4）抗震框架柱非收缩面钢筋不发生变化，伸过梁顶上方非连接区后断开。

其中，Δ 为上柱截面缩进尺寸，h_b 为框架梁截面高度

3.3　柱平法钢筋翻样

微课：柱钢筋翻样

3.3.1　中柱柱顶纵向钢筋放样

以弯锚、机械链接为例，见表 3.16。

表 3.16　中柱柱顶钢筋翻样

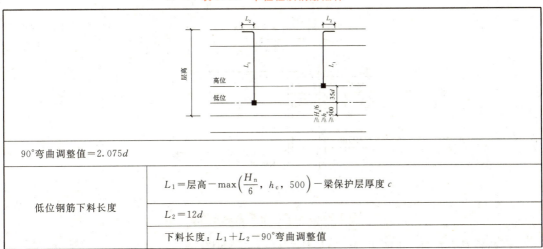

90°弯曲调整值 $=2.075d$	
低位钢筋下料长度	$L_1 = 层高 - \max\left(\dfrac{H_n}{6}, h_c, 500\right) - 梁保护层厚度 c$
	$L_2 = 12d$
	下料长度：$L_1 + L_2 - 90°$弯曲调整值

续表

高位钢筋下料长度	$L_1 = 层高 - \max\left(\dfrac{H_n}{6}, h_c, 500\right) - 35d - 梁保护层厚度\ c$
	$L_2 = 12d$
	下料长度：$L_1 + L_2 - 90°$弯曲调整值

注：c 为梁保护层厚度，h_c 为柱截面长边尺寸，H_n 为柱净高，d 为钢筋直径

3.3.2 边柱（角柱）柱顶纵向钢筋放样

梁宽范围内 KZ 边柱和角柱柱顶纵向钢筋伸入梁内的柱外侧纵筋不宜少于柱外侧全部纵筋面积的 65%。

假如边柱（角柱）柱顶全部纵筋根数为 a，外侧纵筋根数为 b，外侧全部纵筋面积的 65%，即 $c = (b \times 65\%)$ 根纵筋就伸入梁内，如图 3.3（a）所示。

剩余的 $(b - c)$ 根柱外侧纵筋可以在节点内锚固，如图 3.3（b）所示，如果板厚不小于 100 mm，也可以伸入现浇板内锚固，如图 3.3（c）所示。

本书钢筋翻样时，没有考虑伸入梁内的柱外侧纵筋和梁上部纵筋的避让，认为伸入梁内的柱外侧纵筋和梁上部纵筋标高相同，放到一排满足水平方向钢筋净间距要求，不影响混凝土正常浇筑。在实际下料中应根据实际情况予以考虑。

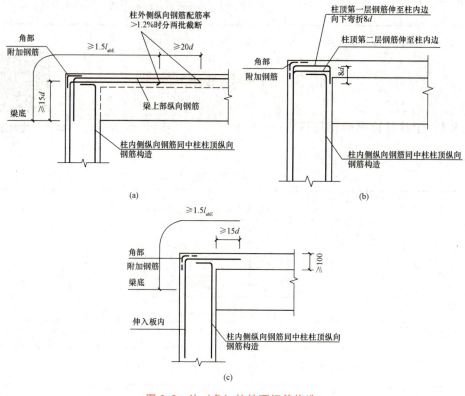

图 3.3 边（角）柱柱顶钢筋构造

以机械连接为例，按照边（角）柱柱内钢筋进行翻样。

1. 柱外侧纵筋伸入梁内钢筋翻样

柱外侧纵筋伸入梁内钢筋翻样见表3.17。

表 3.17　柱外侧纵筋伸入梁内钢筋翻样

	柱外侧纵筋伸入梁内第一批截断	
低位钢筋下料长度	$L_1 = $ 层高 $- \max\left(\dfrac{H_n}{6},\ h_c,\ 500\right) - c$	
	$L_2 = 1.5 l_{abE} - h_b + c$	
	下料长度：$L_1 + L_2 - 90°$ 弯曲调整值	
高位钢筋下料长度	$L_1 = $ 层高 $- \max\left(\dfrac{H_n}{6},\ h_c,\ 500\right) - 35d - c$	
	$L_2 = 1.5 l_{abE} - h_b + c$	
	下料长度：$L_1 + L_2 - 90°$ 弯曲调整值	
	柱外侧纵筋伸入梁内第二批截断（如果有）； 如果柱外侧纵向钢筋配筋率>1.2%，分两批截断	
低位钢筋下料长度	$L_1 = $ 层高 $- \max\left(\dfrac{H_n}{6},\ h_c,\ 500\right) - c$	
	$L_2 = 1.5 l_{abE} - h_b + c + 20d$	
	下料长度：$L_1 + L_2 - 90°$ 弯曲调整值	
高位钢筋下料长度	$L_1 = $ 层高 $- \max\left(\dfrac{H_n}{6},\ h_c,\ 500\right) - 35d - c$	
	$L_2 = 1.5 l_{abE} - h_b + c + 20d$	
	下料长度：$L_1 + L_2 - 90°$ 弯曲调整值	
90°弯曲调整值＝3.795d（弯折要求见图集 22G101—1 第 2—15 页）		

注：c 为梁保护层厚度，h_b 为梁高，h_c 为柱截面长边尺寸，H_n 为柱净高，d 为钢筋直径。

2. 柱外侧纵筋不伸入梁内钢筋翻样

不伸入梁内柱外侧纵筋分为节点内锚固和现浇板内锚固。

（1）节点内锚固。不伸入梁内柱外侧钢筋可以在节点内锚固，见表3.18。

表 3.18　不伸入梁内柱外侧纵筋在节点内锚固

	节点内锚固第一层	
低位钢筋下料长度	$L_1 = $ 层高 $- \max\left(\dfrac{H_n}{6},\ h_c,\ 500\right) - c$	
	$L_2 = $ 柱宽 $-$ 柱保护层厚度	
	$L_3 = 8d$	
	下料长度：$L_1 + L_2 + L_3 - 2 \times 90°$ 弯曲调整值	
高位钢筋下料长度	$L_1 = $ 层高 $- \max\left(\dfrac{H_n}{6},\ h_c,\ 500\right) - 35d - c$	
	$L_2 = $ 柱宽 $-$ 柱保护层厚度	
	$L_3 = 8d$	
	下料长度：$L_1 + L_2 + L_3 - 2 \times 90°$ 弯曲调整值	

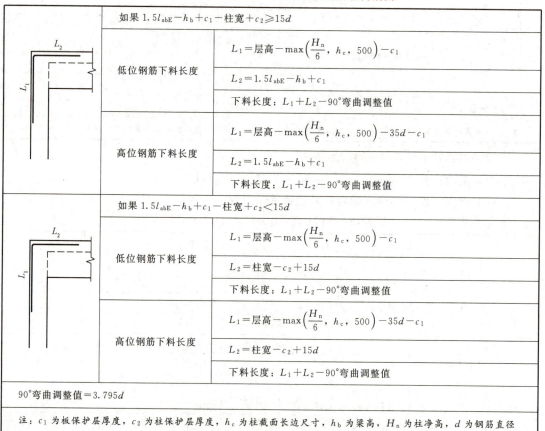

		节点内锚固第二层
柱顶第二层钢筋伸至柱内边	低位钢筋下料长度	$L_1 = 层高 - \max\left(\dfrac{H_n}{6},\ h_c,\ 500\right) - c - d_1 - S$
		$L_2 = 柱宽 - 柱保护层厚度$
		下料长度：$L_1 + L_2 - 90°弯曲调整值$
	高位钢筋下料长度	$L_1 = 层高 - \max\left(\dfrac{H_n}{6},\ h_c,\ 500\right) - 35d - c - d_1 - S$
		$L_2 = 柱宽 - 柱保护层厚度$
		下料长度：$L_1 + L_2 - 90°弯曲调整值$
90°弯曲调整值 $= 3.795d$		

注：c 为梁保护层厚度，h_b 为梁高，h_c 为柱截面长边尺寸，H_n 为柱净高，d_1 为柱顶第一层钢筋直径。S 为两层钢筋净距

（2）现浇板内锚固。当现浇板厚度不小于 100 mm 时，不伸入梁内柱外侧钢筋可以在板内锚固，见表 3.19。

表 3.19　不伸入梁内柱外侧纵筋在现浇板内锚固

		如果 $1.5l_{abE} - h_b + c_1 - 柱宽 + c_2 \geq 15d$
	低位钢筋下料长度	$L_1 = 层高 - \max\left(\dfrac{H_n}{6},\ h_c,\ 500\right) - c_1$
		$L_2 = 1.5l_{abE} - h_b + c_1$
		下料长度：$L_1 + L_2 - 90°弯曲调整值$
	高位钢筋下料长度	$L_1 = 层高 - \max\left(\dfrac{H_n}{6},\ h_c,\ 500\right) - 35d - c_1$
		$L_2 = 1.5l_{abE} - h_b + c_1$
		下料长度：$L_1 + L_2 - 90°弯曲调整值$
		如果 $1.5l_{abE} - h_b + c_1 - 柱宽 + c_2 < 15d$
	低位钢筋下料长度	$L_1 = 层高 - \max\left(\dfrac{H_n}{6},\ h_c,\ 500\right) - c_1$
		$L_2 = 柱宽 - c_2 + 15d$
		下料长度：$L_1 + L_2 - 90°弯曲调整值$
	高位钢筋下料长度	$L_1 = 层高 - \max\left(\dfrac{H_n}{6},\ h_c,\ 500\right) - 35d - c_1$
		$L_2 = 柱宽 - c_2 + 15d$
		下料长度：$L_1 + L_2 - 90°弯曲调整值$
90°弯曲调整值 $= 3.795d$		

注：c_1 为板保护层厚度，c_2 为柱保护层厚度，h_c 为柱截面长边尺寸，h_b 为梁高，H_n 为柱净高，d 为钢筋直径

3. 边（角）柱内侧纵筋翻样

角柱柱内侧纵筋构造同中柱，钢筋翻样见表 3.20。

表 3.20 边（角）柱内侧纵筋翻样

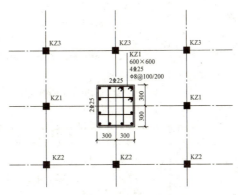	低位钢筋 下料长度	$L_1 = 层高 - \max\left(\dfrac{H_n}{6}, h_c, 500\right) - c - d - 两层钢筋净间距$
		$L_2 = 12d$
		下料长度：$L_1 + L_2 - 90°弯曲调整值$
	高位钢筋 下料长度	$L_1 = 层高 - \max\left(\dfrac{H_n}{6}, h_c, 500\right) - 35d_1 - c - d - 两层钢筋净间距$
		$L_2 = 12d$
		下料长度：$L_1 + L_2 - 90°弯曲调整值$

注：c 为梁保护层厚度，h_c 为柱截面长边尺寸，h_b 为梁高，H_n 为柱净高，d_1 柱内侧钢筋直径，d 为柱外侧钢筋直径（位于内侧钢筋上层）

3.3.3 钢筋翻样实例

1. 中柱纵向钢筋翻样

根据表 3.21、图 3.4 给出的信息，计算 KZ1 的钢筋下料长度并填写钢筋配料单。

表 3.21 中柱基本参数

层号	顶标高	层高	顶梁高	基本条件
3	10.8	3.6	700	混凝土强度等级为 C35；
2	7.20	3.6	700	钢筋采用机械连接；
1	3.60	3.6	700	二级抗震；
-1	±0.00	4.2	700	基础保护层厚度为 40，梁、柱保护层厚度为 25，板保护层厚度为 20；
筏形基础	-4.20	基础厚 800		筏形基础板底（B）x、y 向配筋均为 $\Phi20@150$； 现浇板板厚为 120

图 3.4 中柱钢筋配筋图

【案例解析】

（1）判断柱插筋构造。

（2）计算各层非连接区段长度，特别注意判断嵌固位置。

（3）判断中柱柱顶钢筋是否满足直锚，如果不满足直锚，判断是否满足弯锚或端头加锚头（锚板）的条件。

　　（4）绘制钢筋计算简图。

　　（5）钢筋翻样。

　　1）钢筋计算，见表 3.22。

表 3.22　钢筋计算

计算简图	计算过程
	3 层： 中柱柱顶纵向钢筋构造， $h_b-c=700-25=675$（mm） $l_{aE}=37d=37\times25=925$（mm） $0.5l_{abE}=0.5\times925=463$（mm） $0.5l_{abE}<h_b-c<l_{aE}$，可选择弯锚，满足要求。 柱顶现浇板板厚≥100，选择图集 22G101—1 第 2—16 中柱柱顶纵向钢筋构造②。 $12d=12\times25=300$（mm） 2 层： 2 层伸入 3 层纵筋，非连接区段长度，一、二批接头间距同 1 层 1 层： 1 层伸入 2 层纵筋， 非连接区段长度 $\max\left(\dfrac{H_n}{6},\ h_c,\ 500\right)$ $=\max\left(\dfrac{3\ 600-700}{6},\ 600,\ 500\right)=600$（mm） 一、二批接头间距 $35d=35\times25=875$（mm） —1 层 ±0.000 位置为嵌固位置，—1 层伸入 1 层纵筋，非连接区段长度 $\dfrac{H_n}{3}=\dfrac{3\ 600-700}{3}=967$（mm） 一、二批接头间距 $35d=35\times25=875$（mm） 柱插筋 $c=40$ mm，$5d=5\times25=125$（mm） $c<5d$ $h_j=800$ mm，$l_{aE}=37d=37\times25=925$（mm） $h_j<l_{aE}$ 所以柱插筋取图集 22G101—3 第 2—10 页构造（d） $h_j-c-d_1-d_2=800-40-20-20=720$（mm） ＊$c$ 为保护层厚度，d_1、d_2 为基础底板两个方向钢筋直径） $0.6l_{abE}=0.6\times37d=0.6\times925=555$（mm） $20d=20\times25=500$（mm） $720>555$，$720>500$ 满足要求。 弯折长度 $15d=15\times25=375$（mm） 柱插筋伸入—1 层非连接区段长度： $\max\left(\dfrac{H_n}{6},\ h_c,\ 500\right)$ $=\max\left(\dfrac{4\ 200-700}{6},\ 600,\ 500\right)=600$（mm） 一、二批接头间距 $35d=35\times25=875$（mm）

2）钢筋分解，如图 3.5 所示。

钢筋分解

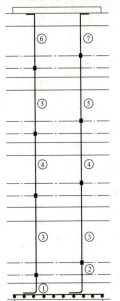

钢筋编号	钢筋描述	钢筋根数	备注
①	柱插筋低位	6⊄25	
②	柱插筋高位	6⊄25	
③	−1层柱纵向钢筋	12⊄25	高、低位各6根
④	1层柱纵向钢筋	12⊄25	高、低位各6根
⑤	2层柱纵向钢筋	12⊄25	高、低位各6根
⑥	3层柱纵向钢筋低位	6⊄25	
⑦	3层柱纵向钢筋高位	6⊄25	
⑧	外大箍		Φ8@100/200
⑨	内小箍		Φ8@100/200

图 3.5　钢筋分解

3）钢筋下料长度计算，见表 3.23。

表 3.23　钢筋下料长度计算

弯曲调整值		柱插筋90°弯曲调整值＝2.075d＝2.075×25＝52（mm）
基础内插筋		
柱插筋低位（①号筋）下料长度		
钢筋简图	1 320 / 375	钢筋根数：6⊄25
		钢筋下料长度：15d＋(基础厚 h_j − 基础保护层厚度 c − 基础底板双向钢筋直径)＋$\max\left(\dfrac{H_n}{6}, h_c, 500\right)$−90°弯曲调整值＝375＋(800−40−20−20)＋600−52＝1 643（mm）
柱插筋高位（②号筋）下料长度		
钢筋简图	2 195 / 375	钢筋根数：6⊄25
		钢筋下料长度：15d＋(基础厚 h_j − 基础保护层厚度 c − 基础底板双向钢筋直径)＋$\max\left(\dfrac{H_n}{6}, h_c, 500\right)$＋35$d$−90°弯曲调整值＝375＋(800−40−20−20)＋600＋875−52＝2 518（mm）
−1层柱纵向钢筋		
−1层柱纵向钢筋低位（③号筋）下料长度		
钢筋简图	4 567	钢筋根数：6⊄25
		钢筋下料长度：层高−下非连接区段长度＋上非连接区段长度＝4 200−600＋967＝4 567（mm）

一1层柱纵向钢筋高位（③号筋）下料长度			
钢筋简图	4 567	钢筋根数	6Φ25
		钢筋下料长度	层高－下非连接区段长度－35d＋上非连接区段长度＋35d＝4 200－600－875＋967＋875＝4 567（mm）

1层柱纵向钢筋			
1层柱纵向钢筋低位（④号筋）下料长度			
钢筋简图	3 233	钢筋根数	6Φ25
		钢筋下料长度	层高－下非连接区段长度＋上非连接区段长度＝3 600－967＋600＝3 233（mm）
1层柱纵向钢筋高位（④号筋）下料长度			
钢筋简图	3 233	钢筋根数	6Φ25
		钢筋下料长度	层高－下非连接区段长度－35d＋上非连接区段长度＋35d＝3 600－967－875＋600＋875＝3 233（mm）

2层柱纵向钢筋			
2层柱纵向钢筋低位（⑤号筋）下料长度			
钢筋简图	3 600	钢筋根数	6Φ25
		钢筋下料长度	层高－下非连接区段长度＋上非连接区段长度＝3 600－600＋600＝3 600（mm）
2层柱纵向钢筋高位（⑤号筋）下料长度			
钢筋简图	3 600	钢筋根数	6Φ25
		钢筋下料长度	层高－下非连接区段长度－35d＋上非连接区段长度＋35d＝3 600－600－875＋600＋875＝3 600（mm）

3层柱纵向钢筋			
3层柱纵向钢筋低位（⑥号筋）下料长度			
钢筋简图	300 / 2 975	钢筋根数	6Φ25
		钢筋下料长度	层高－max$\left(\dfrac{H_n}{6}, h_c, 500\right)$－$c$＋12$d$－90°弯曲调整值＝3 600－600－25＋300－52＝3 223（mm）
3层柱纵向钢筋高位（⑦号筋）下料长度			
钢筋简图	300 / 2 100	钢筋根数	6Φ25
		钢筋下料长度	层高－max$\left(\dfrac{H_n}{6}, h_c, 500\right)$－35$d$－$c$＋12$d$－90°弯曲调整值＝3 600－600－875－25＋300－52＝2 348（mm）

续表

外大箍（⑧号筋）下料长度		
钢筋简图	*(图：534×534)*	下料长度 $2(b-2c)+2(h-2c)+18.5d$ $=2\times(600-50)+2\times(600-50)+18.5\times8=2\ 348$（mm）
内小箍（⑨号筋）下料长度		
钢筋简图	*(图：三等分，195×534)*	内小箍内包宽度：$\dfrac{600-50-16-25}{3}+25=195$（mm） 内小箍内包高度：$600-50-16=534$（mm） 内小箍宽度：$\dfrac{600-50-16-25}{3}+25+16=211$（mm）（外包） 内小箍高度：$600-50=550$（mm）（外包） 内小箍下料长度 $2\times211+2\times550+18.5\times8=1\ 670$（mm）
箍筋加密区范围	箍筋非连接区区段加密； 柱内箍筋加密	
钢筋根数	－1 层：箍筋加密区 下部加密区长度：$\max\left(\dfrac{H_{n}}{6},\ h_{c},\ 500\right)$ 上部加密区长度：梁板厚$+\max\left(\dfrac{H_{n}}{6},\ h_{c},\ 500\right)$ 1 层：箍筋加密区（下部位于嵌固位置） 下部加密区长度：$\dfrac{H_{n}}{3}$ 上部加密区长度：梁板厚$+\max\left(\dfrac{H_{n}}{6},\ h_{c},\ 500\right)$ 其他层加密区长度计算同－1 层。 －1 层箍筋根数 下柱加密区根数$=\dfrac{\max\left(\dfrac{4\ 200-700}{6},\ 600,\ 500\right)-50}{100}+1=7$（根） 上柱加密区根数$=\dfrac{700+\max\left(\dfrac{4\ 200-700}{6},\ 600,\ 500\right)-50}{100}+1=14$（根） 中间非加密区根数$=\dfrac{4\ 200-600-700-600}{200}-1=11$（根） 共计：$7+14+11=32$（根）	

钢筋根数	1层箍筋根数：

1层箍筋根数：

下柱加密区根数 $= \dfrac{\dfrac{3\,600-700}{3}-50}{100}+1=11$（根）

上柱加密区根数 $= \dfrac{700+\max\left(\dfrac{3\,600-700}{6},\,600,\,500\right)-50}{100}+1=14$（根）

中间非加密区根数 $= \dfrac{3\,600-967-700-600}{200}-1=6$（根）

共计：11＋14＋6＝31（根）

2层箍筋根数：

下柱加密区根数 $= \dfrac{\max\left(\dfrac{3\,600-700}{6},\,600,\,500\right)-50}{100}+1=7$（根）

上柱加密区根数 $= \dfrac{700+\max\left(\dfrac{3\,600-700}{6},\,600,\,500\right)-50}{100}+1=14$（根）

中间非加密区根数 $= \dfrac{3\,600-600-700-600}{200}-1=8$（根）

共计：7＋14＋8＝29（根）

2层箍筋根数：

下柱加密区根数 $= \dfrac{\max\left(\dfrac{3\,600-700}{6},\,600,\,500\right)-50}{100}+1=7$（根）

上柱加密区根数 $= \dfrac{700+\max\left(\dfrac{3\,600-700}{6},\,600,\,500\right)-50}{100}+1=14$（根）

中间非加密区根数 $= \dfrac{3\,600-600-700-600}{200}-1=8$（根）

那么外大箍有 32＋31＋29＋29＝121（根），内小箍有 121×2＝242（根），锚固区内横向箍筋直径 $\geqslant \dfrac{d}{4}=\dfrac{25}{4}=6$，取与柱箍筋直径相同，$\Phi 8$。

箍筋间距 $\min(5d,\,100)=\min(125,\,100)=100$（mm）

所以锚固区箍筋根数（横向箍筋只有外大箍） $\dfrac{800-40-20-20-100}{100}+1=8$（根）

所以，外大箍共计：121＋8＝129（根）

4）编制钢筋配料单，见表 3.24。

表 3.24　钢筋配料单

构件名称	钢筋编号	简图	直径/mm	钢筋级别	下料长度/mm	根数
KZ1	①	1 320 / 375	25	Φ	1 643	6

续表

构件名称	钢筋编号	简图	直径/mm	钢筋级别	下料长度/mm	根数
KZ1	②	2 195 / 375	25	Φ	2 518	6
	③	4 567	25	Φ	4 567	12
	④	3 233	25	Φ	3 233	12
	⑤	3 600	25	Φ	3 233	12
	⑥	300 / 2 975	25	Φ	3 223	6
	⑦	300 / 2 100	25	Φ	2 348	6
	⑧	534 / 534	8	ϕ	2 348	129
	⑨	195 / 534	8	ϕ	1 670	242

2. 角柱纵向钢筋翻样

根据表 3.25、图 3.6 给出的信息，计算 KZ3 柱顶钢筋下料长度。

表 3.25　角柱基本参数

层号	顶标高	层高	顶梁高	基本条件
3	16.47	4.2	700	混凝土强度等级为 C40；
2	12.27	3.6	700	钢筋采用机械连接；
1	8.67	4.2	700	一级抗震；
−1	4.47	4.5	700	基础保护层厚度为 40，梁、柱保护层厚度为 25，板保护层厚度为 20；
筏形基础	−1.03	基础厚 800		筏形基础板底（B）x、y 向配筋均为 $\Phi20@150$； 现浇板板厚为 120

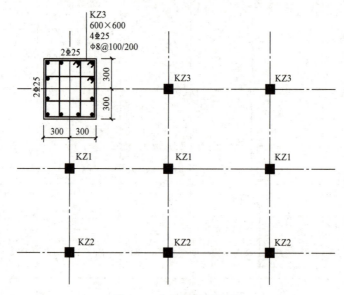

图 3.6　角柱钢筋配筋图

【案例解析】

解析思路如下：

（1）判断柱外侧纵筋和柱内侧纵筋。

（2）判断伸入梁内柱外侧纵筋根数（不少于全部柱外侧纵筋的 65%）。

（3）判断不伸入梁内柱外侧纵筋在节点内锚固，区分第一层、第二层。

（4）画出简图，计算钢筋下料长度。

（5）钢筋翻样。

1）角柱内钢筋分解。角柱内钢筋分解见表 3.26。

表 3.26　角柱内钢筋分解

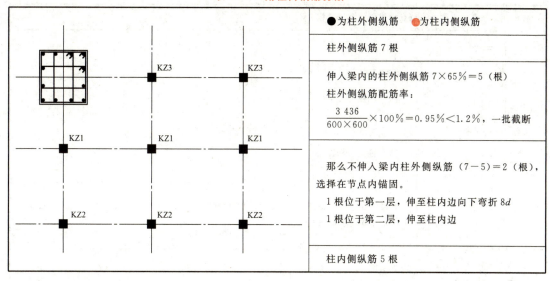

	●为柱外侧纵筋　　●为柱内侧纵筋
	柱外侧纵筋 7 根
	伸入梁内的柱外侧纵筋 $7\times65\%=5$（根） 柱外侧纵筋配筋率： $\dfrac{3\,436}{600\times600}\times100\%=0.95\%<1.2\%$，一批截断
	那么不伸入梁内柱外侧纵筋（$7-5$）$=2$（根），选择在节点内锚固。 1 根位于第一层，伸至柱内边向下弯折 $8d$ 1 根位于第二层，伸至柱内边
	柱内侧纵筋 5 根

2）钢筋下料长度计算，见表 3.27。

表 3.27　钢筋下料长度

柱外侧纵筋伸入梁内分一批截断，共计 5 根

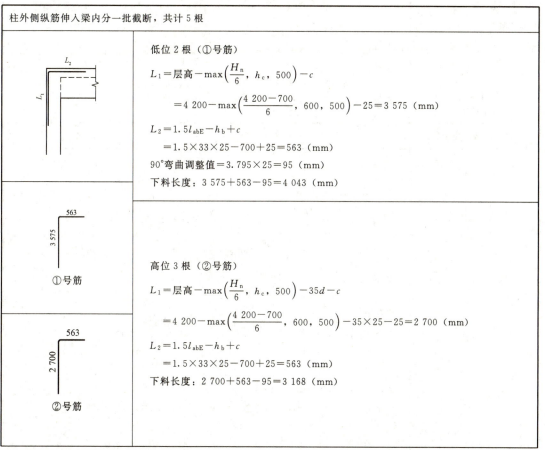

①号筋 3 575 / 563	低位 2 根（①号筋） $L_1=$ 层高 $-\max\left(\dfrac{H_n}{6},\ h_c,\ 500\right)-c$ $\quad=4\,200-\max\left(\dfrac{4\,200-700}{6},\ 600,\ 500\right)-25=3\,575$（mm） $L_2=1.5l_{abE}-h_b+c$ $\quad=1.5\times33\times25-700+25=563$（mm） 90°弯曲调整值 $=3.795\times25=95$（mm） 下料长度：$3\,575+563-95=4\,043$（mm）
②号筋 2 700 / 563	高位 3 根（②号筋） $L_1=$ 层高 $-\max\left(\dfrac{H_n}{6},\ h_c,\ 500\right)-35d-c$ $\quad=4\,200-\max\left(\dfrac{4\,200-700}{6},\ 600,\ 500\right)-35\times25-25=2\,700$（mm） $L_2=1.5l_{abE}-h_b+c$ $\quad=1.5\times33\times25-700+25=563$（mm） 下料长度：$2\,700+563-95=3\,168$（mm）

柱外侧纵筋不伸入梁内，节点内锚固，共计2根	
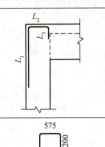 ③号筋	第一层 低位1根（③号筋） $L_1 = 层高 - \max\left(\dfrac{H_n}{6},\ h_c,\ 500\right) - c$ $\quad = 4\ 200 - \max\left(\dfrac{4\ 200 - 700}{6},\ 600,\ 500\right) - 25 = 3\ 575\ (\text{mm})$ $L_2 = 柱宽 - 柱保层厚度$ $\quad = 600 - 25 = 575\ (\text{mm})$ $L_3 = 8d = 8 \times 25 = 200\ (\text{mm})$ 下料长度：$L_1 + L_2 + L_3 - 2 \times 90°弯曲调整值 = 3\ 575 + 575 + 200 - 2 \times 95 = 4\ 160\ (\text{mm})$ 根据实际情况选择高低位
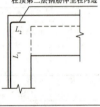 柱顶第二层钢筋伸至柱内边 ④号筋	第二层 高位1根（④号筋） $L_1 = 层高 - \max\left(\dfrac{H_n}{6},\ h_c,\ 500\right) - 35d - c - d_1 - S$ $\quad = 4\ 200 - \max\left(\dfrac{4\ 200 - 700}{6},\ 600,\ 500\right) - 35 \times 25 - 25 - 25 - 25 = 2\ 650\ (\text{mm})$ $L_2 = 柱宽 - 柱保护层厚度$ $\quad = 600 - 25 = 575\ (\text{mm})$ 下料长度： $L_1 + L_2 - 90°弯曲调整值 = 2\ 650 + 575 - 95 = 3\ 130\ (\text{mm})$ 根据实际情况选择高低位
柱内侧纵筋，共计5根	
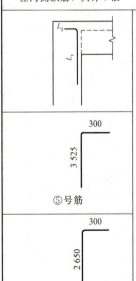 ⑤号筋 ⑥号筋	低位3根（⑤号筋） $L_1 = 层高 - \max\left(\dfrac{H_n}{6},\ h_c,\ 500\right) - c - d - 两层钢筋净间距$ $\quad = 4\ 200 - \max\left(\dfrac{4\ 200 - 700}{6},\ 600,\ 500\right) - 25 - 25 - 25 = 3\ 525\ (\text{mm})$ $L_2 = 12d = 12 \times 25 = 300\ (\text{mm})$ 下料长度：$L_1 + L_2 - 90°弯曲调整值 = 3\ 525 + 300 - 2.075 \times 25 = 3\ 774\ (\text{mm})$ 高位2根（⑥号筋） $L_1 = 层高 - \max\left(\dfrac{H_n}{6},\ h_c,\ 500\right) - 35d_1 - c - d - 两层钢筋净间距$ $\quad = 4\ 200 - \max\left(\dfrac{4\ 200 - 700}{6},\ 600,\ 500\right) - 35 \times 25 - 25 - 25 - 25 = 2\ 650\ (\text{mm})$ $L_2 = 12d = 12 \times 25 = 300\ (\text{mm})$ 下料长度：$L_1 + L_2 - 90°弯曲调整值 = 2\ 650 + 300 - 2.075 \times 25 = 2\ 899\ (\text{mm})$

学习情景评价表

姓名		学号		
专业			班级	
评价标准				
项次	项目	评价内容	分值	自评分	教师评分

项次	项目	评价内容	分值	自评分	教师评分
1	职业特质	过程导向的思维；追求准确与快速的计算能力	5		
2		追求达到设计规范与图集、标准的价值	5		
3	技术能力	识图能力	10		
4		解读构造的能力	10		
5		钢筋下料计算能力	10		
6		配料单编制能力	15		
7	相关知识	平法钢筋识图	10		
8		平法钢筋构造与下料计算	10		
9		配料单编制	15		
10	通用能力	合作和沟通能力	4		
11		技术与方法能力	3		
12		职业价值的认识能力	3		
自评做得很好的地方					
自评做得不好的地方					
以后需要改进的地方					
工作时效		提前○　　准时○　　超时○			
自评		★★★★★（5、4、3、2、1分别代表非常好、好、一般、差、非常差）			
教师评价		★★★★★（5、4、3、2、1分别代表非常好、好、一般、差、非常差）			
学习建议		知识补充			
		技能强化			
		学习途径			

实训一 框架柱平法施工图识读

班级＿＿＿＿＿＿＿＿ 姓名＿＿＿＿＿＿＿＿ 学号＿＿＿＿＿＿＿＿

1. 框架梁平法识读要点

（1）柱子内部钢筋的种类有＿＿＿＿＿＿和＿＿＿＿＿＿。＿＿＿＿＿＿又包括基础插筋、中间层钢筋和顶层钢筋。

（2）柱子以基础为支座，柱子底部钢筋锚固于基础中，上部钢筋连续、贯通。

（3）柱的平法施工图主要采用列表注写或截面注写的方式进行表达。柱构件是竖向构件，不是单独一层，而是跨楼层形成一根完整的柱子，因此，除识读构件截面尺寸及配筋信息外，还要把标高和楼层信息相结合，概括起来有三个方面内容，即截面尺寸及配筋信息、适于哪些标高和楼层、整个建筑物的楼层与标高。

2. 框架柱列表注写方式的识读

柱列表注写方式是用列表的方式，来表达柱的尺寸、形状和配筋要求。具体来说，是在平面图上表达柱的位置和编号，用一个表注写柱的高度，用另一表格注写柱的结构配筋情况。柱箍筋的注写包括钢筋级别、直径与间距。当箍筋间距有变化时用"＿＿＿＿＿＿"区分不同的箍筋间距。当箍筋间距沿柱全高为一种间距时，则不用"/"。当圆柱采用螺旋箍筋时，在箍筋前面标注"＿＿＿＿＿＿"。

（1）柱表中注写内容及相应的规定如下：

1）柱编号：由类型代号和序号组成。

2）各段柱的起止标高：自柱根部往上以变截面位置或截面未变但配筋改变处为界分段注写。梁上起框架柱的根部标高是指＿＿＿＿＿＿标高。剪力墙上起框架柱的根部标高为＿＿＿＿＿＿标高。从基础起的柱，其根部标高是指＿＿＿＿＿＿标高。当屋面框架梁上翻时，框架柱的顶部标高应为＿＿＿＿＿＿标高。芯柱的根部标高是指根据结构实际需要而定的起始位置标高。

3）几何尺寸：不仅要标明柱截面尺寸，而且还要说明柱截面对轴线的偏心情况。

4）柱纵筋：当柱纵筋直径相同，各边根数也相同时，将柱纵筋注写在"全部纵筋"一栏中，除此之外，柱纵筋分角筋、截面 b 边中部筋和 h 边中部筋三项分别注写（对称配筋的矩形截面柱，可仅注写一侧中部筋）。

5）箍筋类型号和箍筋肢数：选择对应的箍筋类型号（在此之前要对绘制的箍筋分类图编号），在类型号后续注写箍筋肢数（注写在括号内）。

6）柱箍筋：包括钢筋级别、直径与间距，其表达方式与梁箍筋注写方式相同。

（2）箍筋类型图以及箍筋复合的具体方式，须画在柱表的上部或图中的适当位置，并在其上标注与柱表中相对应的 b、h 和编上类型号。

如图 3.7 所示，框架柱 KZ1 的平面位置是在轴线③、④、⑤与轴线Ⓑ、Ⓒ、Ⓓ交汇处。从柱表中可知，KZ1 的高度从 1 层（标高−0.030 m）到屋面 1（标高 59.070 m），层高为 4.50 m、4.20 m、3.60 m、3.30 m 4 种。同时，从柱表中看出 KZ1 的截面尺寸及配筋情况，在标高－0.030～标高 19.470 m 的高度范围内（1～6 层），KZ1 截面尺寸为＿＿＿＿＿＿，KZ1 配筋情况：纵筋为＿＿＿＿＿＿；柱箍筋为＿＿＿＿＿＿，加密区为＿＿＿＿＿＿；从标高 19.470 m 起，截面尺寸和纵向钢筋均有变化，识读方法同前。

3. 框架柱截面注写方式的识读

在进行上述列表注写时，有时会遇到柱子截面和配筋在整个高度上没有变化的情况，这样就可以省去两个表格，而采用截面注写的表示方法。截面注写是在标准层绘制的柱平面布置图上，分别在同一编号的柱中选择一个截面，直接注写截面尺寸和钢筋具体数字的方式来表达柱截面的尺寸、配筋等情况。

如图 3.8 所示，KZ1 截面尺寸为 650 mm×600 mm，轴线有偏移。柱截面四角配有＿＿＿＿＿＿，b 边一侧中部配有＿＿＿＿＿＿，h 边一侧中部配有＿＿＿＿＿＿；柱箍筋为＿＿＿＿＿＿，加密区为＿＿＿＿＿＿；KZ1 的平面位置如图 3.9 所示。

4. 框架柱下料长度的计算

柱中钢筋的构造要求如下：

（1）柱的纵向钢筋：

1）柱的纵向受力钢筋"能通则通"，尽可能贯穿多层。但是，纵向受力钢筋不可能从底到顶全部贯通，而要与楼层同步施工，一层一层地配，这就涉及纵向钢筋在哪断开，在哪连接的问题。规范规定：当受力钢筋采用机械连接接头或焊接接头时，设置在同一构件的接头宜相互错开；同一连接区段内，纵向受力钢筋的接头面积百分率应符合设计要求，当设计无具体要求时，在受拉区不大于 50%；同一连接区段内，纵向钢筋搭接接头面积百分率应符合设计要求，当设计无具体要求时，对柱类构件，不宜大于 50%；同时，柱中纵向钢筋接头位置不允许出现在梁下及梁、板上一定的范围内。详见图集 22G101—1 柱纵向钢筋的连接构造。

2）位于柱顶的纵向钢筋，考虑伸入梁内的长度。

3）位于柱底的纵向钢筋插入基础中的锚固长度，结合不同基础类型进行相应的锚固。具体数值查阅图集 22G101—3。

（2）柱子箍筋：要注意梁与柱相交的地方往往箍筋需要加密，计算时不要遗漏。但计算时最好先计算顶层，确定接头的位置后，标准层的位置基本就确定了，然后一段一段地计算下料长度。计算时要满足施工规范关于钢筋接头长度和位置的要求，以及在同一截面的接头数量不超过 50% 的规定。

进行柱钢筋下料计算时要考虑分层绑扎钢筋，分层浇筑混凝土情况。采用焊接施工的，在计算纵向钢筋下料长度时需要考虑焊接接头长度。

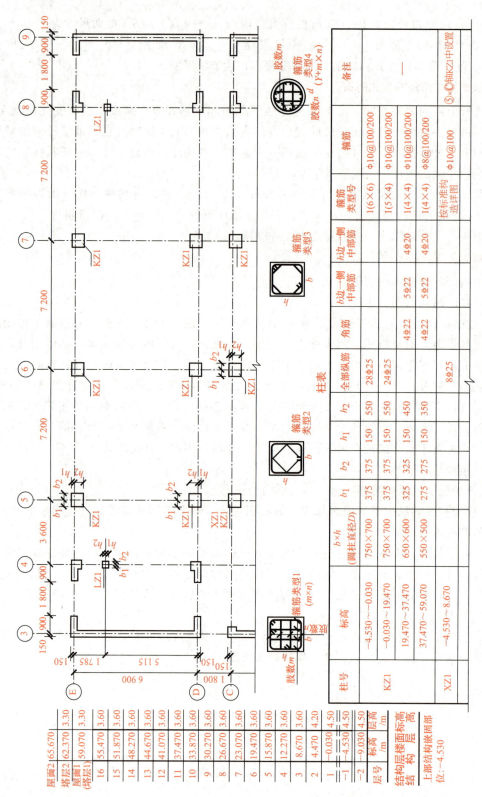

图3.7 柱平法施工列表注写方式

柱号	标高	$b \times h$ (圆柱直径D)	b_1	b_2	h_1	h_2	全部纵筋	角筋	b边一侧中部筋	h边一侧中部筋	箍筋类型号	箍筋	备注
KZ1	−4.530～−0.030	750×700	375	375	150	550	28Φ25				1(6×6)	Φ10@100/200	
	−0.030～19.470	750×700	375	375	150	550	24Φ25				1(5×4)	Φ10@100/200	—
	19.470～37.470	650×600	325	325	150	450		4Φ22	5Φ22	4Φ20	1(4×4)	Φ10@100/200	
	37.470～59.070	550×500	275	275	150	350		4Φ22	5Φ22	4Φ20	1(4×4)	Φ8@100/200	
XZ1	−4.530～8.670						8Φ25				按标准构造详图	Φ10@100	⑤×Ⓒ轴KZ1中设置

层号	标高 /m	层高 /m
屋面2	65.670	
塔层2	62.370	3.30
屋面1(塔层1)	59.070	3.30
16	55.470	3.60
15	51.870	3.60
14	48.270	3.60
13	44.670	3.60
12	41.070	3.60
11	37.470	3.60
10	33.870	3.60
9	30.270	3.60
8	26.670	3.60
7	23.070	3.60
6	19.470	3.60
5	15.870	3.60
4	12.270	3.60
3	8.670	3.60
2	4.470	4.20
1	−0.030	4.50
−1	−4.530	4.50
−2	−9.030	4.50

结构层楼面标高
结构层高
上部结构嵌固部位：−4.530

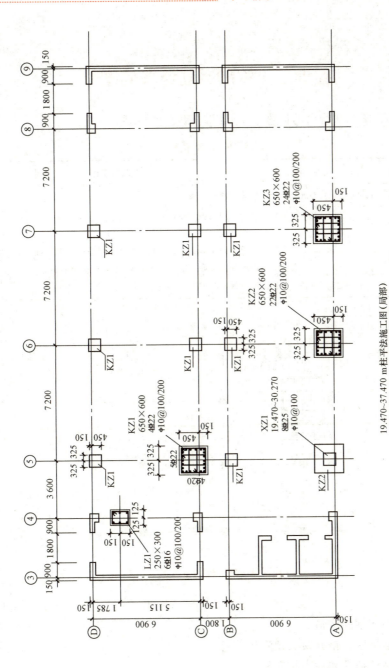

19.470~37.470 m柱平法施工图（局部）

图 3.8　柱平法施工截面注写方式

屋面2 65.670	3.30
塔层2 62.370	3.30
屋面1 (塔层1) 59.070	3.60
16 55.470	3.60
15 51.870	3.60
14 48.270	3.60
13 44.670	3.60
12 41.070	3.60
11 37.470	3.60
10 33.870	3.60
9 30.270	3.60
8 26.670	3.60
7 23.070	3.60
6 19.470	3.60
5 15.870	3.60
4 12.270	3.60
3 8.670	3.60
2 4.470	4.50
1 -0.030	4.50
-1 -4.530	4.50
-2 -9.030	4.50
层号 标高/m	层高/m

结构层楼面标高
结　构　层　高
上部结构嵌固部位：-0.030

实训二　绘制钢筋计算简图

根据表 3.28、图 3.9 给出的信息，绘制纵向钢筋计算简图。

表 3.28　基本参数

层号	顶标高	层高	顶梁高	基本条件
3	16.47	4.2	700	混凝土强度等级为 C40； 钢筋采用机械连接； 一级抗震； 基础保护层厚度为 40，梁、柱保护层厚度为 25，板保护层厚度为 20； 筏形基础板底（B）x、y 向配筋均为 ⊈20@150； 现浇板板厚为 120
2	12.27	3.6	700	
1	8.67	4.2	700	
−1	4.47	4.5	700	
筏形基础	−1.03	基础厚 800		

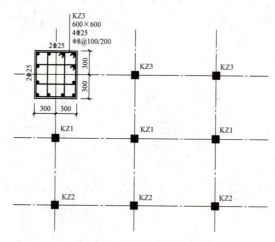

图 3.9　角柱钢筋配筋图

绘制要求：
（1）绘制柱中部钢筋构造。
（2）标出非连接区、错开接头位置等信息。
（3）不用绘制柱插筋和柱顶钢筋构造。

实训三 框架柱构造绘制

（对接 1＋X 建筑工程识图职业技能证书、职业院校"建筑工程识图"技能大赛）

班级＿＿＿＿＿＿＿＿ **姓名**＿＿＿＿＿＿＿＿＿ **学号**＿＿＿＿＿＿＿＿

1. 柱构造详图绘制

新建 dwg 文件，将图 3.10 中③轴和Ⓒ轴相交处的 KZ1 标高－4.530～－0.030 和标高 19.470～37.470 转换为截面注写方式。

绘制要求：

（1）绘制轴线和柱轮廓，并标注柱边至轴线的尺寸；

（2）绘制柱内钢筋；

（3）进行截面注写；

（4）标注图名及比例，图名根据绘制内容自定；

（5）绘图比例为 1∶1，出图比例为 1∶20。

2. 柱变截面处钢筋绘制

识读图 3.6，③轴和Ⓒ轴相交处的 KZ1 标高 19.470 处变截面，绘制柱外侧角筋在标高 19.470 处的变截面钢筋构造。

绘制要求：

（1）绘制 KZ1 外侧角筋在变截面处的构造，标注相关尺寸，其他位置的钢筋无须绘制；

（2）绘制钢筋时，不考虑钢筋连接；

（3）不用绘制柱子中的箍筋；

（4）注写图名和比例，图名根据绘制内容自定；

（5）绘图比例为 1∶1，出图比例为 1∶20。

3. KZ－17 构造图绘制

如图 3.9 所示，绘制轴线⑩交Ⓕ处 KZ－17 的纵剖面图，轮廓如图 3.11 所示。

绘制要求：

（1）绘制范围：标高 9.120～标高 13.500 段；

（2）绘制上述范围内柱纵筋连接构造，并注明连接点位置（柱纵筋采用焊接，分两批连接）；

（3）注明上述范围内的柱箍筋加密区。

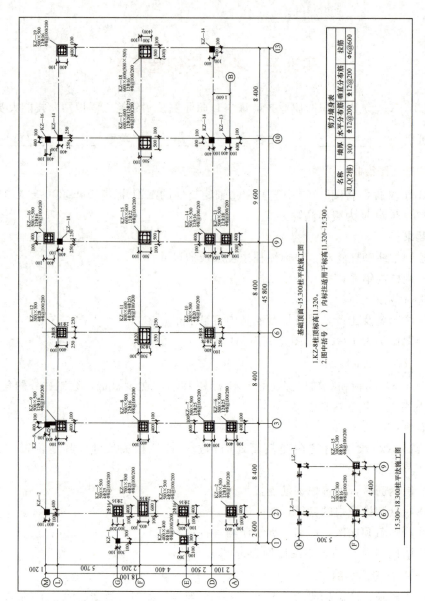

图 3.10 柱平法施工图

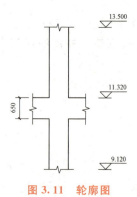

图 3.11 轮廓图

典型岗位职业能力综合实训：钢筋配料单编制

班级＿＿＿＿＿＿＿＿＿＿　　姓名＿＿＿＿＿＿＿＿＿＿　　学号＿＿＿＿＿＿＿＿＿＿

【知识要点】

（1）判断柱插筋构造。

（2）计算各层非连接区段长度；特别注意判断嵌固位置，嵌固位置非连接区 $\geqslant \dfrac{H_n}{3}$，非嵌固位置非连接区段长度为 $\max\left(\dfrac{H_n}{6},\ h_c,\ 500\right)$；一、二批接头机械连接错开位置为 $35d$，焊接接头错开位置为 $\max\,(35d,\ 500)$。

（3）判断中柱柱顶钢筋是否满足直锚，如果不满足直锚，判断是否满足弯锚或端头加锚头（锚板）的条件。

（4）绘制钢筋计算简图。

（5）钢筋翻样。

【任务实施】

实训任务：某高层建筑框架柱钢筋配料单设计。

（1）所用原始材料。给出的信息见表 3.29、图 3.12，相关构造查阅图集 22G101—1。

表 3.29　基本参数

层号	顶标高	层高	顶梁高	基本条件
3	10.8	3.6	700	混凝土强度等级为 C35；钢筋采用机械连接；二级抗震；基础保护层厚度为 40，梁、柱保护层厚度为 25、板保护层厚度为 20；筏形基础板底（B）x、y 向配筋均为 $\underline{\Phi}20@150$；现浇板板厚为 120
2	7.20	3.6	700	
1	3.60	3.6	700	
−1	±0.00	4.2	700	
筏形基础	−4.20	基础厚 800		

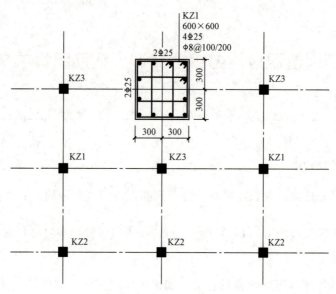

图 3.12　边柱平法施工图

（2）钢筋配料单。计算 KZ1 的钢筋下料长度并填写钢筋配料单。

【技能训练】

通过某高层建筑框架柱钢筋配料单设计，掌握框架柱平法施工图识读，能够绘制框架柱钢筋计算简图，熟悉框架柱钢筋构造，学会计算钢筋下料长度，编制钢筋配料表（表3.30）。

表 3.30　钢筋配料表

构件名称	钢筋编号	简图	直径/mm	钢筋级别	下料长度/mm	单位根数	合计根数

续表

构件 名称	钢筋 编号	简图	直径 /mm	钢筋 级别	下料长度 /mm	单位 根数	合计 根数

构件名称	钢筋编号	简图	直径 /mm	钢筋级别	下料长度 /mm	单位根数	合计根数

板平法施工图识读与钢筋配料单编制

导读 板是房屋建筑中主要的受弯构件，通过本情景学习，学生能够进一步熟悉图集 22G101—1 的相关内容，掌握有梁楼盖板平法施工图的表示方法，板块集中标注、板支座原位标注；掌握板底筋、板顶筋、支座负筋等构造。能够进行板内各种钢筋翻样，下料长度计算，能够编制板钢筋配料单。

素养元素引入 楼板在建筑结构中承担着很重要的职责，它是一种分割承重构件，是墙、柱水平方向的支撑及联系杆件。它的平面内刚度大，可以对各个柱所承担的侧向受力进行整体协调，有效平衡各个框架之间的受力不均匀。通过板的作用，引入联系、平衡的概念，通过设问、引导、启发、共鸣等方式把素养育人元素融入到授课内容，环环相扣，既培养学生的沟通能力和协调能力，也诠释了课程思政"春风化雨、润物无声"的作用。

4.1 板构件的分类

（1）根据板所在标高位置，板可分为楼面板和屋面板。楼面板和屋面板的平法表示方式及钢筋构造相同，都简称为板构件。

（2）根据板的组成形式，板可分为有梁楼盖板和无梁楼盖板两种，如图 4.1 所示。无梁楼盖板是由柱直接支撑板的一种楼盖体系，在柱与板之间，根据情况设计柱帽。由于无梁楼盖板在实际工程中几乎不使用，故不作讲解。

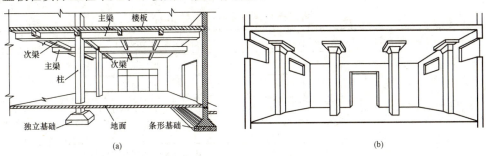

(a)   (b)

图 4.1 楼盖板分类

（a）有梁楼盖板；（b）无梁楼盖板

4.2 有梁楼盖板平法识图

4.2.1 有梁楼盖平法施工图的表示方法

有梁楼盖平法施工图是在楼面板和屋面板布置图上，采用平面注写的表达方式。板平面注写主要包括板块集中标注和板支座原位标注。

结构平面的坐标方向如下：

（1）当两向轴网正交布置时，图面从左至右为 x 向，从下至上为 y 向，如图 4.2（a）所示。

（2）当轴网转折时，局部坐标方向顺轴网转折角度做相应转折，如图 4.2（b）所示。

（3）当轴网向心布置时，切向为 x 向，径向为 y 向，如图 4.2（c）所示。

此外，对于平面布置比较复杂的区域，如轴网转折交界区域、向心布置的核心区域等，其平面坐标方向应由设计者另行规定并在图上明确表示。

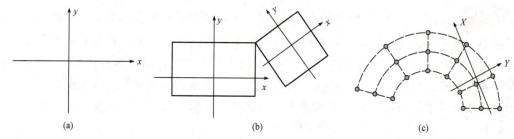

图 4.2　结构平面的坐标方向

（a）正交布置；（b）轴网转折；（c）向心布置

4.2.2 板平法平面注写方式钢筋识读要点

1. 有梁楼盖板构件平法识图知识体系

《混凝土结构施工图平面整体表示方法制图规则和构造详图（现浇混凝土框架、剪力墙、梁、板）》（22G101—1）第 1—34～1—39 页讲述的是有梁楼盖板构件制图规则，知识体系见表 4.1。

表 4.1　有梁楼盖板构件平法识图知识体系

平法表达方式	平面注写方式
有梁楼盖板平法集中标注	板块编号
	板厚
	上部贯通纵筋
	下部纵筋
	板面标高不同时的标高高差
有梁楼盖板平法原位标注	板支座上部非贯通纵筋
	悬挑板上部受力钢筋

2. 板块集中标注的内容

板块集中标注的内容包括板块编号、板厚、上部贯通纵筋、下部纵筋及当板面标高不同时的标高高差。

对于普通楼面，两向均以一跨为一板块；对于密肋楼盖，两向主梁（框架梁）均以一跨为一板块（非主梁密肋不计）。所有板块应逐一编号，相同编号的板块可选择其一做集中标注，其他仅注写置于圆圈内的板编号，以及当板面标高不同时的标高高差，如图 4.3 所示。

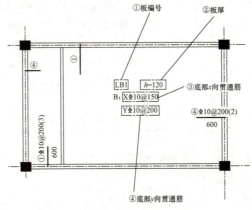

图 4.3　板块集中标注

（1）板块编号，见表 4.2。

表 4.2　板块编号

板类型	代号	序号	
楼面板	LB	××	
屋面板	WB	××	
悬挑板	XB	××	

（2）板厚。板厚注写为 $h=×××$（为垂直于板面的厚度）；当悬挑板的端部改变截面厚度时，用斜线分隔根部与端部的高度值，注写为 $h=×××/×××$；当设计已在图注中统一注明板厚时，此项可不注。

（3）纵筋。纵筋按板块的下部纵筋和上部贯通纵筋分别注写（当板块上部不设贯通纵筋时则不注），并以 B 代表下部纵筋，以 T 代表上部贯通纵筋，B&T 代表下部与上部；x 向纵筋以 X 打头，y 向纵筋以 Y 打头，两向纵筋配置相同时则以 X&Y 打头，见表 4.3。

当为单向板时，分布钢筋可不必注写，而在图中统一注明。

当在某些板内（如在悬挑板 XB 的下部）配置有构造钢筋时，则 x 向以 Xc，y 向以 Yc 打头注写。

当 y 向采用放射配筋时（切向为 x 向，径向为 y 向），设计者应注明配筋间距的定位尺寸。

当纵筋采用两种规格钢筋"隔一布一"方式时，表达为，$xx/yy@×××$，表示直径为 xx 的钢筋和直径为 yy 的钢筋间距相同，两者组合后的实际间距为 $×××$。直径 xx 的钢筋的间距为×××的 2 倍，直径 yy 的钢筋的间距为×××的 2 倍。

表 4.3　贯通纵筋

情况	贯通纵筋表示方法	识图
情况 1	B：X⏀10@150 Y⏀10@180	(1) 单层配筋，只有底部贯通纵筋，没有板顶贯通纵筋； (2) 双向配筋，x 向和 y 向均有底部贯通纵筋
情况 2	B：X&Y⏀10@150	(1) 单层配筋，只有底部贯通纵筋，没有板顶贯通纵筋； (2) 双向配筋，x 向和 y 向均有底部贯通纵筋； (3) x 向和 y 向配筋相同，用 "&" 连接
情况 3	B：X&Y⏀10@150 T：X&Y⏀10@150	(1) 双层配筋，既有板底贯通纵筋，又有板顶贯通纵筋； (2) 双向配筋，板底和板顶均为双向配筋
情况 4	B：X&Y⏀10@150 T：X⏀10@150	(1) 双层配筋，既有板底贯通纵筋，又有板顶贯通纵筋； (2) 板底双向配筋； (3) 板顶为单向配筋，只是 x 向板顶贯通纵筋

（4）板面标高高差。板面标高高差是指相对于结构层楼面标高的高差，应将其注写在括号内，且有高差则注，无高差不注。

集中标注案例见表 4.4。

表 4.4　集中标注案例

案例	普通楼板 有一楼面板块注写为： LB5　h =110 B：X⏀12@125；Y⏀10@110	隔一布一 有一楼面板块注写为： LB5　h =110 B：X⏀10/12@100；Y⏀10@110	悬挑板 有一悬挑板注写为： XB2　h =150/100 B：Xc&Yc⏀8@200
图示	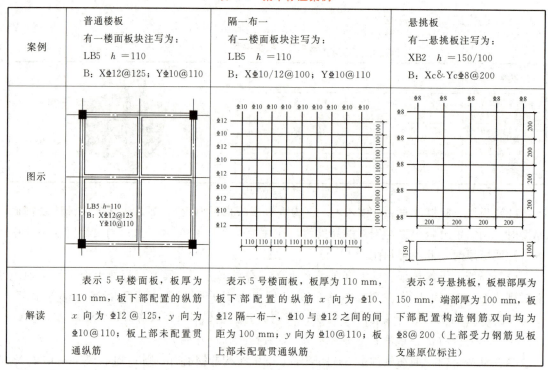		
解读	表示 5 号楼面板，板厚为 110 mm，板下部配置的纵筋 x 向为 ⏀12@125，y 向为 ⏀10@110；板上部未配置贯通纵筋	表示 5 号楼面板，板厚为 110 mm，板下部配置的纵筋 x 向为 ⏀10、⏀12 隔一布一，⏀10 与 ⏀12 之间的间距为 100 mm；y 向为 ⏀10@110；板上部未配置贯通纵筋	表示 2 号悬挑板，板根部厚为 150 mm，端部厚为 100 mm，板下部配置构造钢筋双向均为 ⏀8@200（上部受力钢筋见板支座原位标注）

3. 板支座原位标注

板支座原位标注的内容：板支座上部非贯通纵筋和悬挑板上部受力钢筋。

（1）板原位标注的内容。板支座原位标注的钢筋应在配置相同跨的第一跨表达（当在梁悬挑部位单独配置时则在原位表达）。在配置相同跨的第一跨（或梁悬挑部位），垂直于板支座（梁或墙）绘制一段适宜长度的中粗实线（当该筋通长设置在悬挑板或短跨板上部时，实线段应画至对边或贯通短跨），以该线段代表支座上部非贯通纵筋，并在线段上方注写钢筋编号（如①、②等）、配筋值、横向连续布置的跨数（注写在括号内，当为一跨时可不注），以及是否横向布置到梁的悬挑端。

有关原位标注的解释，见表 4.5。

表 4.5　认识原位标注

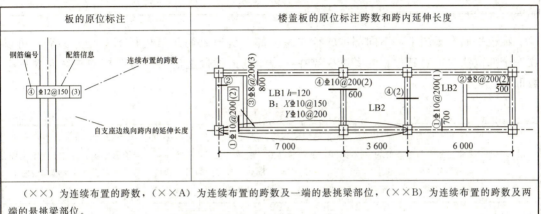

板的原位标注	楼盖板的原位标注跨数和跨内延伸长度

（××）为连续布置的跨数，（××A）为连续布置的跨数及一端的悬挑梁部位，（××B）为连续布置的跨数及两端的悬挑梁部位。

板支座上部非贯通纵筋自支座边线向跨内的伸出长度，注写在线段的下方位置

（2）板跨内延伸长度的注写规则。对于板的跨内延伸长度的注写规则，见表 4.6。

表 4.6　板的跨内延伸长度的表示方法

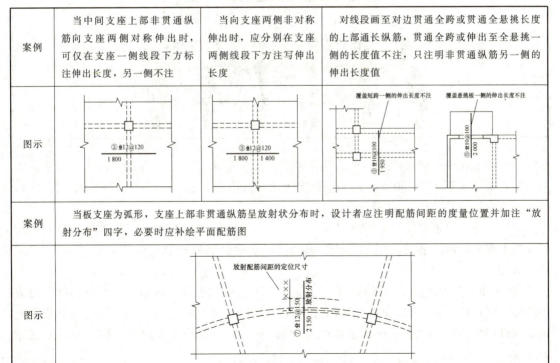

案例	当中间支座上部非贯通纵筋向支座两侧对称伸出时，可仅在支座一侧线段下方标注伸出长度，另一侧不注	当向支座两侧非对称伸出时，应分别在支座两侧线段下方注写伸出长度	对线段画至对边贯通全跨或贯通全悬挑长度的上部通长纵筋，贯通全跨或伸出至全悬挑一侧的长度值不注，只注明非贯通纵筋另一侧的伸出长度值
图示			
案例	当板支座为弧形，支座上部非贯通纵筋呈放射状分布时，设计者应注明配筋间距的度量位置并加注"放射分布"四字，必要时应补绘平面配筋图		
图示			

图示	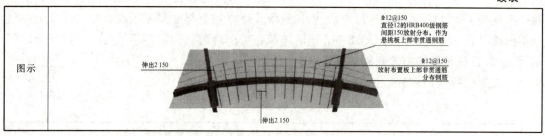

在板平面布置图中，不同部位的板支座上部非贯通纵筋及悬挑板上部受力钢筋，可仅在一个部位注写，对其他相同者则仅需在代表钢筋的线段上注写编号及横向连续布置的跨数即可，见表 4.7。

表 4.7　连续布置跨数

案例	在板平面布置图某部位，横跨支承梁绘制的钢筋实线段上注有⑦Φ12@100(5A) 和 1 500，表示支座上部⑦号非贯通纵筋为Φ12@100，从该跨起沿支承梁连续布置 5 跨加梁一端的悬挑端，该筋自支座边线向两侧跨内的伸出长度均为 1 500 mm。在同一板平面布置图的另一部位横跨梁支座绘制的钢筋实线段上注有⑦(2)者，表示该筋同⑦号纵筋，沿支承梁连续布置 2 跨，且无梁悬挑端布置
图示	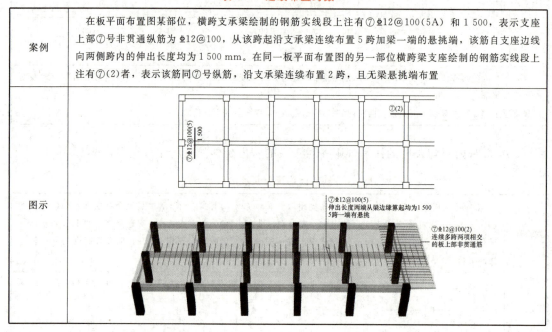

（3）板支座原位标注中悬挑板的注写内容。关于悬挑板的注写方式如图 4.4 所示。当悬挑板端部厚度不小于 150 mm 时，应指定板端部封边构造方式，当采用 U 形钢筋封边时，应指定 U 形钢筋的规格、直径。

（4）上部非贯通纵筋与贯通筋"隔一布一"。当板的上部已配置有贯通纵筋，但需增配板支座上部非贯通纵筋时，应结合已配置的同向贯通纵筋的直径与间距采取"隔一布一"的方式配置。

"隔一布一"方式为非贯通纵筋的标注间距与贯通纵筋相同，两者组合后的实际间距为各自标注间距的 1/2。当设定贯通纵筋为纵筋总截面面积的 50％ 时，两种钢筋应取相同直径；当设定贯通纵筋大于或小于总截面面积的 50％ 时，两种钢筋则取不同直径。案例见表 4.8。

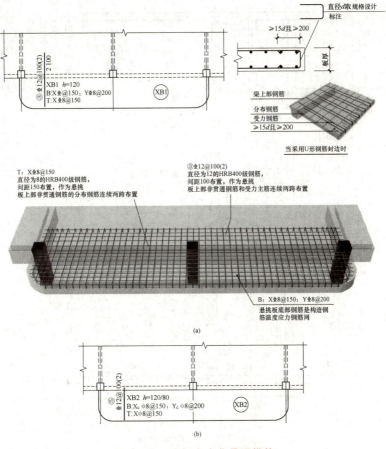

图 4.4　悬挑板支座非贯通纵筋

表 4.8　上部非贯通纵筋与贯通筋"隔一布一"

案例	板上已配置贯通纵筋 ⊈12@250，该跨同向配置的上部支座非贯通纵筋为 ⑤⊈12@250，表示在该支座上部设置的实际纵筋为 ⊈12@125，其中 1/2 为贯通纵筋，1/2 为⑤号非贯通纵筋	板上已配置贯通纵筋 ⊈10@250，该跨配置的上部同向支座非贯通纵筋为③⊈12@250，表示该跨实际设置的上部纵筋为 ⊈10 和 ⊈12 间隔布置，两者之间的间距为 125 mm
图示		

4.2.3　板平法施工图

板平法施工图采用平面注写方式表达的楼面平法施工图如图 4.5 所示。

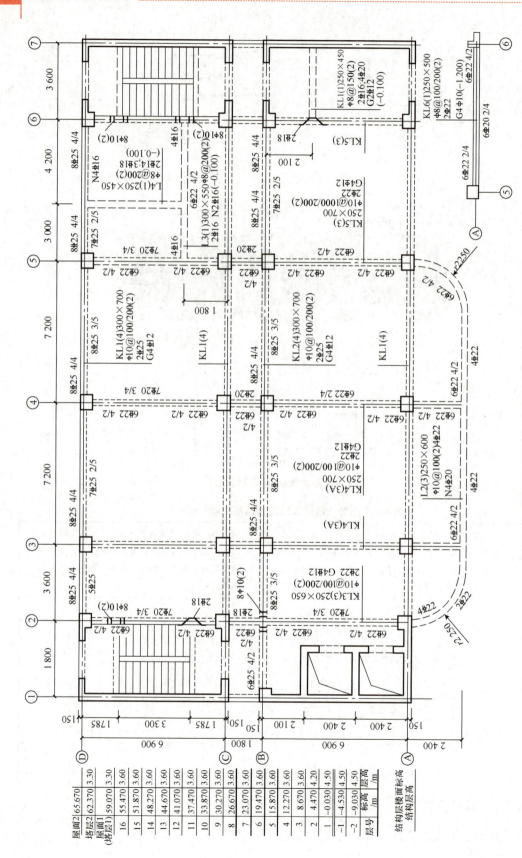

图4.5 采用平面注写方式表达的楼面板施工图示例

注：可在结构层楼面标高、结构层高表中加设混凝土强度等级栏。

层号	标高 /m	层高 /m
屋面2	65.670	
塔层2	62.370	3.30
屋面1 (塔层1)	59.070	3.60
16	55.470	3.60
15	51.870	3.60
14	48.270	3.60
13	44.670	3.60
12	41.070	3.60
11	37.470	3.60
10	33.870	3.60
9	30.270	3.60
8	26.670	3.60
7	23.070	3.60
6	19.470	3.60
5	15.870	3.60
4	12.270	3.60
3	8.670	3.60
2	4.470	4.20
1	-0.030	4.50
-1	-4.530	4.50
-2	-9.030	4.50
层号	标高 /m	层高 /m

结构层楼面标高
结构层高

4.3　有梁楼盖板平法钢筋构造

微课：板平法
构造与翻样

4.3.1　有梁楼盖楼面板 LB 和屋面板 WB 钢筋构造

有梁楼盖楼面板 LB 和屋面板 WB 钢筋构造见表 4.9。

表 4.9　有梁楼盖楼面板 LB 和屋面板 WB 钢筋构造

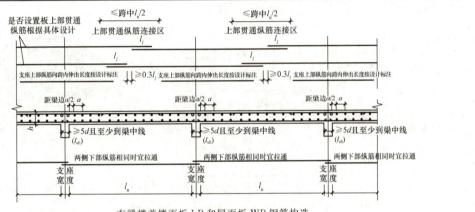

有梁楼盖楼面板 LB 和屋面板 WB 钢筋构造

（括号内的锚固长度 l_{aE} 用于梁板式转换层的板）

关于有梁楼盖楼面板 LB 和屋面板 WB 钢筋构造：

（1）楼面和屋面板上部贯通纵筋受力较小的连接区域，通常在跨中部 1/2 净跨范围；但当采用非接触搭接并将接头百分率控制为 50% 时，可在跨内任意位置连接。

（2）板上部非贯通纵筋向跨内的延伸长度，通常为净跨的 1/4～1/3，具体延伸长度应按设计标注。

（3）板下部贯通纵筋在跨中受拉，但是在近支座范围转为受压，因此，在支座内采用构造锚固长度 ≥5d 且至少过梁中线。

（4）上部平行于梁方向板纵筋距梁边起步距离为该方向板纵筋间距的 1/2

注：（1）当相邻等跨或不等跨的上部贯通纵筋配置不同时，应将配置较大者越过其标注的跨数终点或起点伸出至相邻的跨中连接区域连接。

（2）除本图所示搭接连接外，板纵筋可采用机械连接或焊接连接。接头位置：上部钢筋见本图所示的连接区，下部钢筋宜在距支座 1/4 净跨内。

（3）板贯通纵筋的连接要求见图集 22G101—1 第 2—4 页，且同一连接区段内钢筋接头百分率不宜大于 50%。不等跨板上部贯通纵筋连接构造详见图集 22G101—1 集第 2—52 页。

（4）当采用非接触方式的绑扎搭接连接时，要求见图集 22G101—1 第 2—53 页。

（5）板位于同一层面的两向交叉纵筋何向在下何向在上，应按具体设计说明。

（6）图中板的中间支座均按梁绘制，当支座为混凝土剪力墙时，其构造相同

4.3.2 板在端支座的锚固构造

板在端支座的锚固构造见表 4.10。

3D 模型：梁板式转换层的　　3D 模型：普通楼屋面板
楼面板在端支座的锚固构造　　在端支座的锚固构造

表 4.10　板在端支座的锚固构造

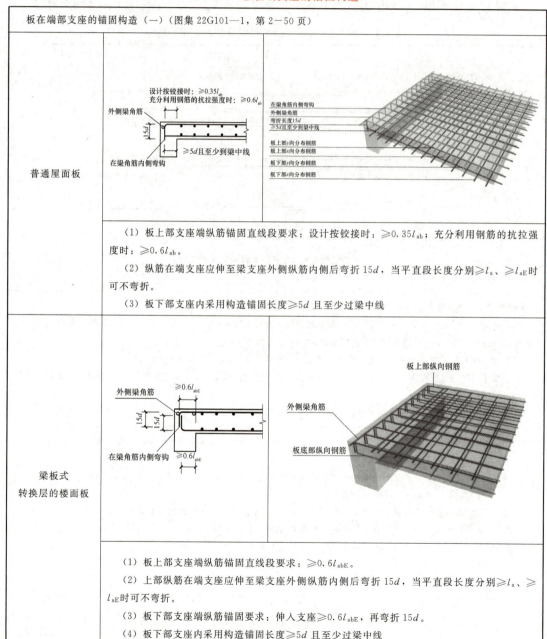

板在端部支座的锚固构造（一）（图集 22G101—1，第 2—50 页）	
普通屋面板	（图示） （1）板上部支座端纵筋锚固直线段要求：设计按铰接时：≥$0.35l_{ab}$；充分利用钢筋的抗拉强度时：≥$0.6l_{ab}$。 （2）纵筋在端支座应伸至梁支座外侧纵筋内侧后弯折 $15d$，当平直段长度分别≥l_a、≥l_{aE} 时可不弯折。 （3）板下部支座内采用构造锚固长度≥$5d$ 且至少过梁中线
梁板式转换层的楼面板	（图示） （1）板上部支座端纵筋锚固直线段要求：≥$0.6l_{abE}$。 （2）上部纵筋在端支座应伸至梁支座外侧纵筋内侧后弯折 $15d$，当平直段长度分别≥l_a、≥l_{aE} 时可不弯折。 （3）板下部支座端纵筋锚固要求：伸入支座≥$0.6l_{abE}$，再弯折 $15d$。 （4）板下部支座内采用构造锚固长度≥$5d$ 且至少过梁中线

续表

板在端部支座的锚固构造（二）（图集 22G101—1，第 2—51 页）		
端部支座为剪力墙中间层 **3D 模型：端部支座为剪力墙中间层时板在端支座的锚固构造**	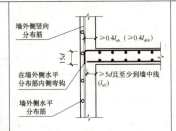	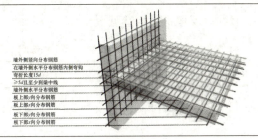
	括号内的数值用于梁板式转换层的板。当板下部纵筋直锚长度不足时，可弯锚，见右图	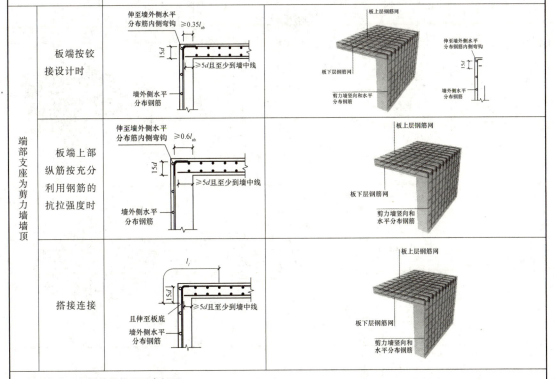

（1）板上部支座端纵筋锚固直线段要求：$\geqslant 0.4 l_{ab}$。

（2）上部纵筋在端支座应伸至梁支座外侧纵筋内侧后弯折 $15d$，当平直段长度分别 $\geqslant l_a$、$\geqslant l_{aE}$ 时可不弯折。

（3）板下部与支座垂直的贯通纵筋：伸入支座 $5d$ 且至少到梁中线。

（4）用于梁板式转换层的板。当板下部纵筋直锚长度不足时，可弯锚，水平段锚固长度 $\geqslant 0.4 l_{abE}$，再弯折 $15d$

端部支座为剪力墙墙顶	板端按铰接设计时		
	板端上部纵筋按充分利用钢筋的抗拉强度时		
	搭接连接		

板下部与上部纵筋的构造要求如下：

（1）板下部为贯通纵筋，端部支座的直锚长度 $\geqslant 5d$ 且至少到墙中线。

（2）板上部贯通纵筋伸至墙外侧水平分布钢筋内侧后弯折 $15d$，当平直段长度分别 $\geqslant l_a$、$\geqslant l_{aE}$ 时可不弯折

4.3.3 板翻边 FB 构造

板在端支座锚固构造见表 4.11。

表 4.11 板翻板构造

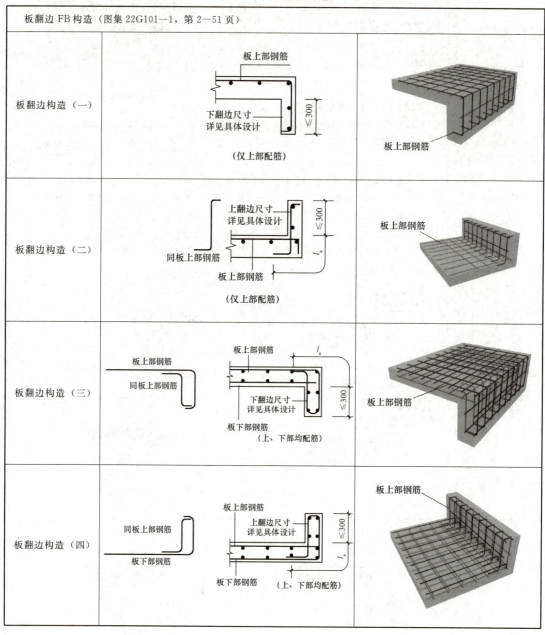

板翻边 FB 构造（图集 22G101—1，第 2—51 页）		
板翻边构造（一）	板上部钢筋 下翻边尺寸 详见具体设计 （仅上部配筋）≤300	板上部钢筋
板翻边构造（二）	上翻边尺寸 详见具体设计 同板上部钢筋 板上部钢筋 （仅上部配筋）≤300 l_a	板上部钢筋
板翻边构造（三）	板上部钢筋 同板上部钢筋 下翻边尺寸 详见具体设计 板下部钢筋 （上、下部均配筋）l_a ≤300	板上部钢筋
板翻边构造（四）	板上部钢筋 同板上部钢筋 上翻边尺寸 详见具体设计 板下部钢筋 板下部钢筋 （上、下部均配筋）≤300 l_a	板上部钢筋

4.3.4　有梁楼盖不等跨板上部贯通纵筋连接构造

有梁楼盖不等跨板上部贯通纵筋连接构造见表 4.12。

表 4.12　有梁楼盖不等跨板上部贯通纵筋连接构造

有梁楼盖不等跨上部贯通筋连接构造（图集 22G101—1、第 2—52 页）

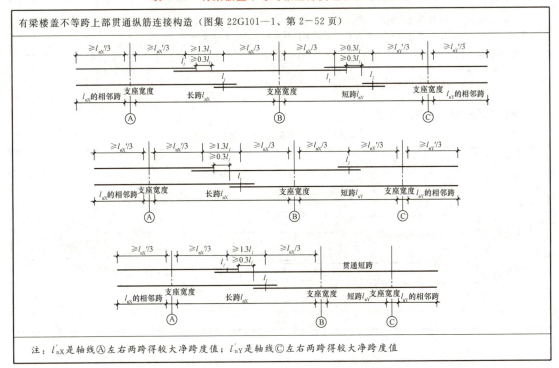

注：l'_{nX} 是轴线Ⓐ左右两跨得较大净跨度值；l'_{nY} 是轴线Ⓒ左右两跨得较大净跨度值

4.3.5　单（双）向板配筋示意构造

单（双）向板配筋示意构造见表 4.13。

表 4.13　单（双）向板配筋示意构造

单（双）向板配筋示意（图集 22G101—1，第 2—53 页）

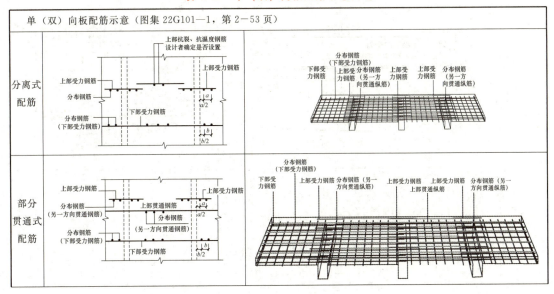

续表

> 注：1. 在搭接范围内，相互搭接的纵筋与横向钢筋的每个交叉点均应进行绑扎。
> 　　2. 抗裂构造钢筋、抗温度筋自身及其与受力主筋搭接长度为 l_l。
> 　　3. 板上下贯通筋可兼作抗裂构造筋和抗温度筋。当下部贯通筋兼作抗温度钢筋时，其在支座的锚固由设计者确定。
> 　　4. 分布钢筋自身及与受力主筋、构造钢筋的搭接长度为 150 mm；当分布钢筋兼作抗温度筋时，其自身及与受力主筋、构造钢筋的搭接长度为 l_l；其在支座的锚固按受拉要求考虑

4.3.6　纵向钢筋非接触搭接构造

纵向钢筋非接触搭接构造见表 4.14。

表 4.14　纵向钢筋非接触搭接构造

纵向钢筋非接触搭接构造（图集 22G101—1，第 2—53 页）	
纵向钢筋非接触搭接构造	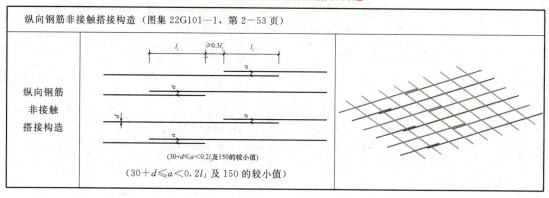$(30+d \leqslant a < 0.2l_l$ 及 150 的较小值$)$

4.3.7　悬挑板（XB）钢筋构造

悬挑板钢筋构造见表 4.15。

表 4.15　悬挑板钢筋构造

悬挑板×B 钢筋构造（图集 22G101—1，第 2—54 页）	
悬挑板构造（一）	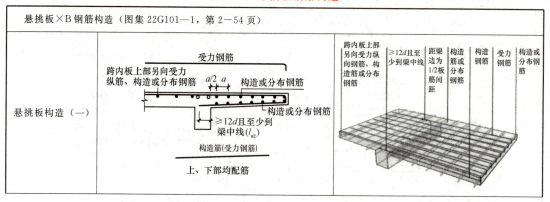

续表

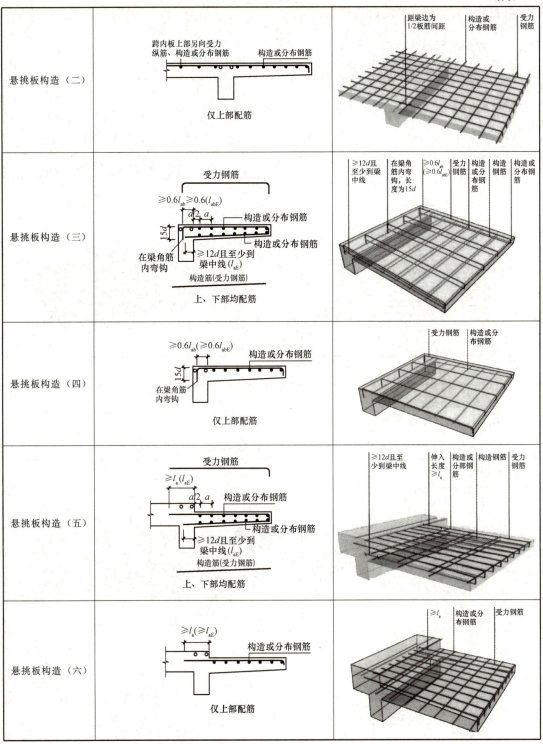

悬挑板构造（二）	仅上部配筋	
悬挑板构造（三）	上、下部均配筋	
悬挑板构造（四）	仅上部配筋	
悬挑板构造（五）	上、下部均配筋	
悬挑板构造（六）	仅上部配筋	

4.3.8 无支承板端部封边构造

无支承板端部封边构造见表 4.16。

表 4.16 无支承板端部封边构造

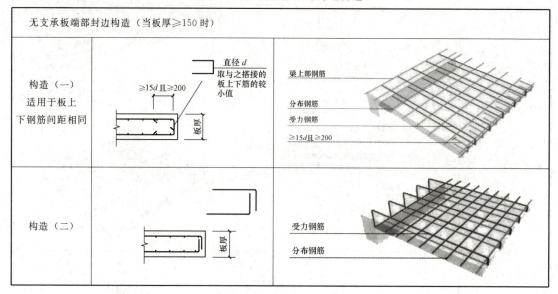

4.3.9 折板配筋构造

折板配筋构造见表 4.17。

表 4.17 折板配筋构造

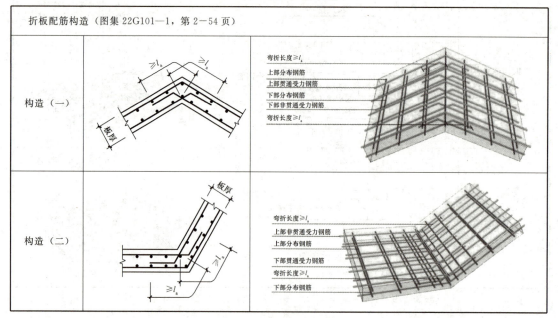

4.4　板平法钢筋翻样

本节通过对板内钢筋解析，讲述有梁楼盖板板底纵筋、板顶贯通纵筋、支座负筋等钢筋的翻样，并通过实例对各种钢筋进行计算。由于施工现场实际情况，下料长度并非严格按照外包尺寸减去弯曲调整值进行调整，本学习情景后（包括本情景）只按外包尺寸计算长度，不再考虑弯曲调整值，现场下料根据加工机具、操作人员水平等进行考虑。

4.4.1　板内钢筋解析

1. 端支座是梁时板上部贯通纵筋翻样

端支座是梁时板上部贯通纵筋翻样见表 4.18。

表 4.18　端支座是梁时板上部贯通纵筋翻样

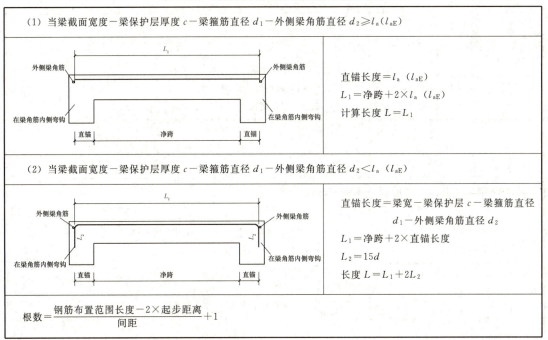

（1）当梁截面宽度－梁保护层厚度 c－梁箍筋直径 d_1－外侧梁角筋直径 $d_2 \geqslant l_a(l_{aE})$

直锚长度＝l_a（l_{aE}）
L_1＝净跨＋$2 \times l_a$（l_{aE}）
计算长度 $L = L_1$

（2）当梁截面宽度－梁保护层厚度 c－梁箍筋直径 d_1－外侧梁角筋直径 $d_2 < l_a(l_{aE})$

直锚长度＝梁宽－梁保护层 c－梁箍筋直径 d_1－外侧梁角筋直径 d_2
L_1＝净跨＋$2 \times$直锚长度
$L_2 = 15d$
长度 $L = L_1 + 2L_2$

$$根数 = \frac{钢筋布置范围长度 - 2 \times 起步距离}{间距} + 1$$

2. 端支座是梁时板下部贯通纵筋翻样

端支座是梁时板下部贯通纵筋翻样见表 4.19。

表 4.19　端支座是梁时板下部贯通纵筋翻样

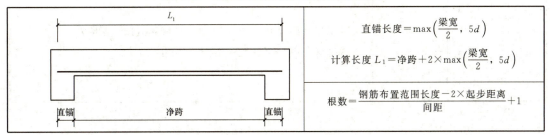

$$直锚长度 = \max\left(\frac{梁宽}{2}, 5d\right)$$

$$计算长度 L_1 = 净跨 + 2 \times \max\left(\frac{梁宽}{2}, 5d\right)$$

$$根数 = \frac{钢筋布置范围长度 - 2 \times 起步距离}{间距} + 1$$

3. 扣筋翻样

扣筋翻样见表 4.20。

表 4.20 扣筋翻样

双侧扣筋两侧都标注延伸长度	
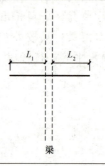	计算长度＝左侧延伸长度 L_1＋右侧延伸长度 L_2＋梁宽 钢筋根数＝$\dfrac{\text{钢筋布置范围长度}-2\times\text{起步距离}}{\text{间距}}+1$
双侧扣筋单侧标注延伸长度	
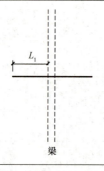	表明该扣筋向支座两侧对称伸出 计算长度＝$2\times$延伸长度 L_1＋梁宽 根数＝$\dfrac{\text{钢筋布置范围长度}-2\times\text{起步距离}}{\text{间距}}+1$
端支座扣筋（一端支承在梁上，另一端伸到板中）	
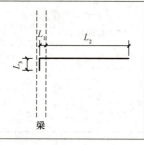	直锚 L_1＝梁宽－梁保护层 c－梁箍筋直径 d_1－外侧梁角筋直径 d_2 延伸长度 L_2 弯折长度 $L_3=15d$ 计算长度＝$L_1+L_2+L_3$ 钢筋根数＝$\dfrac{\text{钢筋布置范围长度}-2\times\text{起步距离}}{\text{间距}}+1$
横跨两道梁的扣筋计算	
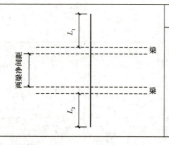	（1）扣筋标注在两道梁之外都有延伸长度 计算长度＝延伸长度 L_1＋延伸长度 L_2＋两梁净间距＋两梁宽 钢筋根数＝$\dfrac{\text{钢筋布置范围长度}-2\times\text{起步距离}}{\text{间距}}+1$

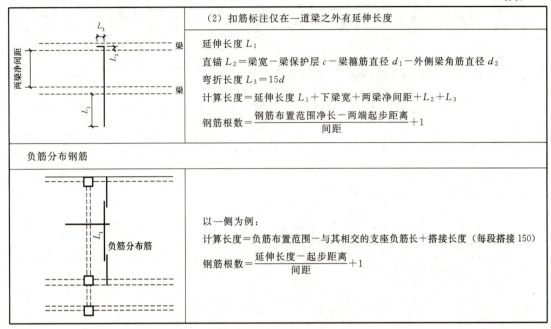

	（2）扣筋标注仅在一道梁之外有延伸长度
	延伸长度 L_1 直锚 L_2＝梁宽－梁保护层 c－梁箍筋直径 d_1－外侧梁角筋直径 d_2 弯折长度 L_3＝$15d$ 计算长度＝延伸长度 L_1＋下梁宽＋两梁净间距＋L_2＋L_3 钢筋根数＝$\dfrac{钢筋布置范围净长－两端起步距离}{间距}$＋1
负筋分布钢筋	
	以一侧为例： 计算长度＝负筋布置范围－与其相交的支座负筋长＋搭接长度（每段搭接 150） 钢筋根数＝$\dfrac{延伸长度－起步距离}{间距}$＋1

4.4.2　钢筋翻样实例

1. 案例一

以图 4.6 为例计算楼板钢筋计算长度。取ⓒ轴线到ⓓ轴线、⑤轴线到⑥轴线包括的板 LB1 为例。LB1 的尺寸为 7 200 mm×6 900 mm，x 方向的梁宽度为 300 mm，y 方向的梁宽度为 250 mm，均为正中轴线。x 方向的 KL1 上部纵筋直径为 25 mm，y 方向的 KL5 上部纵筋直径为 22 mm，梁的箍筋直径全为 10 mm。混凝土强度等级为 C30，二级抗震等级。

钢筋计算长度见表 4.21。

表 4.21　钢筋计算长度

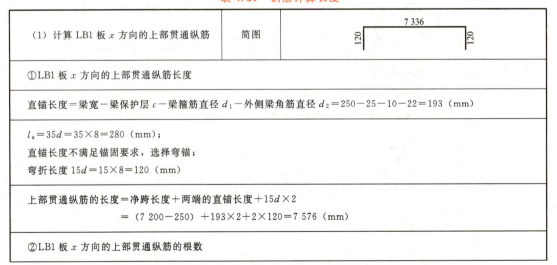

（1）计算 LB1 板 x 方向的上部贯通纵筋	简图	
①LB1 板 x 方向的上部贯通纵筋长度		
直锚长度＝梁宽－梁保护层 c－梁箍筋直径 d_1－外侧梁角筋直径 d_2＝250－25－10－22＝193（mm）		
l_a＝$35d$＝$35×8$＝280（mm）； 直锚长度不满足锚固要求，选择弯锚； 弯折长度 $15d$＝$15×8$＝120（mm）		
上部贯通纵筋的长度＝净跨长度＋两端的直锚长度＋$15d×2$ 　　　　　　　　　＝（7 200－250）＋193×2＋2×120＝7 576（mm）		
②LB1 板 x 方向的上部贯通纵筋的根数		

| 钢筋根数 = $\dfrac{\text{钢筋布置范围长度} - 2 \times \text{起步距离}}{\text{间距}} + 1 = \dfrac{(6900-300) - 2 \times 75}{150} + 1 = 44$（根） |||

| （2）计算 LB1 板 y 方向的上部贯通纵筋 | 简图 | |

①LB1 板 y 方向的上部贯通纵筋长度

直锚长度 = 梁宽 - 梁保护层 c - 梁箍筋直径 d_1 - 外侧梁角筋直径 d_2 = $300 - 25 - 10 - 25 = 240$（mm）

$l_a = 35d = 35 \times 8 = 280$（mm）；

直锚长度不满足锚固要求，选择弯锚；

弯折长度 $15d = 15 \times 8 = 120$（mm）

上部贯通纵筋的长度 = 净跨长度 + 两端的直锚长度 + $15d \times 2$ = $(6\,900-300) + 240 \times 2 + 120 \times 2 = 7\,320$（mm）

②LB1 板 y 方向的上部贯通纵筋的根数

钢筋根数 = $\dfrac{\text{钢筋布置范围长度} - 2 \times \text{起步距离}}{\text{间距}} + 1 = \dfrac{(7\,200-250) - 2 \times 75}{150} + 1 = 47$（根）

| （3）计算 LB1 板 x 方向的下部贯通纵筋 | 简图 | 7 200 |

①LB1 板 x 方向的下部贯通纵筋长度

直锚长度 = $\max\left(\dfrac{\text{梁宽}}{2},\ 5d\right) = \max\left(\dfrac{250}{2},\ 5 \times 8\right) = 125$（mm）

计算长度 = 净跨 + $2 \times \max\left(\dfrac{\text{梁宽}}{2},\ 5d\right) = (7\,200-250) + 2 \times 125 = 7\,200$（mm）

②LB1 板 x 方向的下部贯通纵筋的根数

钢筋根数 = $\dfrac{\text{钢筋布置范围长度} - 2 \times \text{起步距离}}{\text{间距}} + 1 = \dfrac{(6\,900-300) - 2 \times 75}{150} + 1 = 44$（根）

| （4）计算 LB1 板 y 方向的下部贯通纵筋 | 简图 | 6 900 |

①LB1 板 y 方向的下部贯通纵筋长度

直锚长度 = $\max\left(\dfrac{\text{梁宽}}{2},\ 5d\right) = \max\left(\dfrac{300}{2},\ 5 \times 8\right) = 150$（mm）

计算长度 = 净跨 + $2 \times \max\left(\dfrac{\text{梁宽}}{2},\ 5d\right) = (6\,900-300) + 2 \times 150 = 6\,900$（mm）

②LB1 板 y 方向的下部贯通纵筋的根数

钢筋根数 = $\dfrac{\text{钢筋布置范围长度} - 2 \times \text{起步距离}}{\text{间距}} + 1$

$= \dfrac{(7\,200-250) - 2 \times 75}{150} + 1 = 47$（根）

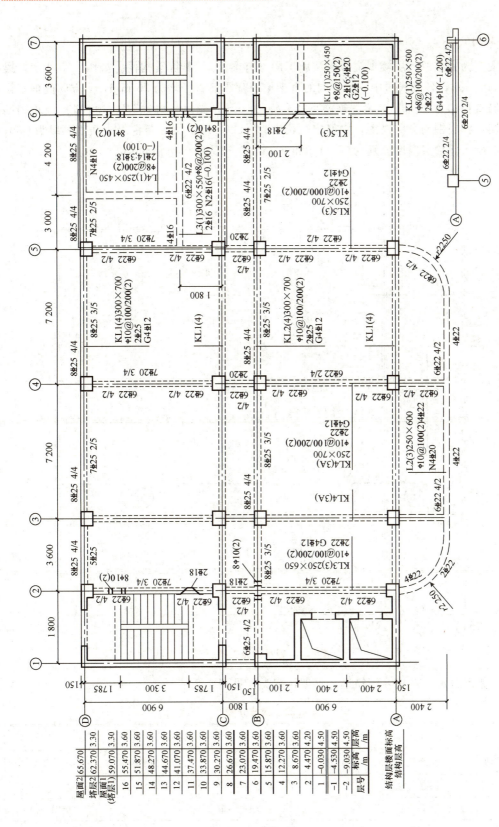

图 4.6　采用平面注写方式表达的楼面板法施工图示例

2. 案例二

本案例为完整的一层楼现浇板平法施工图（有梁板），非抗震构件。如图 4.7 所示，梁宽均为 300 mm，各轴线居中，x 方向的框架梁上部纵筋直径均为 25 mm，y 方向的框架梁上部纵筋直径均为 22 mm，梁的箍筋直径全为 10 mm，受力筋均为 HRB400 级。板顶钢筋绑扎搭接，板底钢筋分跨锚固，钢筋定尺长度为 9 000 mm。梁、板混凝土强度等级为 C30，梁、板混凝土保护层厚度分别为 25 mm 和 20 mm。未注明分布钢筋 Φ6@250。

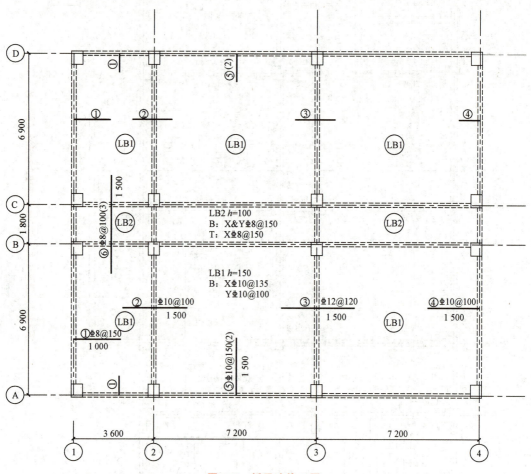

图 4.7 板平法施工图

（1）钢筋分解。对板内钢筋进行整理，归类，见表 4.22。

表 4.22 钢筋分解

贯通纵筋		负筋			
按配筋整理	位置	按负筋标号	位置	按负筋标号	位置
LB1—1	①~②/Ⓐ~Ⓑ	①—1	①/Ⓐ~Ⓑ	①—2	Ⓐ/①~②
	①~②/Ⓒ~Ⓓ		①/Ⓒ~Ⓓ		Ⓓ/①~②

续表

贯通纵筋		负筋			
按配筋整理	位置	按负筋标号	位置	按负筋标号	位置
LB1－2	②～③/Ⓐ～Ⓑ	②	②/Ⓐ～Ⓑ	⑤	Ⓐ/②～③
	②～③/Ⓒ～Ⓓ		②/Ⓒ～Ⓓ		Ⓓ/②～③
	③～④/Ⓐ～Ⓑ	③	③/Ⓐ～Ⓑ		Ⓐ/③～④
	③～④/Ⓒ～Ⓓ		③/Ⓒ～Ⓓ		Ⓓ/③～④
LB2－1	①～②/Ⓑ～Ⓒ	④	④/Ⓐ～Ⓑ	⑥－2	①～②/Ⓑ～Ⓒ
LB2－2	②～③/Ⓑ～Ⓒ		④/Ⓒ～Ⓓ		②～③/Ⓑ～Ⓒ
	③～④/Ⓑ～Ⓒ				③～④/Ⓑ～Ⓒ

（2）贯通纵筋的计算。贯通纵筋翻样、计算长度、根数见表 4.23。

表 4.23 贯通纵筋

1. 板底贯通纵筋				
（1）LB1－1	①～②/Ⓐ～Ⓑ		①～②/Ⓒ～Ⓓ	
①LB1－1 板 x 方向的板底贯通纵筋长度 Φ10		简图	3 600	
直锚长度 $=\max\left(\dfrac{梁宽}{2},\ 5d\right)=\max\left(\dfrac{300}{2},\ 5\times10\right)=150$（mm）				
计算长度 $=$ 净跨 $+2\times\max\left(\dfrac{梁宽}{2},\ 5d\right)=(3\ 600-300)+2\times150=3\ 600$（mm）				
②LB1－1 板 x 方向的板底贯通纵筋的根数				
钢筋根数 $=\dfrac{钢筋布置范围长度-2\times起步距离}{间距}+1=\dfrac{(6\ 900-300)-135}{135}+1=49$（根）				
③LB1－1 板 y 方向的板底贯通纵筋长度 Φ10		简图	6 900	
直锚长度 $=\max\left(\dfrac{梁宽}{2},\ 5d\right)=\max\left(\dfrac{300}{2},\ 5\times10\right)=150$（mm）				
计算长度 $=$ 净跨 $+2\times\max\left(\dfrac{梁宽}{2},\ 5d\right)=(6\ 900-300)+2\times150=6\ 900$（mm）				
④LB1－1 板 y 方向的板底贯通纵筋的根数				
钢筋根数 $=\dfrac{钢筋布置范围长度-2\times起步距离}{间距}+1=\dfrac{(3\ 600-300)-100}{100}+1=33$（根）				
（2）LB1－2	②～③/Ⓐ～Ⓑ	②～③/Ⓒ～Ⓓ	③～④/Ⓐ～Ⓑ	③～④/Ⓒ～Ⓓ
①LB1－2 板 x 方向的板底贯通纵筋长度 Φ10		简图	7 200	
直锚长度 $=\max\left(\dfrac{梁宽}{2},\ 5d\right)=\max\left(\dfrac{300}{2},\ 5\times10\right)=150$（mm）				

计算长度＝净跨＋2×max$\left(\dfrac{梁宽}{2},5d\right)$＝（7 200－300）＋2×150＝7 200（mm）	
②LB1－2 板 x 方向的板底贯通纵筋的根数	
钢筋根数＝$\dfrac{钢筋布置范围长度－2×起步距离}{间距}$＋1＝$\dfrac{（6 900－300）－135}{135}$＋1＝49（根）	
③LB1－2 板 y 方向的板底贯通纵筋长度 $\underline{\Phi}$10	简图 ———— 6 900 ————
直锚长度＝max$\left(\dfrac{梁宽}{2},5d\right)$＝max$\left(\dfrac{300}{2},5×8\right)$＝150（mm）	
计算长度＝净跨＋2×max$\left(\dfrac{梁宽}{2},5d\right)$＝（6 900－300）＋2×150＝6 900（mm）	
④LB1 板 y 方向的板底贯通纵筋的根数	
钢筋根数＝$\dfrac{钢筋布置范围长度－2×起步距离}{间距}$＋1＝$\dfrac{（7 200－300）－100}{100}$＋1＝69（根）	
（3）LB2－1	①～②/Ⓑ～Ⓒ
①LB2－1 板 x 方向的板底贯通纵筋长度 $\underline{\Phi}$8	简图 ———— 3 600 ————
直锚长度＝max$\left(\dfrac{梁宽}{2},5d\right)$＝max$\left(\dfrac{300}{2},5×8\right)$＝150（mm）	
计算长度＝净跨＋2×max$\left(\dfrac{梁宽}{2},5d\right)$＝（3 600－300）＋2×150＝3 600（mm）	
②LB2－1 板 x 方向的板底贯通纵筋的根数	
钢筋根数＝$\dfrac{钢筋布置范围长度－2×起步距离}{间距}$＋1＝$\dfrac{（1 800－300）－150}{150}$＋1＝10（根）	
③LB2－1 板 y 方向的板底贯通纵筋长度 $\underline{\Phi}$8	简图 ———— 1 800 ————
直锚长度＝直锚长度＝max$\left(\dfrac{梁宽}{2},5d\right)$＝max$\left(\dfrac{300}{2},5×8\right)$＝150（mm）	
计算长度＝净跨＋2×max$\left(\dfrac{梁宽}{2},5d\right)$＝（1 800－300）＋2×150＝1 800（mm）	
④LB2－1 板 y 方向的板底贯通纵筋的根数	
钢筋根数＝$\dfrac{钢筋布置范围长度－2×起步距离}{间距}$＋1＝$\dfrac{（3 600－300）－150}{150}$＋1＝22（根）	
（4）LB2－2 ②～③/Ⓑ～Ⓒ	③～④/Ⓑ～Ⓒ
①LB2－2 板 x 方向的板底贯通纵筋长度 $\underline{\Phi}$8	简图 ———— 7 200 ————
直锚长度＝max$\left(\dfrac{梁宽}{2},5d\right)$＝max$\left(\dfrac{300}{2},5×8\right)$＝150（mm）	
计算长度＝净跨＋2×max$\left(\dfrac{梁宽}{2},5d\right)$＝（7 200－300）＋2×150＝7 200（mm）	

续表

②LB2-1 板 x 方向的板底贯通纵筋的根数		
钢筋根数$=\dfrac{钢筋布置范围长度-2\times 起步距离}{间距}+1=\dfrac{(1\ 800-300)-150}{150}+1=10$（根）		
③LB2-1 板 y 方向的板底贯通纵筋长度 ⊈8	简图	1 800
直锚长度$=\max\left(\dfrac{梁宽}{2},\ 5d\right)=\max\left(\dfrac{300}{2},\ 5\times 8\right)=150$（mm）		
计算长度$=$净跨$+2\times\max\left(\dfrac{梁宽}{2},\ 5d\right)=(1\ 800-300)+2\times 150=1\ 800$（mm）		
④LB2-1 板 y 方向的板底贯通纵筋的根数		
钢筋根数$=\dfrac{钢筋布置范围长度-2\times 起步距离}{间距}+1=\dfrac{(7\ 200-300)-150}{150}+1=46$（根）		

2. 板顶贯通纵筋

LB2	①~④/Ⓑ~Ⓒ		
①LB2 板顶 x 向贯通纵筋长度 ⊈8	简图	120 7 293 7 200 3 693 120	
直锚长度$=$梁宽$-$梁保护层$c-$梁箍筋直径d_1-外侧梁角筋直径$d_2=300-25-10-22=243$（mm）			
$l_a=35d=35\times 8=280$（mm）； 直锚长度不满度锚固要求，选择弯锚； 弯折长度$15d=15\times 8=120$（mm）			
上部贯通纵筋的长度$=$净跨长度$+$两端的直锚长度$+15d\times 2$ $\qquad=(3\ 600+7\ 200+7\ 200-300)+243\times 2+120\times 2=18\ 426$（mm）			
②LB1 板 y 方向的上部贯通纵筋的根数			
钢筋根数$=\dfrac{钢筋布置范围长度-2\times 起步距离}{间距}+1=\dfrac{(1\ 800-300)-150}{150}+1=10$（根）			

（3）支座负筋的计算。支座负筋翻样、计算长度、根数见表 4.24。

表 4.24　支座负筋

(1) ①-1	①/Ⓐ~Ⓑ		①/Ⓒ~Ⓓ	
①-1 负筋长度 ⊈8		简图	120 1 243	
直锚长度$=$梁宽$-$梁保护层$c-$梁箍筋直径d_1-外侧梁角筋直径d_2 $\qquad=300-25-10-22=243$（mm） 弯折长度$=15d$				
$l_a=35d=35\times 8=280$（mm），直锚长度不满度锚固要求，选择弯锚。弯折长度$15d=15\times 8=120$（mm）				
端支座负筋计算长度$=$延伸长度$+$直锚长度$+15d=1\ 000+243+120=1\ 363$（mm）				

①—1 负筋根数			
钢筋根数＝$\dfrac{\text{钢筋布置范围长度}-2\times\text{起步距离}}{\text{间距}}+1=\dfrac{(6\,900-300)-150}{150}+1=44$（根）			
①—1 负筋分布钢筋长度		简图	4 400
计算长度＝负筋布置范围－与其相交的支座负筋长＋搭接长度（每段搭接 150 mm） ＝$6\,900-300-1\,500-1\,000+2\times150=4\,400$（mm）			
①—1 负筋分布钢筋根数			
钢筋根数＝$\dfrac{\text{延伸长度}-\text{起步距离}}{\text{间距}}+1=\dfrac{1\,000-125}{250}+1=5$（根）			
(2) ②	②/Ⓐ～Ⓑ		②/Ⓒ～Ⓓ
②负筋长度 ⟂10		简图	3 300
计算长度＝2×延伸长度＋梁宽 ＝$2\times1\,500+300=3\,300$（mm）			
②负筋根数			
根数＝$\dfrac{\text{钢筋布置范围长度}-2\times\text{起步距离}}{\text{间距}}+1=\dfrac{(6\,900-300)-100}{100}+1=66$（根）			
②负筋分布钢筋长度		简图	4 400(3 900)
计算长度＝负筋布置范围－与其相交的支座负筋长＋搭接长度（每段搭接 150 mm） 左侧分布钢筋长度＝$6\,900-300-1\,500-1\,000+2\times150=4\,400$（mm） 右侧分布钢筋长度＝$6\,900-300-1\,500-1\,500+2\times150=3\,900$（mm）			
钢筋根数＝$\dfrac{\text{延伸长度}-\text{起步距离}}{\text{间距}}+1=\dfrac{1\,500-125}{250}+1=7$（根）（一侧）			
(3) ③	③/Ⓐ～Ⓑ		③/Ⓒ～Ⓓ
③负筋长度 ⟂12		简图	3 300
计算长度＝2×延伸长度＋梁宽 ＝$2\times1\,500+300=3\,300$（mm）			
③负筋根数			
根数＝$\dfrac{\text{钢筋布置范围长度}-2\times\text{起步距离}}{\text{间距}}+1=\dfrac{(6\,900-300)-120}{120}+1=55$（根）			
③负筋分布钢筋长度		简图	3 900
计算长度＝负筋布置范围－与其相交的支座负筋长＋搭接长度（每段搭接 150 mm）			
左侧同右侧 左侧分布钢筋长度＝$6\,900-300-1\,500-1\,500+2\times150=3\,900$（mm）			
钢筋根数＝$\dfrac{\text{延伸长度}-\text{起步距离}}{\text{间距}}+1=\dfrac{1\,500-125}{250}+1=7$（根）（两侧相同）			

续表

(4) ④	④/Ⓐ～Ⓑ	④/Ⓒ～Ⓓ		
④负筋长度 ⊈10	简图	1 743 120		
直锚长度＝梁宽－梁保护层 c－梁箍筋直径 d_1－外侧梁角筋直径 d_2＝300－25－10－22＝243（mm） 弯折长度＝15d				
l_a＝35d＝35×8＝280（mm），直锚长度不满度锚固要求，选择弯锚。弯折长度 15d＝15×8＝120（mm）				
端支座负筋计算长度＝延伸长度＋直锚长度＋15d＝1 500＋243＋120＝1 863（mm）				
④负筋根数				
钢筋根数＝$\dfrac{\text{钢筋布置范围长度}-2\times\text{起步距离}}{\text{间距}}$＋1＝$\dfrac{(6\,900-300)-100}{100}$＋1＝66（根）				
④负筋分布钢筋长度	简图	3 900		
计算长度＝负筋布置范围－与其相交的支座负筋长＋搭接长度（每段搭接 150 mm） 　　　　＝6 900－300－1 500－1 500＋2×150＝3 900（mm）				
④负筋分布钢筋根数				
钢筋根数＝$\dfrac{\text{延伸长度}-\text{起步距离}}{\text{间距}}$＋1＝$\dfrac{1\,500-125}{250}$＋1＝7（根）				
(5) ①－2	Ⓐ/①～②	Ⓓ/①～②		
①－2 负筋长度 ⊈8	简图	1 240 120		
直锚长度＝梁宽－梁保护层 c－梁箍筋直径 d_1－外侧梁角筋直径 d_2＝300－25－10－25＝240（mm） 弯折长度＝15d				
l_a＝35d＝35×8＝280（mm），直锚长度不满度锚固要求，选择弯锚。弯折长度 15d＝15×8＝120（mm）				
端支座负筋计算长度＝延伸长度＋直锚长度＋15d＝1 000＋240＋120＝1 360（mm）				
①－2 负筋根数 ⊈8				
钢筋根数＝$\dfrac{\text{钢筋布置范围长度}-2\times\text{起步距离}}{\text{间距}}$＋1＝$\dfrac{(3\,600-300)-150}{150}$＋1＝22（根）				
①－2 负筋分布钢筋长度	简图	1 100		
计算长度＝负筋布置范围－与其相交的支座负筋长＋搭接长度（每段搭接 150 mm） 　　　　＝3 600－300－1 000－1 500＋2×150＝1 100（mm）				
①－2 负筋分布钢筋根数				
钢筋根数＝$\dfrac{\text{延伸长度}-\text{起步距离}}{\text{间距}}$＋1＝$\dfrac{1\,000-125}{250}$＋1＝5（根）				
(6) ⑤	Ⓐ/②～③	Ⓓ/②～③	Ⓐ/③～④	Ⓓ/③～④
⑤负筋长度 ⊈10	简图	120 ⌐ 1 740		

直锚长度＝梁宽－梁保护层 c－梁箍筋直径 d_1－外侧梁角筋直径 d_2＝300－25－10－25＝240（mm） 弯折长度＝15d			
l_a＝35d＝35×8＝280（mm），直锚长度不满度锚固要求，选择弯锚。弯折长度 15d＝15×8＝120（mm）			
端支座负筋计算长度＝延伸长度＋直锚长度＋15d＝1 500＋240＋120＝1 860（mm）			
⑤负筋根数 ⊕8			
钢筋根数＝$\dfrac{\text{钢筋布置范围长度}-2\times\text{起步距离}}{\text{间距}}+1=\dfrac{(7\,200-300)-150}{150}+1=46$（根）			
⑤负筋分布钢筋长度	简图		4 200
计算长度＝负筋布置范围－与其相交的支座负筋长＋搭接长度（每段搭接 150 mm） 　　　　　＝7 200－300－1 500－1 500＋2×150＝4 200（mm）			
⑤负筋分布钢筋根数			
钢筋根数＝$\dfrac{\text{延伸长度}-\text{起步距离}}{\text{间距}}+1=\dfrac{1\,500-125}{250}+1=7$（根）			
(7) ⑥	①～②/Ⓑ～Ⓒ	②～③/Ⓑ～Ⓒ	③～④/Ⓑ～Ⓒ
⑥负筋长度 ⊕8	简图		5 100
计算长度＝延伸长度 L_1＋延伸长度 L_2＋两梁净间距＋两梁宽＝1 500＋1 500＋(1 800－300)＋300＋300＝5 100（mm）			
⑥负筋根数 ⊕8			
钢筋根数＝$\dfrac{\text{钢筋布置范围长度}-2\times\text{起步距离}}{\text{间距}}+1$ ①～②根数＝$\dfrac{(3\,600-300)-100}{100}+1=33$（根） ②～③根数＝$\dfrac{(7\,200-300)-100}{100}+1=69$（根） ③～④根数＝$\dfrac{(7\,200-300)-100}{100}+1=69$（根）			
⑥负筋分布钢筋长度	简图		(1 100)4 200
计算长度＝负筋布置范围－与其相交的支座负筋长＋搭接长度（每段搭接 150 mm） 　　①～②根数＝3 600－300－1 500－1 000＋2×150＝1 100（mm） 　　②～③根数＝7 200－300－1 500－1 500＋2×150＝4 200（mm），③～④长度同②～③长度			
⑥负筋分布钢筋根数			
钢筋根数＝$\dfrac{\text{延伸长度}-\text{起步距离}}{\text{间距}}+1=\dfrac{1\,500-125}{250}+1=7$（根）（①～②、②～③、③～④相同）			

学习情景评价表

姓名		学号		
专业			班级	
评价标准				
项次	项目	评价内容	分值	自评分	教师评分

项次	项目	评价内容	分值	自评分	教师评分
1	职业特质	过程导向的思维；追求准确与快速的计算能力	5		
2		追求达到设计规范与图集、标准的价值	5		
3	技术能力	识图能力	10		
4		解读构造的能力	10		
5		钢筋下料计算能力	10		
6		配料单编制能力	15		
7	相关知识	平法钢筋识图	10		
8		平法钢筋构造与下料计算	10		
9		配料单编制	15		
10	通用能力	合作和沟通能力	4		
11		技术与方法能力	3		
12		职业价值的认识能力	3		
自评做得很好的地方					
自评做得不好的地方					
以后需要改进的地方					
工作时效		提前○　准时○　超时○			
自评		★★★★★（5、4、3、2、1分别代表非常好、好、一般、差、非常差）			
教师评价		★★★★★（5、4、3、2、1分别代表非常好、好、一般、差、非常差）			
学习建议		知识补充			
		技能强化			
		学习途径			

实训一　楼板平法施工图识读

班级_____　姓名_____　学号_____

1. 楼板平法识读要点

板钢筋标注分为"集中标注"和"原位标注"两种。集中标注的主要内容是板的贯通纵筋；原位标注主要是针对板非贯通纵筋。

2. 楼板板块集中标注的识读

板平面注写主要包括_____和_____。

板块集中标注的内容：_____，_____，_____，_____以及当板面标高不同时的_____。同一编号板块的类型、板厚和贯通纵筋均相同，但板面标高、跨度、平面形状以及板支座上部非贯通纵筋可以不同。下面以实例说明。

(1) 图 4.8 左侧：双层双向板的标注：

LB1：$h = 100$

B：X&YΦ8@150

T：X&YΦ8@150

上述标注表示：编号为 LB1 的楼面板，厚度为_____ mm；板下部配置的贯通纵筋无论 x 向和 y 向都是_____；板上部配置的贯通纵筋无论 x 向和 y 向都是_____。在这里要说明的是，虽然 LB1 的钢筋标注只在①～②轴线的一块楼板上进行，但是本楼层上所有注明"LB1"的楼板都执行上述标注的配筋，尤其值得指出的是，无论大小不同的矩形板还是"刀把形板"，都执行同样的配筋。对这些尺寸不同或形状不同的楼板，要分别计算每一块板的钢筋配置。

(2) 图 4.8 右侧：单层双向板的标注：

LB5　$h = 150$

B：XΦ10@135

　　YΦ10@160

上述标注表示：编号为 LB5 的楼面板，厚度为 150 mm；板下部配置的 x 向_____为 Φ10@135；y 向贯通纵筋为_____。由于没有"T"的钢筋标注，说明板上部不设贯通纵筋。这就是说，每一块板的周边需要进行扣筋（上部非贯通纵筋）的原位标注。应该理解的是，同为"LB5"的板，但周边设置的扣筋可能各不相同。由此可见，楼板的编号与扣筋的设置无关。

3. 楼板支座原位标注的识读

(1) 板支座原位标注的基本方式如下：

1) 采用垂直于板支座（梁或墙）的一段适宜长度的中粗实线来代表扣筋，在扣筋的上方注写钢筋编号、配筋值、横向连续布置的跨数（注写在括号内，且当为一跨时可不注写），以及是否横向布置到梁的悬挑端。

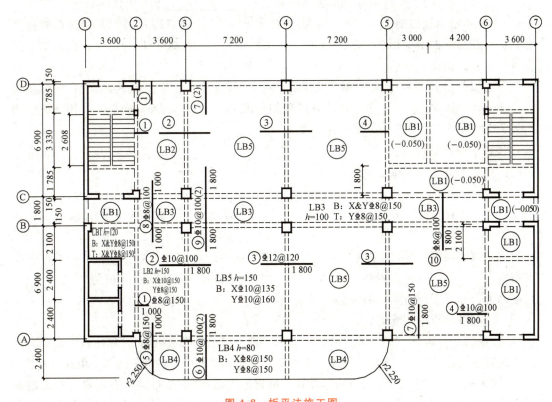

图 4.8　板平法施工图

2）在扣筋的下方注写：自支座边线向跨内的延伸长度。

（2）下面通过具体例子来说明板支座原位标注的几种情况，如图 4.8 所示。

1）单侧扣筋布置的例子（单跨布置）。单侧扣筋①号钢筋：在扣筋的上部标注：①±8@150；在扣筋的下部标注：1 000。

上述标注表示这个编号为①号的扣筋，规格和间距为_____，从梁_____（边线、中线）向跨内的延伸长度为 1 000 mm。这个扣筋上部标注的后面没有带括号"（　）"的内容，说明这个扣筋①只在当前跨（即一跨）的范围内进行布置。

图中还有两个①号扣筋，只作了这样的标注：在扣筋的上部标注：①；在扣筋的下部没有任何标注。这表示这个"①号扣筋"执行前面①号扣筋的原位标注，而且这个①号扣筋是"1 跨"的，如果标注成下列形式：在扣筋的上部标注：①（2），则表示这个①号扣筋是"2 跨"的。

2）双侧扣筋布置的例子（向支座两侧对称延伸）。一根横跨一道框架梁的双侧扣筋②号钢筋。在扣筋的上部标注：②±10@120；在扣筋下部的左侧标注：1 800；在扣筋下部的右侧为空白，没有尺寸标注。

上述标注表示这根②号扣筋从梁_____向左侧跨内的延伸长度为_____ mm，而因为双侧扣筋的右侧没有尺寸标注，则表明该扣筋向支座两侧对称延伸，即向右侧跨内的延伸长度也是_____ mm。如果②号扣筋跨过的梁宽为 300，那么②号扣筋的水平段长度为_____ mm，通用的计算公式为

双侧扣筋的水平段长度＝左侧延伸长度＋＿＿＿＿＿＿＿＿＋右侧延伸长度

3）双侧扣筋布置的例子（向支座两侧非对称延伸）：一根横跨一道框架梁的双侧扣筋③号钢筋。在扣筋的上部标注：③Φ12@120；在扣筋下部的左侧标注：1 800；在扣筋下部的右侧标注：1 400。

表示这根③号扣筋向支座两侧非对称延伸：从梁＿＿＿＿＿＿＿向左侧跨内的延伸长度为＿＿＿＿＿＿＿ mm；从梁＿＿＿＿＿＿＿向右侧跨内的延伸长度为＿＿＿＿＿ mm，如果③号扣筋跨过的梁宽为300。所以，③号扣筋的水平段长度＝＿＿＿＿＿＿＿。

4. 楼板下料长度的计算

（1）楼板的分类（依据配筋特点）：

1）楼板配筋有"＿＿＿＿＿＿＿"和"＿＿＿＿＿＿＿"两种。"单向板"在一个方向上布置"＿＿＿＿＿＿＿"，而在另一个方向上布置"＿＿＿＿＿＿＿"；"双向板"在两个互相垂直的方向上都布置"＿＿＿＿＿＿＿"。

2）配筋的方式有"单层布筋"和"双层布筋"两种。楼板的"单层布筋"就是在板的下部布置＿＿＿＿＿＿＿，在板的周边布置"＿＿＿＿＿＿＿"（即非贯通纵筋）；楼板的"双层布筋"就是板的上部和下部都布置贯通纵筋。

（2）不同种类板的钢筋配置。

1）楼板的下部钢筋。"双向板"在两个受力方向上都布置贯通纵筋；"单向板"在受力方向上布置贯通纵筋，另一个方向上布置分布钢筋。在实际工程中，楼板一般都采用双向布筋。

2）楼板的上部钢筋。"双层布筋"设置上部贯通纵筋；"单层布筋"不设置上部贯通纵筋，而设置上部非贯通纵筋（即扣筋）。对于上部贯通纵筋来说，同样存在双向布筋和单向布筋的区别。对于上部非贯通纵筋（即扣筋）来说，需要布置分布钢筋。

实训二　绘制板的剖面图

如图 4.9 所示为某标高层部分板配筋图。其中，板面负筋所注尺寸为断点到梁边的距离；分布钢筋为 $\phi 8@200$；楼面混凝土强度等级为 $\Phi 25$；①、②轴线上的 y 向梁断面尺寸为 240 mm×600 mm，Ⓐ、Ⓑ轴线上的 x 向梁断面尺寸为 240 mm×400 mm；梁的保护层厚度 $c_1=25$ mm，板的保护层厚度 $c_2=20$ mm

根据板平法施工图相关信息，识读 LB1 板，绘制 LB1 板给定剖面的纵向钢筋排布图。

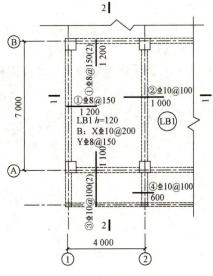

图 4.9　部分板配筋图

实训三　绘制板的构造详图

对接"1＋X"建筑工程识图职业技能证书、职业院校"建筑工程识图"技能大赛绘制板的构造详图：

x 方向、y 方向的梁宽度均为 300 mm，x 方向、y 方向的框架梁上部纵筋直径均为 25 mm，梁的箍筋直径为 10 mm。混凝土强度等级为 C30，二级抗震等级。绘制图⑤～⑥/Ⓐ～ⒷLB1 构造详图、绘制图②～③/Ⓒ～Ⓓx 向板在端支座的锚固构造。

绘制要求：

（1）绘制图 4.8 所示⑤～⑥/Ⓐ～ⒷLB1 构造详图，并标注出板厚、钢筋的配筋信息、锚固长度、第一根板筋的定位尺寸（距梁边）。

（2）绘制图 4.8 所示②～③/Ⓒ～Ⓓx 向板在端支座的锚固构造，并表达出与梁外侧纵筋、与板底贯通纵筋、其他非贯通纵筋的关系。

（3）绘制比例为 1∶1，出图比例为 1∶25。

典型岗位职业能力综合实训：钢筋配料单编制

班级＿＿＿＿＿＿＿＿　　姓名＿＿＿＿＿＿＿＿　　学号＿＿＿＿＿＿＿＿

【知识要点】

（1）板上部支座端纵筋锚固直线段要求：$\geqslant 0.4 l_{ab}$。

（2）上部纵筋在端支座应伸至梁支座外侧纵筋内侧后弯折 $15d$，当平直段长度分别$\geqslant l_a$、$\geqslant l_{aE}$时可不弯折。

（3）板下部与支座垂直的贯通纵筋：伸入支座 $5d$ 且至少到梁中线。

【任务实施】

实训任务：楼板钢筋配料单设计。

（1）所用原始材料。以图 4.8 为例计算楼板钢筋计算长度。x 方向的梁宽度均为 300 mm，y 方向的梁宽度均为 250 mm，均为轴线居中。x 方向的上部纵筋直径为 25 mm，y 方向的上部纵筋直径为 22 mm，梁的箍筋直径为 10 mm。混凝土强度等级为 C30，二级抗震等级。

（2）钢筋配料单。要求计算板 18.870～26.670 范围内一层板的钢筋配料，并编制钢筋配料表（表 4.25）。

【技能训练】

通过楼板钢筋配料单设计，掌握楼板平法施工图识读，学会计算钢筋下料长度，能够编制钢筋配料表（表 4.25）。可以根据实际情况选择一、二个板块进行练习。

表 4.25　钢筋配料表

构件名称	钢筋编号	简图	直径/mm	钢筋级别	下料长度/mm	单位根数	合计根数

构件 名称	钢筋 编号	简图	直径 /mm	钢筋 级别	下料长度 /mm	单位 根数	合计 根数

续表

构件名称	钢筋编号	简图	直径/mm	钢筋级别	下料长度/mm	单位根数	合计根数

学习情景 5

基础平法施工图识读与钢筋配料单编制

导 读　　基础是指建筑物地面以下的承重结构。基础平法学习情境，通过学习独立基础、条形基础的平法制图规则，构造详图、翻样及案例，学生能够熟练掌握独立基础和条形基础基础底板、条形基础基础梁施工图的识读方法和识读要点、构造详图，学会钢筋翻样和钢筋计算。

素养元素引入　　由"基础"展开，引入"万丈高楼平地起，全靠基础做得好"，引导学生循序渐进，从易到难，打好基础。同时，联系到扣好人生的第一粒扣子，树立正确的价值观。

5.1　基础类型

在民用建筑中，常见的钢筋混凝土基础按构造形式可分为条形基础、独立基础、筏形基础、箱形基础和桩基础等。

5.1.1　条形基础

当建筑物的上部结构采用墙体承重时，下面的基础设置通常是连续的条形基础；若上部建筑结构为柱子承重或地基软弱时，基础也常做成带有地梁的条形基础，如图5.1所示。

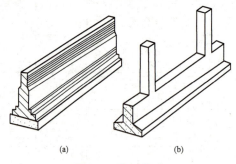

(a)　　　　　　　　　　　　(b)

图 5.1　条形基础

（a）墙下条形基础；（b）柱下条形基础

5.1.2　独立基础

当建筑物上部结构为梁、柱构成的框架、排架及其他类似结构，或建筑物上部为墙承重结构，但基础要求埋深较大时，均可采用独立基础。独立基础有阶形和锥形，如图 5.2 所示。

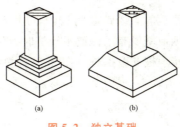

图 5.2　独立基础
（a）阶形；（b）锥形

5.1.3　筏形基础

当上部结构荷载较大，而所在地的地基承载力又较软弱时，采用简单的条形基础或井格基础已不能适应地基变形的需要时，常将墙或柱下基础连成一片，使整个建筑物的荷载作用在一块整板上，这种基础称为筏形基础。筏形基础有平板式和梁板式，如图 5.3 所示。

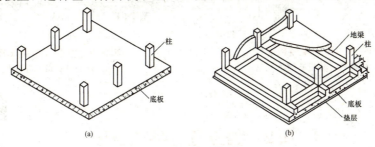

图 5.3　筏形基础
（a）平板式；（b）梁板式

5.1.4　箱形基础

箱形基础是由钢筋混凝土底板、顶板、外墙及一定数量的内墙组成的。其整体性好，刚度大，调整不均匀沉降能力及抗震能力强，减少基底处原有地基自重应力。箱形基础适用于软弱地基上的面积较小、平面形状简单，上部结构荷载大且分布不均匀的高层建筑物基础。箱形基础如图 5.4 所示。

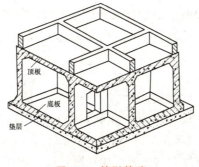

图 5.4　箱形基础

5.1.5　桩基础

当建筑较大的工业与民用建筑时，若地基的软弱土层较厚，采用浅埋基础不能满足地基强度和变形要求，做其他人工地基没有条件或不经济时，常采用桩基础。

桩基础按受力方式可分为端承桩和摩擦桩（图 5.5）；按施工方法可分为预制桩和灌注桩（图 5.6）。

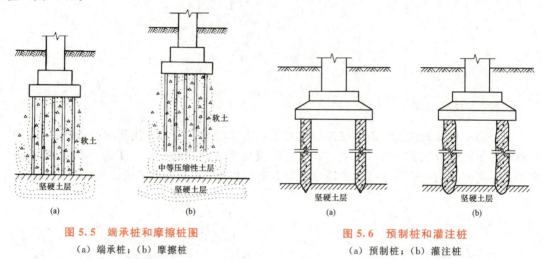

图 5.5　端承桩和摩擦桩图
（a）端承桩；（b）摩擦桩

图 5.6　预制桩和灌注桩
（a）预制桩；（b）灌注桩

5.2　独立基础平法识图

微课：独立基础
平法识图

5.2.1　独立基础平法施工图的表示方法

独立基础平法施工图有平面注写、截面注写和列表注写三种表达方式，设计者可根据具体工程情况选择一种，或将两种方式相结合进行独立基础的施工图设计。

（1）当绘制独立基础平面布置图时，应将独立基础平面与基础所支承的柱一起绘制。当设置基础联系梁时，可根据图面的疏密情况，将基础联系梁与基础平面布置图一起绘制，或将基础联系梁布置图单独绘制。

（2）在独立基础平面布置图上应标注基础定位尺寸；当独立基础的柱中心线或杯口中心线与建筑轴线不重合时，应标注其定位尺寸。编号相同且定位尺寸相同的基础，可仅选择一个进行标注。

（3）结构平面的坐标方向。

1）当两向轴网正交布置时，图面从左至右为 x 向，从下至上为 y 向。

2）当轴网转折时，局部坐标方向顺轴网转折角度做相应转折。

3）当轴网向心布置时，切向为 x 向，径向为 y 向。

此外，对于平面布置比较复杂的区域，如轴网转折交界区域、向心布置的核心区域等，其平面坐标方向应由设计者另行规定并在图上明确表示。

5.2.2　独立基础平法平面注写方式钢筋识读要点

1. 独立基础构件平法识图知识体系

《混凝土结构施工图平面整体表示方法制图规则和构造详图（独立基础、条形基础、筏形基础、桩基础）》（22G101—3）第 1—3～1—15 页讲述的是独立基础构件制图规则，知识体系见表 5.1。

表 5.1　独立基础构件平法识图知识体系

平法表达方式	平面注写方式
	截面注写方式
集中标注	编号
	截面竖向尺寸
	配筋
	标高差（选注）
	必要的文字注解（选注）
原位标注	截面平面尺寸
	多柱独立基础基础梁钢筋

2. 独立基础集中标注的内容

普通独立基础和杯口独立基础的集中标注，是在基础平面图上集中引注：基础编号、截面竖向尺寸、配筋三项必注内容，以及基础底面标高（与基础底面基准标高不同时）和必要的文字注解两项选注内容。

除无基础配筋内容外，素混凝土普通独立基础的集中标注均与钢筋混凝土普通独立基础相同。

（1）注写独立基础编号。注写独立基础编号（必注内容）。编号由代号和序号组成，应符合表 5.2 的规定。

表 5.2　独立基础编号

类型	基础底板截面形状	代号	序号	二维图例	三维图例
普通独立基础	阶形	DJj	××		
	锥形	DJz	××		

类型	基础底板截面形状	代号	序号	二维图例	三维图例
杯口独立基础	阶形	BJj	××		杯口 底板
	锥形	BJz	××		杯口 底板

（2）注写独立基础截面竖向尺寸（必注内容）。普通独立基础截面竖向尺寸见表 5.3，杯口独立基础见表 5.4。

表 5.3　普通独立基础竖向截面尺寸

普通独立基础，注写 $h_1/h_2/\cdots\cdots$			
基础底板截面形状	说明	示意图	案例
阶形截面	当为多阶时，各阶尺寸自下而上用"/"分隔顺写。 当基础为单阶时，其竖向尺寸仅为一个，即基础总高度		例：当阶形截面普通独立基础 DJj×× 的竖向尺寸注写为 400/300/300 时，表示 $h_1=400$ mm、$h_2=300$ mm、$h_3=300$ mm，基础底板总高度为 1 000 mm
			例：当单阶普通独立基础 DJj×× 的竖向尺寸注写为 300 时，表示 $h_1=300$ mm，基础底板总高度为 300 mm

基础底板截面形状	说明	示意图	案例
锥形截面	注写为 h_1/h_2	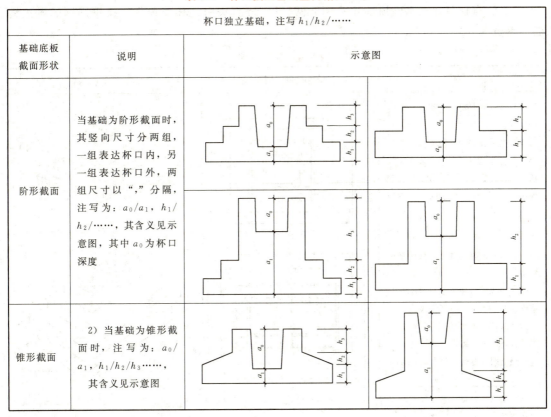	例：当锥形截面普通独立基础 DJz×× 的竖向尺寸注写为 350/300 时，表示 $h_1 = 350$ mm、$h_2 = 300$ mm，基础底板总高度为 650 mm

表5.4 杯口独立基础竖向截面尺寸

杯口独立基础，注写 $h_1/h_2/\cdots\cdots$		
基础底板截面形状	说明	示意图
阶形截面	当基础为阶形截面时，其竖向尺寸分两组，一组表达杯口内，另一组表达杯口外，两组尺寸以"，"分隔，注写为：a_0/a_1，$h_1/h_2/\cdots\cdots$，其含义见示意图，其中 a_0 为杯口深度	
锥形截面	2) 当基础为锥形截面时，注写为：a_0/a_1，$h_1/h_2/h_3\cdots\cdots$，其含义见示意图	

（3）注写独立基础配筋（必注）。

1）注写独立基础底板配筋。普通独立基础和杯口独立基础的底部双向配筋注写规定如下：

①以 B 代表各种独立基础底板的底部配筋。

②x 向配筋以 X 打头、y 向配筋以 Y 打头注写；当两向配筋相同时，则以 X&Y 打头注写。

【例】当独立基础底板配筋标注为：B：XΦ16@150，YΦ16@200，表示基础底板底部配置 HRB400 级钢筋，x 向钢筋直径为 16 mm，间距为 150 mm；y 向钢筋直径为 16 mm，间距为 200 mm，如图 5.7 所示。

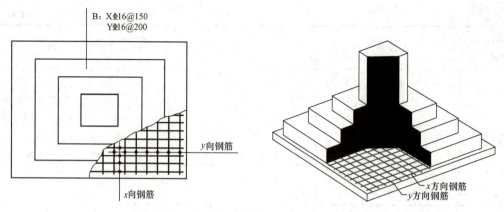

图 5.7　独立基础底板底部双向配筋示意

2）注写杯口独立基础顶部焊接钢筋网。以 Sn 打头引注杯口顶部焊接钢筋网的各边钢筋，见表 5.5。

表 5.5　独立基础顶部焊接钢筋网示意

案例	二维焊接钢筋网示意	焊接钢筋网示意
单杯口独立基础顶部焊接钢筋网示意 　例：当单杯口独立基础顶部焊接钢筋网标注为 Sn 2Φ14，表示杯口顶部每边配置 2 根 HRB400 级直径为 14 mm 的焊接钢筋网（本图只表示钢筋网）	Sn 2Φ14	
双杯口独立基础顶部焊接钢筋网示意 　例：当双杯口独立基础顶部焊接钢筋网标注为 Sn 2Φ16，表示杯口每边和双杯口中间杯壁的顶部均配置 2 根 HRB400 级直径为 16 mm 的焊接钢筋网（本图只表示钢筋网）	Sn 2Φ16	

注：当双杯口独立基础中间杯壁厚度小于 400 mm 时，在中间杯壁中配置构造钢筋见图集 22G101—3 第 2—15 页，设计不注

3）注写高杯口独立基础的短柱配筋（也适用于杯口独立基础杯壁有配筋的情况）。具体注写规定见表 5.6。

表 5.6　高杯口独立基础的短柱配筋

①以 O 代表短柱配筋。
②先注写短柱纵筋，再注写箍筋。注写为：角筋/x 边中部筋/y 边中部筋，箍筋（两种间距，短柱杯口壁内箍筋间距/短柱其他部位箍筋间距）。
③对于双高杯口独立基础的短柱配筋，注写形式与单高杯口相同。见示意图（本图只表示基础短柱纵筋与矩形箍筋）

续表

案例	图示
高杯口独立基础短柱配筋示意 例：当高杯口独立基础的短柱配筋标注为：O 4Φ20/5Φ16/5Φ16，ϕ10 @ 150/300，表示高杯口独立基础的短柱配置 HRB400 竖向纵筋和 HPB300 箍筋。其竖向纵筋为：角筋 4Φ20、x 边中部筋 5Φ16、y 边中部筋 5Φ16；其箍筋直径为 10 mm，短柱杯口壁内间距 150 mm，短柱其他部位间距 300 mm（本图只表示基础短柱纵筋与矩形箍筋）	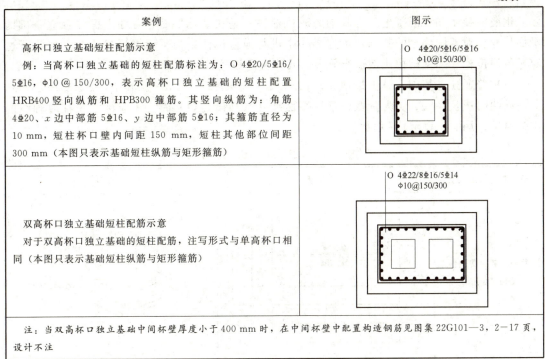
双高杯口独立基础短柱配筋示意 对于双高杯口独立基础的短柱配筋，注写形式与单高杯口相同（本图只表示基础短柱纵筋与矩形箍筋）	
注：当双高杯口独立基础中间杯壁厚度小于 400 mm 时，在中间杯壁中配置构造钢筋见图集 22G101—3，2—17 页，设计不注	

4）注写普通独立基础带短柱竖向尺寸及钢筋。当独立基础埋深较大，设置短柱时，短柱配筋应注写在独立基础中。具体注写规定见表 5.7。

表 5.7　高杯口独立基础短柱配筋

案例	图示
①以 DZ 代表普通独立基础短柱。 ②先注写短柱纵筋，再注写箍筋，最后注写短柱标高范围。注写为：角筋/x 边中部筋/y 边中部筋，箍筋，短柱标高范围	
独立基础短柱配筋示意 例：当短柱配筋标注为：DZ 4Φ20/5Φ18/5Φ18，ϕ10 @ 100，$-2.500 \sim -0.050$，表示独立基础的短柱设置在 $-2.500 \sim -0.050$ m 高度范围内，配置 HRB400 级竖向纵筋和 HPB300 级箍筋。其竖向纵筋为：角筋 4Φ20、x 边中部筋 5Φ18、y 边中部筋 5Φ18；其箍筋直径为 10 mm，间距为 100 mm	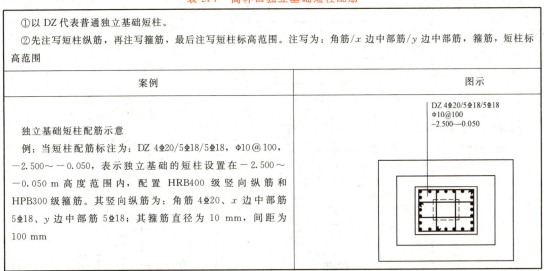

（4）注写基础底面标高（选注内容）。当独立基础的底面标高与基础底面基准标高不同时，应将独立基础底面标高直接注写在"（　　）"内。

（5）必要的文字注解（选注内容）。当独立基础的设计有特殊要求时，宜增加必要的文字注解。例如，基础底板配筋长度是否采用减短方式等，可在该项内注明。

3. 原位标注

钢筋混凝土和素混凝土独立基础的原位标注，是在基础平面布置图上标注独立基础的平面尺寸。对相同编号的基础，可选择一个进行原位标注；当平面图形较小时，可将所选定进行原位标注的基础按比例适当放大；其他相同编号者仅注编号。

（1）普通独立基础。原位标注 x、y，x_i、y_i，$i=1$，2，3…。其中，x、y 为普通独立基础两向边长，x_i、y_i 为阶宽或锥形平面尺寸（当设置短柱时，还应标注短柱对轴线的定位情况，用 x_{DZi} 表示），见表5.8。

表 5.8　普通独立基础原位标注

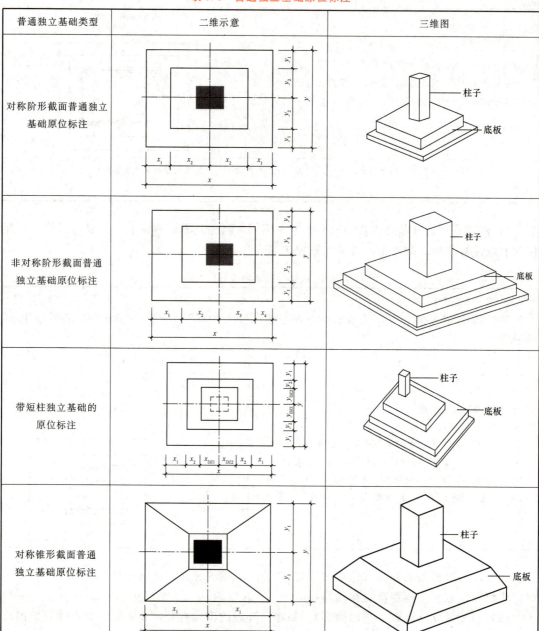

续表

普通独立基础类型	二维示意	三维图
非对称锥形截面普通独立基础原位标注	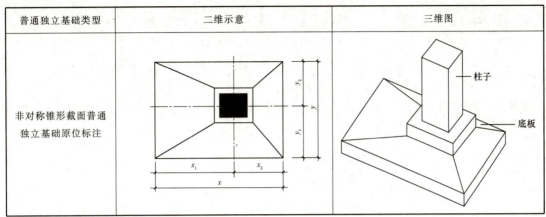	

（2）杯口独立基础。原位标注 x、y，x_u、y_u，x_{ui}、y_{ui}，t_i，x_i、y_i，$i=1$，2，3…。其中，x、y 为杯口独立基础两向边长，x_u、y_u 为杯口上口尺寸，x_{ui}、y_{ui} 为杯口上口边到轴线的尺寸，t_i 为杯壁上口厚度，下口厚度为 t_i+25 mm，x_i、y_i 为阶宽或锥形截面尺寸。杯口上口尺寸 x_u、y_u，按柱截面边长两侧双向各加 75 mm。杯口独立基础原位标注见表 5.9。

表 5.9　杯口独立基础原位标注

杯口独立基础类型	二维示意	三维图
阶形截面杯口独立基础原位标注（一）	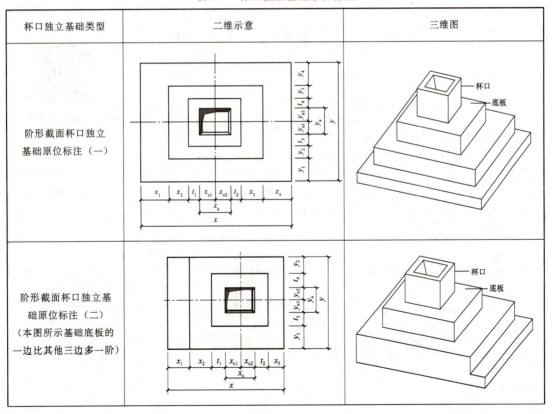	
阶形截面杯口独立基础原位标注（二）（本图所示基础底板的一边比其他三边多一阶）		

续表

杯口独立基础类型	二维示意	三维图
锥形截面杯口独立基础原位标注（一）	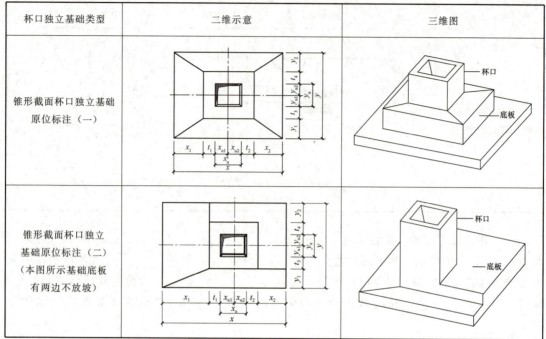	
锥形截面杯口独立基础原位标注（二）（本图所示基础底板有两边不放坡）		

5.3 独立基础平法钢筋构造

5.3.1 独立基础底板配筋构造

独立基础底板配筋构造见表 5.10。

表 5.10 独立基础底板配筋构造

基础底板截面形状	二维图示	DJ 底板三维配筋构造	BJ 底板三维配筋构造
阶形	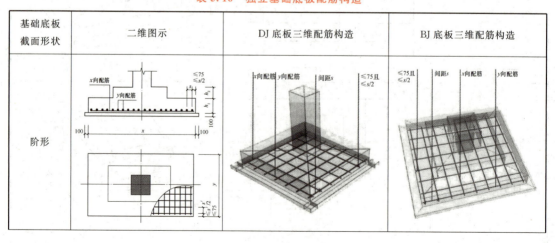		

基础底板截面形状	二维图示	DJ 底板三维配筋构造	BJ 底板三维配筋构造
锥形	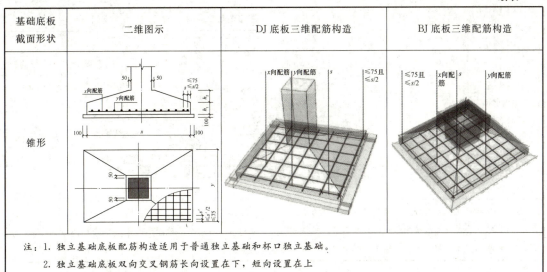		

注：1. 独立基础底板配筋构造适用于普通独立基础和杯口独立基础。

　　2. 独立基础底板双向交叉钢筋长向设置在下，短向设置在上

5.3.2 双柱普通独立基础配筋构造

双柱普通独立基础配筋构造见表 5.11。

表 5.11 双柱普通独立基础配筋构造

二维图示
双柱普通独立基础底部与顶部配筋构造 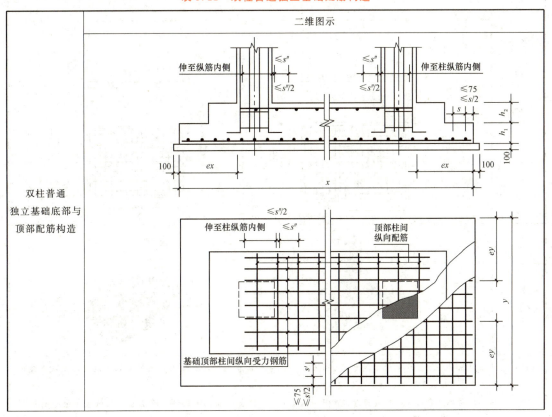

三维图示	
双柱普通 独立基础底部与 顶部配筋构造	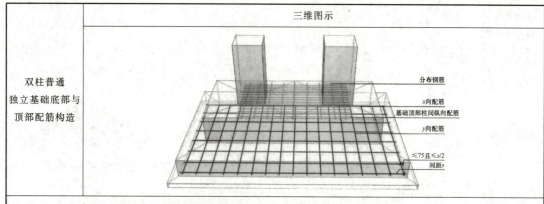

注：1. 双柱普通独立基础底板的截面形状，可为阶形截面 DJj 或锥形截面 DJz。

2. 双柱普通独立基础底部双向交叉钢筋，根据基础两个方向从柱外缘至基础外缘的伸出长度 ex 和 ey 的大小，较大者方向的钢筋设置在下，较小者方向的钢筋设置在上

5.3.3 独立基础底板配筋长度减短10％构造

独立基础底板配筋长度减短10％构造见表5.12。

表 5.12 独立基础底板配筋长度减短 10％ 构造

	对称基础	非对称基础
二维示意	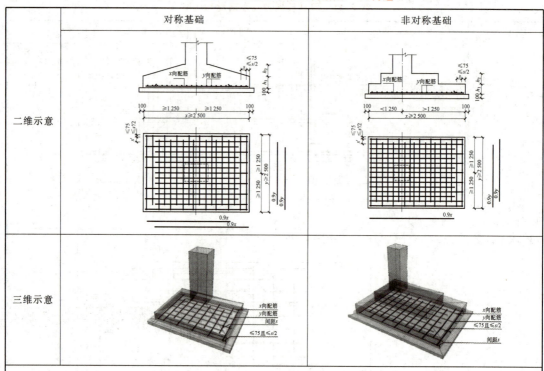	
三维示意		

注：1. 当独立基础底板长度大于或等于 2 500 mm 时，除外侧钢筋外，底板配筋长度可取相应方向底板长度的 0.9 倍，交错放置，四边最外侧钢筋不缩短。

2. 当非对称独立基础底板长度大于或等于 2 500 mm 时，但该基础某侧从柱中心至基础底板边缘的距离小于 1 250 mm 时，钢筋在该侧不应减短

5.3.4　杯口和双杯口独立基础配筋构造

杯口和双杯口独立基础配筋构造，见表 5.13。

表 5.13　杯口和双杯口独立基础配筋构造

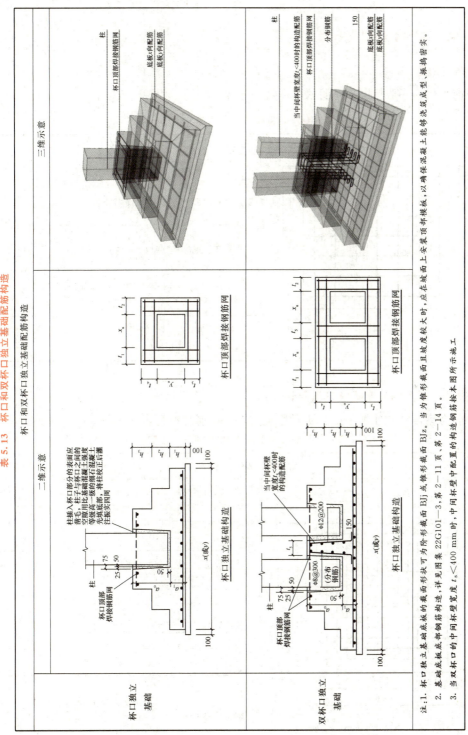

注：1. 杯口独立基础底板的截面形状可为阶形截面 BJj 或锥形截面 BJz。当为锥形截面且坡度较大时，应在坡面上安装顶部模板，以确保混凝土能够浇筑成型、振捣密实。

2. 基础底板底、顶部钢筋构造，详见图集 22G101—3，第 2—11 页，第 2—14 页。

3. 当双杯口的中间杯壁宽度 $t_s < 400$ mm 时，中间杯壁中配置的构造钢筋按本图所示施工。

5.4 独立基础平法钢筋翻样

5.4.1 独立基础平法钢筋翻样

1. 一般情况构造

以 x 方向为例，一般情况构造见表 5.14。

表 5.14 独立基础一般构造

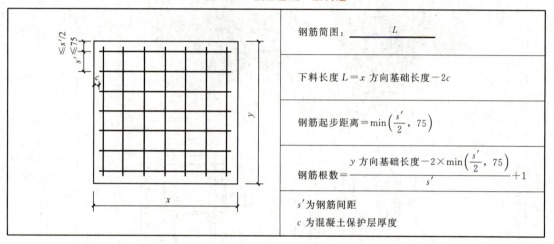

	钢筋简图： L
	下料长度 $L = x$ 方向基础长度 $-2c$
	钢筋起步距离 $= \min\left(\dfrac{s'}{2}, 75\right)$
	钢筋根数 $= \dfrac{y \text{ 方向基础长度} - 2 \times \min\left(\dfrac{s'}{2}, 75\right)}{s'} + 1$
	s' 为钢筋间距 c 为混凝土保护层厚度

2. 独立基础底板配筋长度减短 10% 翻样

以 x 方向为例，对称独立基础、非对称独立基础钢筋翻样见表 5.15。

表 5.15 独立基础底板配筋长度减短 10% 钢筋翻样

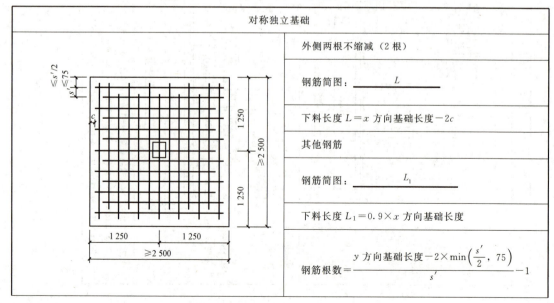

对称独立基础	
	外侧两根不缩减（2 根）
	钢筋简图： L
	下料长度 $L = x$ 方向基础长度 $-2c$
	其他钢筋
	钢筋简图： L_1
	下料长度 $L_1 = 0.9 \times x$ 方向基础长度
	钢筋根数 $= \dfrac{y \text{ 方向基础长度} - 2 \times \min\left(\dfrac{s'}{2}, 75\right)}{s'} - 1$

续表

非对称独立基础	
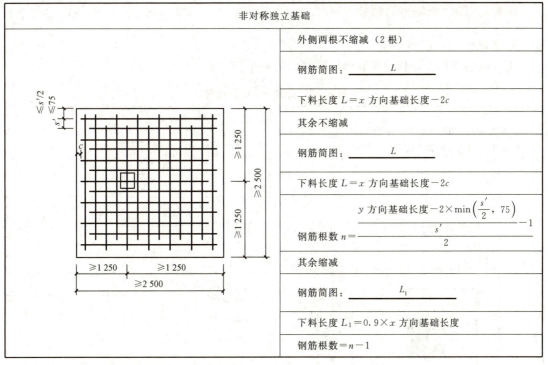	外侧两根不缩减（2 根）
	钢筋简图：　　　L
	下料长度 $L = x$ 方向基础长度 $- 2c$
	其余不缩减
	钢筋简图：　　　L
	下料长度 $L = x$ 方向基础长度 $- 2c$
	钢筋根数 $n = \dfrac{y \text{ 方向基础长度} - 2 \times \min\left(\dfrac{s'}{2},\ 75\right)}{s'} - 1$
	其余缩减
	钢筋简图：　　　L_1
	下料长度 $L_1 = 0.9 \times x$ 方向基础长度
	钢筋根数 $= n - 1$

3. 双柱独立基础底板顶部钢筋翻样

以 x 方向为例，双柱独立基础底板顶部钢筋翻样见表 5.16。

表 5.16　双柱独立基础底板顶部钢筋翻样

双柱独立基础	纵向受力筋根数
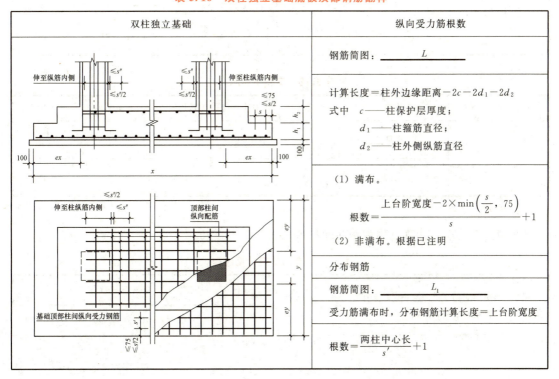	钢筋简图：　　　L
	计算长度 = 柱外边缘距离 $- 2c - 2d_1 - 2d_2$ 式中　c ——柱保护层厚度； 　　　d_1 ——柱箍筋直径； 　　　d_2 ——柱外侧纵筋直径
	（1）满布。 $$\text{根数} = \frac{\text{上台阶宽度} - 2 \times \min\left(\dfrac{s}{2},\ 75\right)}{s} + 1$$ （2）非满布。根据已注明
	分布钢筋
	钢筋简图：　　　L_1
	受力筋满布时，分布钢筋计算长度 = 上台阶宽度
	$$\text{根数} = \frac{\text{两柱中心长}}{s'} + 1$$

5.4.2　独立基础钢筋翻样

1. 案例一

案例内容要求，计算过程和钢筋配料单见表 5.17、表 5.18。

表 5.17　案例一及计算过程

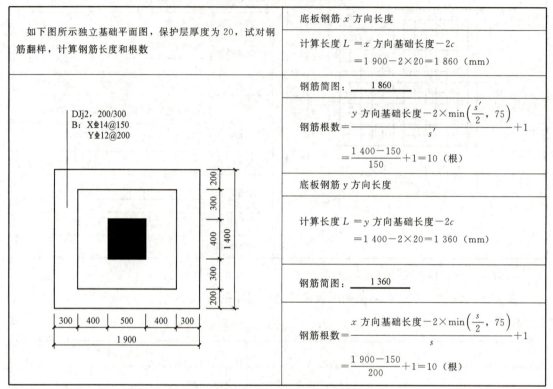

如下图所示独立基础平面图，保护层厚度为 20，试对钢筋翻样，计算钢筋长度和根数	底板钢筋 x 方向长度
	计算长度 $L = x$ 方向基础长度 $-2c$ $= 1\,900 - 2 \times 20 = 1\,860$（mm）
	钢筋简图：　1 860
	钢筋根数 $= \dfrac{y\,方向基础长度 - 2 \times \min\left(\dfrac{s'}{2},\ 75\right)}{s'} + 1$ $= \dfrac{1\,400 - 150}{150} + 1 = 10$（根）
	底板钢筋 y 方向长度
	计算长度 $L = y$ 方向基础长度 $-2c$ $= 1\,400 - 2 \times 20 = 1\,360$（mm）
	钢筋简图：　1 360
	钢筋根数 $= \dfrac{x\,方向基础长度 - 2 \times \min\left(\dfrac{s}{2},\ 75\right)}{s} + 1$ $= \dfrac{1\,900 - 150}{200} + 1 = 10$（根）

表 5.18　钢筋下料单

构件名称	编号	简图	钢筋级别	钢筋直径	下料长度/mm	钢筋根数	备注
独立基础	①	1 860	⊈	14	1 860	10	x 向
	②	1 360	⊈	12	1 360	10	y 向

2. 案例二

案例内容要求，计算过程和钢筋配料单见表 5.19、表 5.20。

表 5.19　案例二及计算过程

如下图所示独立基础平面图，保护层厚度为 40，试对钢筋翻样，计算钢筋长度和根数	底板 x 方向钢筋　⊈14
	外侧两根不缩减（2 根）

续表

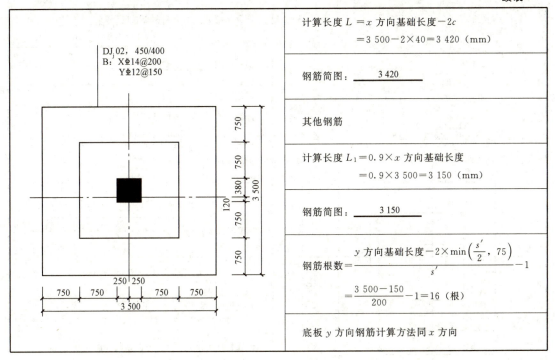

	计算长度 $L = x$ 方向基础长度 $-2c$
	$\qquad = 3\ 500 - 2 \times 40 = 3\ 420$（mm）

钢筋简图：　　3 420

其他钢筋

计算长度 $L_1 = 0.9 \times x$ 方向基础长度
$\qquad = 0.9 \times 3\ 500 = 3\ 150$（mm）

钢筋简图：　　3 150

钢筋根数 $= \dfrac{y\ 方向基础长度 - 2 \times \min\left(\dfrac{s'}{2},\ 75\right)}{s'} - 1$

$\qquad = \dfrac{3\ 500 - 150}{200} - 1 = 16$（根）

底板 y 方向钢筋计算方法同 x 方向

表 5.20　钢筋配料单

构件名称	编号	简图	钢筋级别	钢筋直径	下料长度/mm	钢筋根数	备注
独立基础	①	3 420	Φ	14	3 420	2	x 向外侧
	②	3 150	Φ	14	1 360	16	x 向其他
	③	3 420	Φ	12	3 420	2	y 向外侧
	④	3 150	Φ	12	1 360	22	y 向其他

3. 案例三

案例内容要求，计算过程和钢筋配料单见表 5.21、表 5.22。

表 5.21　案例三及计算过程

如下图所示独立基础平面图，保护层厚度为 40，试对钢筋翻样，计算钢筋长度和根数	底板 x 方向钢筋　Φ14
	外侧两根不缩减（2 根）

续表

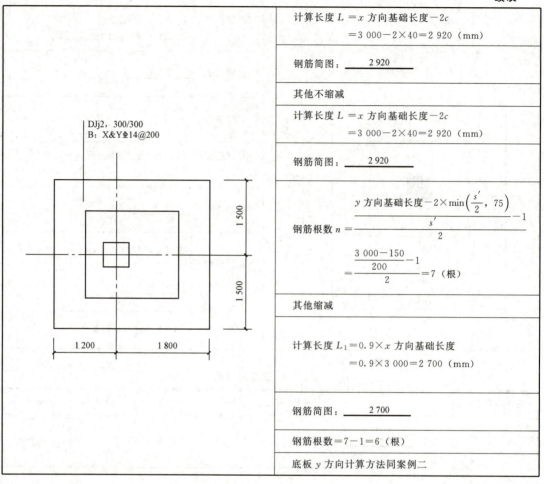

	计算长度 $L = x$ 方向基础长度 $-2c$ $= 3\,000 - 2 \times 40 = 2\,920$（mm）
	钢筋简图： 2 920
	其他不缩减
	计算长度 $L = x$ 方向基础长度 $-2c$ $= 3\,000 - 2 \times 40 = 2\,920$（mm）
	钢筋简图： 2 920
DJj2，300/300 B：X&Y⚌14@200	钢筋根数 $n = \dfrac{y \text{ 方向基础长度} - 2 \times \min\left(\dfrac{s'}{2},\ 75\right)}{\dfrac{s'}{2}} - 1$ $= \dfrac{\dfrac{3\,000 - 150}{200} - 1}{2} = 7$（根）
	其他缩减
	计算长度 $L_1 = 0.9 \times x$ 方向基础长度 $= 0.9 \times 3\,000 = 2\,700$（mm）
	钢筋简图： 2 700
	钢筋根数 $= 7 - 1 = 6$（根）
	底板 y 方向计算方法同案例二

表 5.22 钢筋配料单

构件名称	编号	简图	钢筋级别	钢筋直径	下料长度/mm	钢筋根数	备注
独立基础	①	2 920	⚌	14	2920	11	x 向外侧 2 x 向其余不缩减 7 y 向外侧 2
	②	2 700	⚌	14	1360	20	x 向其他缩减 6 y 向其他 14

4. 案例四

案例内容要求，计算过程见表5.23。

表 5.23 案例四及计算过程

如下图所示独立基础平面图，基础保护层厚度为 20 mm，柱保护层厚度为 25 mm，柱箍筋直径为 10 mm，柱外侧纵筋直径为 25 mm，试对顶部钢筋翻样，计算顶部钢筋下料长度和根数	纵向受力筋	
	下料长度=柱外边缘距离$-2c-2d_1-2d_2$ 　　　　$=1\,200-2\times25-2\times10-2\times25$ 　　　　$=1\,080$（mm）	
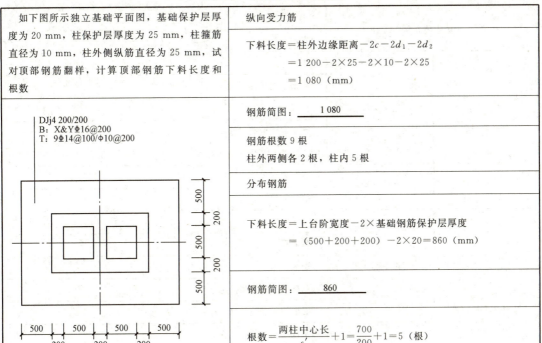	钢筋简图：　　　1 080	
	钢筋根数 9 根 柱外两侧各 2 根，柱内 5 根	
	分布钢筋	
	下料长度=上台阶宽度$-2\times$基础钢筋保护层厚度 　　　　$=（500+200+200）-2\times20=860$（mm）	
	钢筋简图：　　　860	
	根数$=\dfrac{\text{两柱中心长}}{s'}+1=\dfrac{700}{200}+1=5$（根）	

DJj4 200/200
B: X&YΦ16@200
T: 9Φ14@100/Φ10@200

5.5 条形基础平法识图

5.5.1 条形基础平法施工图的表示方法

（1）条形基础平法施工图有平面注写和列表注写两种表达方式，可选择一种，或将两种方式相结合。

（2）当绘制条形基础平面布置图时，应将条形基础平面与基础所支承的上部结构的柱、墙一起绘制。当基础底面标高不同时，需要注明与基础底面基准标高不同之处的范围和标高。

（3）条形基础整体上可分为以下两类：

1）梁板式条形基础。梁板式条形基础适用于钢筋混凝土框架结构、框架-剪力墙结构、部分框支剪力墙结构和钢结构。平法施工图将梁板式条形基础分解为基础梁和条形基础底板分别进行表达。

2）板式条形基础。板式条形基础适用于钢筋混凝土剪力墙结构和砌体结构。平法施工图仅表达条形基础底板。

5.5.2 条形基础构件平法识图知识体系

《混凝土结构施工图平面整体表示方法制图规则和构造详图》（独立基础、条形基础、筏形基础、桩基础》（22G101—3）第 1—16～1—22 页讲述的是条形基础构件制图规则，知识体系见表 5.24。

表 5.24 条形基础构件平法识图知识体系

平法表达方式		平面注写方式
		截面注写方式
条形基础底板	集中标注	编号
		截面竖向尺寸
		配筋
		底板底面标高（选注）
		必要的文字注解（选注）
	原位标注	平面定位尺寸
		修正内容
条形基础基础梁	集中标注	编号
		截面尺寸
		配筋
		基础梁底面标高（选注）
		必要的文字注解（选注）
	原位标注	基础梁支座的底部纵筋
		基础梁的附加箍筋或（反扣）吊筋
		基础梁外伸部位的变截面高度尺寸
		修正内容

5.5.3 条形基础编号

条形基础编号分为基础梁和条形基础底板编号，按表 5.25 规定。

表 5.25 基础梁及条形底板编号

类型		代号	序号	跨数及有无外伸	三维模型图
基础梁		JL	××		
条形基础底板	坡形	TJBp	××	（××）端部无外伸 （××A）一端有外伸 （××B）两端有外伸	
	阶形	TJBj	××		

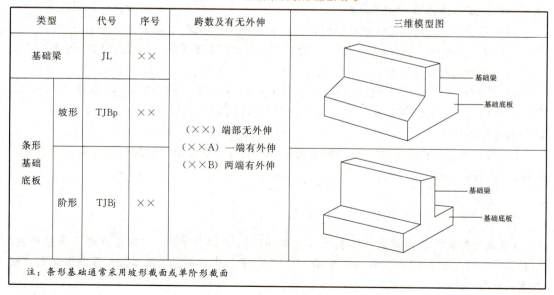

注：条形基础通常采用坡形截面或单阶形截面

5.5.4 条形基础基础梁平面注写方式钢筋识读要点

1. 基础梁 JL 的平面注写方式

基础梁 JL 的平面注写方式分为集中标注和原位标注两部分内容。当集中标注的某项数值不适用于基础梁的某部位时，则将该项数值采用原位标注，施工时，原位标注优先。

3D 模型：条形基础
基础梁内钢筋分解示意

2. 基础梁的集中标注

基础梁的集中标注内容为基础梁编号、截面尺寸、配筋三项必注内容，以及基础梁底面标高（与基础底面基准标高不同时）和必要的文字注解两项选注内容，见表 5.26。

表 5.26 基础梁的平面注写方式

（1）基础梁编号（必注内容）	例如：JL07（2B）
（2）基础梁截面尺寸（必注内容）	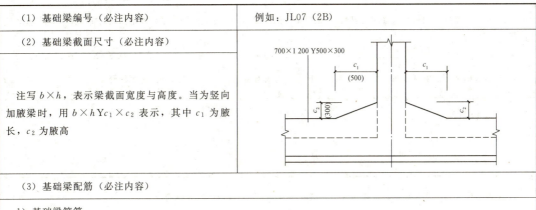
注写 $b×h$，表示梁截面宽度与高度。当为竖向加腋梁时，用 $b×hYc_1×c_2$ 表示，其中 c_1 为腋长，c_2 为腋高	
（3）基础梁配筋（必注内容）	
1）基础梁箍筋	
①当具体设计仅采用一种箍筋间距时，注写钢筋种类、直径、间距与肢数（箍筋肢数写在括号内，下同）	
②当具体设计采用两种箍筋时，用"/"分隔不同箍筋，按照从基础梁两端向跨中的顺序注写。先注写第 1 段箍筋（在前面加注箍筋道数），在斜线后再注写第 2 段箍筋（不再加注箍筋道数）	例如：9Φ16@100/Φ16@200 (6)，表示直径为 16 mm，从梁两端起向跨内按箍筋间距 100 mm 每端各设置 9 道，梁其余部位的箍筋间距为 200 mm，均为 6 肢箍 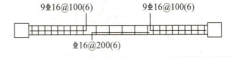
2）注写基础梁底部、顶部及侧面纵向钢筋	
①以 B 打头，注写梁底部贯通纵筋（不应少于梁底部受力钢筋总截面面积的 1/3）。当跨中所注根数少于箍筋肢数时，需要在跨中增设梁底部架立筋以固定箍筋，采用"＋"将贯通纵筋与架立筋相联，架立筋注写在加号后面的括号内	例如：B：4Φ25；T：12Φ25 7/5，表示梁底部配置贯通纵筋为 4Φ25；梁顶部配置贯通纵筋上一排为 7Φ25，下一排为 5Φ25，共 12Φ25
②以 T 打头，注写梁顶部贯通纵筋。注写时用分号"；"将底部与顶部贯通纵筋分隔开，如有个别跨与其不同者按基础梁 JL 原理注写的规定处理	
③当梁底部或顶部贯通纵筋多于一排时，用"/"将各排纵筋自上而下分开	

④以大写字母 G 打头注写梁两侧面对称设置的纵向构造钢筋的总配筋值（当梁腹板高度 h_w 不小于 450 mm 时，根据需要配置）。 当需要配置抗扭纵向钢筋时，梁两个侧面设置的抗扭纵向钢筋以 N 打头。 注： 　a. 当为梁侧面构造钢筋时，其搭接与锚固长度可取为 $15d$。 　b. 当为梁侧面受扭纵向钢筋时，其锚固长度为 l_a，搭接长度为 l_l；其锚固方式同基础梁上部纵筋	例如：G8Φ14，表示梁每个侧面配置纵向构造钢筋 4Φ14，共配置 8Φ14。 例如：N8Φ16，表示梁的两个侧面共配置 8Φ16 的纵向抗扭钢筋，沿截面周边均匀对称设置 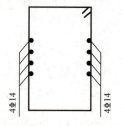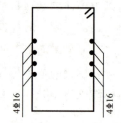
（4）注写基础梁底面标高（选注内容）。当条形基础的底面标高与基础底面基准标高不同时，将条形基础底面标高注写在"（ ）"内	
（5）必要的文字注解（选注内容）。当基础梁的设计有特殊要求时，宜增加必要的文字注解	

3. 原位标注

原位标注见表 5.27。

表 5.27　原位标注

（1）基础梁支座的底部纵筋，是指包含贯通纵筋与非贯通纵筋在内的所有纵筋	
JL01(3A)，300×500 10Φ12@150/250(4) B: 4Φ25; T: 4Φ25 G2Φ14 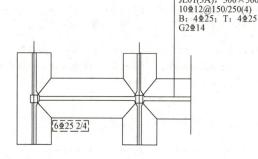	基础梁底部纵筋 6Φ25 2/4，指包括贯通纵筋在内的所有纵筋，上排 2 根，下排 4 根，其中下排 4Φ25 就是集中标注中的贯通纵筋，上排 2Φ25 就是非贯通纵筋
1）当底部纵筋多于一排时，用"/"将各排纵筋自上而下分开	例如：在基础梁支座处原位注写 6Φ25　2/4
2）当同排纵筋有两种直径时，用"+"将两种直径的纵筋相连，注写时将角筋写在前面	例如：在基础梁支座处原位注写 2Φ25＋2Φ22，表示基础梁支座底部有 4 根纵筋，2Φ25 分别放在角部，2Φ22 放在中部
3）当梁支座两边的底部纵筋配置不同时，需在支座两边分别标注；当梁支座两边的底部纵筋相同时，可仅在支座的一边标注	

续表

4）当梁支座底部的全部纵筋与集中注写过的底部贯通纵筋相同时，可不再重复做原位标注	
5）竖向加腋梁加腋部位钢筋，需在设置加腋的支座处以"Y"打头注写在括号内	例如：竖向加腋梁端（支座）处注写为Y4⚊25，表示竖向加腋部位斜纵筋为4⚊25

设计时应注意：对于梁底部在同一个平面上的梁，梁的支座两边配置不同的底部非贯通纵筋时，应先按较小一边的配筋值选配相同直径的纵筋贯穿支座，再将较大一边的配筋差值选配适当直径的钢筋锚入支座，避免造成支座两边大部分钢筋直径不相同的不合理配置结果。

施工及预算方面应注意：当底部贯通纵筋经原位注写修正，出现两种不同配置的底部贯通纵筋时，应在两毗邻跨中配置较小一跨的跨中连接区域进行连接（即配置较大一跨的底部贯通纵筋需伸出至毗邻跨的跨中连接区域。具体位置见标准构造详图）

（2）原位注写基础梁的附加箍筋或（反扣）吊筋	
当两向基础梁十字交叉，但交叉位置无柱时，应根据需要设置附加箍筋或（反扣）吊筋。 将附加箍筋或（反扣）吊筋直接画在平面图中条形基础主梁上，原位直接引注总配筋值（附加箍筋的肢数注在括号内）。当多数附加箍筋或（反扣）吊筋相同时，可在条形基础平法施工图上统一注明。少数与统一注明值不同时，在原位直接引注	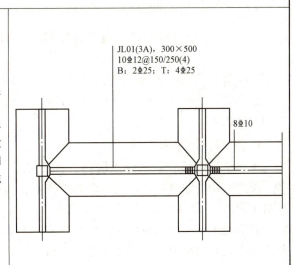 JL01(3A)，300×500 10⚊12@150/250(4) B：2⚊25；T：4⚊25 8⚊10
（3）原位注写基础梁外伸部位的变截面高度尺寸	
当基础梁外伸部位采用变截面高度时，在该部位原位注写$b×h_1/h_2$，h_1为根部截面高度，h_2为尽端截面高度	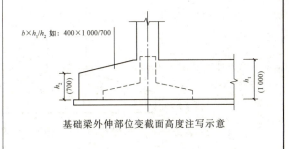 $b×h_1/h_2$ 如：400×1 000/700 基础梁外伸部位变截面高度注写示意

续表

(4) 原位注写修正内容	
当在基础梁上集中标注的某项内容（如截面尺寸、箍筋、底部与顶部贯通纵筋或架立筋、梁侧面纵向构造钢筋、梁底面标高等）不适用于某跨或某外伸部位时，将其修正内容原位标注在该跨或该外伸部位，施工时原位标注取值优先。 当在多跨基础梁的集中标注中已注明竖向加腋，而该梁某跨根部不需要竖向加腋时，则应在该跨原位标注截面尺寸 $b \times h$，以修正集中标注中的竖向加腋要求	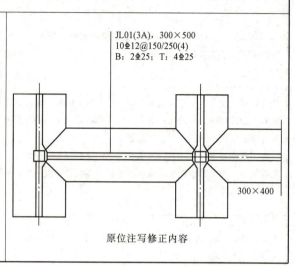 原位注写修正内容

5.5.5 条形基础基础底板平面注写方式钢筋识读要点

1. 条形基础底板的平面注写方式

条形基础底板 TJBp、TJBj 的平面注写方式分为集中标注和原位标注两部分内容。

2. 条形基础底板集中标注

条形基础底板的集中标注内容为条形基础底板编号、截面竖向尺寸、配筋三项必注内容，以及条形基础底板底面标高（与基础底面基准标高不同时）、必要的文字注解两项选注内容。

素混凝土条形基础底板的集中标注，除无底板配筋内容外与钢筋混凝土条形基础底板相同。具体规定见表 5.28。

3D 模型：双梁条形基础底板底部配筋示意

3D 模型：条形基础底板底部配筋示意

表 5.28 原位标注

(1) 注写条形基础底板编号（必注内容）。编号由代号和序号组成		
(2) 注写条形基础底板截面竖向尺寸（必注内容）。注写 $h_1/h_2/\cdots\cdots$		
1) 当条形基础底板为坡形截面时，注写为 h_1/h_2	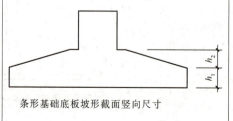 条形基础底板坡形截面竖向尺寸	例如：当条形基础底板为坡形截面 TJBp××，其截面竖向尺寸注写 300/250 时，表示 $h_1=300$ mm，$h_2=250$ mm，基础底板根部总高度为 550 mm

续表

2) 当条形基础底板为阶形截面时	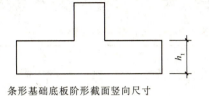条形基础底板阶形截面竖向尺寸	例如：当条形基础底板为阶形截面 TJBj××，其截面竖向尺寸注写为 300 mm 时，表示 $h_1=300$ mm，即基础底板总高度
当为多阶时各阶尺寸自下而上以"/"分隔顺写	条形基础底板阶形截面竖向尺寸	例如：当条形基础底板为阶形截面 TJBj××，其截面竖向尺寸注写为 300/200，表示 $h_1=300$ mm，$h_2=200$ mm 基础底板总高度为 $300+200=500$（mm）

（3）注写条形基础底板底部及顶部配筋（必注内容）。以 B 打头，注写条形基础底板底部的横向受力钢筋；以 T 打头，注写条形基础底板顶部的横向受力钢筋；注写时，用"/"分隔条形基础底板的横向受力钢筋与纵向分布钢筋

例如：当条形基础底板配筋标注为：B：Φ14@150/ϕ8@250；表示条形基础底板底部配置 HRB400 横向受力钢筋，直径为 14 mm，间距为 150 mm；配置 HPB300 级纵向分布钢筋，直径为 8 mm，间距为 250 mm	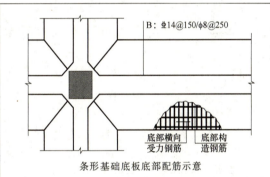条形基础底板底部配筋示意
例如：当为双梁（或双墙）条形基础底板时，除在底板底部配置钢筋外，一般还需在两根梁或两道墙之间的底板顶部配置钢筋，其中横向受力钢筋的锚固长度 l_a 从梁的内边缘（或墙内边缘）起算	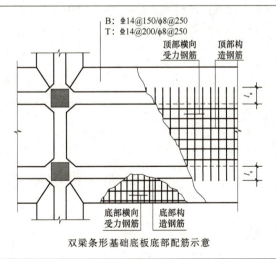双梁条形基础底板底部配筋示意

（4）注写条形基础底板底面标高（选注内容）。当条形基础底板的底面标高与条形基础底面基准标高不同时，应将条形基础底板底面标高注写在"（　　）"内

（5）必要的文字注解（选注内容）。当条形基础底板有特殊要求时，应增加必要的文字注解

3. 条形基础底板原位标注

条形基础底板原位标注内容见表5.29。

表5.29　条形基础底板原位标注

（1）原位注写条形基础底板的平面定位尺寸	
原位标注 b、b_i，$i=1$，2，…。其中，b 为基础底板总宽度，b_i 为基础底板台阶的宽度。当基础底板采用对称于基础梁的坡形截面或单阶形截面时，b_i 可不注	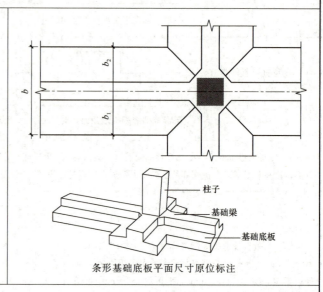条形基础底板平面尺寸原位标注
（2）原位注写修正内容	
当在条形基础底板上集中标注的某项内容，如底板截面竖向尺寸、底板配筋、底板底面标高等，不适用于条形基础底板的某跨或某外伸部分时，可将其修正内容原位标注在该跨或该外伸部位，施工时原位标注取值优先	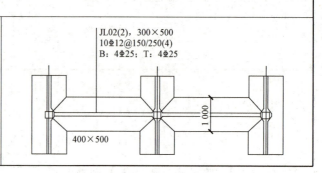

5.6　条形基础平法钢筋构造

5.6.1　条形基础基础梁钢筋构造

基础梁内钢筋有纵向钢筋、箍筋、附加箍筋、附加（反扣）吊筋，基础梁JL纵向钢筋与箍筋构造、附加箍筋构造、附加（反扣）吊筋构造见表5.30，基础梁JL配置两种箍筋、条形基础梁JL端部与外伸部位钢筋构造见表5.31，基础梁JL竖向加腋钢筋构造见表5.32，基础梁JL侧面构造纵筋和拉结筋构造见表5.33。

表 5.30 基础梁 JL 纵向钢筋与箍筋构造、附加箍筋构造、附加（反扣）吊筋构造

顶部贯通纵筋在其连接区内采用搭接、机械连接或焊接。同一连接区段内接头面积百分率不宜大于 50%。当钢筋长度可穿过一连接区到下一连接区并满足连接要求时，宜穿越设置。

底部贯通纵筋在其连接区内采用搭接、机械连接或焊接。同一连接区段内接头面积百分率不宜大于 50%。当钢筋长度可穿过一连接区到下一连接区并满足连接要求时，宜穿越设置。

顶部贯通纵筋连接区

底部非贯通纵筋

底部贯通纵筋连接区

附加箍筋构造
（附加箍筋最大布置范围）
（附加箍筋非必须布满）

附加（反扣）吊筋构造

吊筋高度应根据基础梁高度推算，吊筋顶部平直段与基础梁顶部纵筋净距应满足规范要求。当净距不足时应置于下一排。

基础主梁　基础次梁　吊筋（反扣）

附加箍筋

基础主梁　基础次梁

3D 模型：基础梁 JL 纵向钢筋与箍筋构造

注：
1. 跨度值 l_n 为左跨 l_{ni} 和右跨 l_{ni+1} 之较大值，其中 $i=1,2,3,\cdots$。
2. 节点区内箍筋按梁端箍筋设置。梁相交叉区内的箍筋按截面高度较大的基础梁设置。同跨箍筋有两种时，各自设置范围按具体设计注写。
3. 当两吡邻跨的底部贯通纵筋配置不同时，应将配置较大一跨的底部贯通纵筋越过其标注的跨中连接区伸至邻跨的跨中连接区进行连接。
4. 钢筋连接要求见图集 22G101—3 第 2—4 页。
5. 梁端部与外部伸多于两排时，从第三排起非贯通纵筋向跨内的伸出长度值应由设计者注明。
6. 当相邻梁支座处位于同一层面的交叉钢筋，何梁纵筋在上，应按具体设计说明。
7. 基础梁纵扎搭接区内箍筋设置要求见图集 22G101—3 第 2—4 页。
8. 纵向受力钢筋的交叉纵筋设置见 22G101—3 第 2—4 页。
9. 本页构造同时适用于梁板式筏形基础。

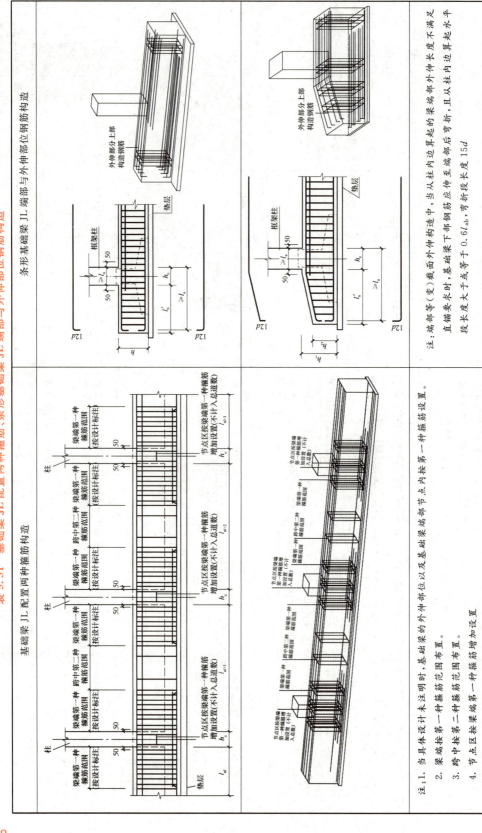

表5.31 基础梁JL配置两种箍筋、条形基础梁JL端部与外伸部位钢筋构造

表 5.32　基础梁 JL 竖向加腋钢筋构造

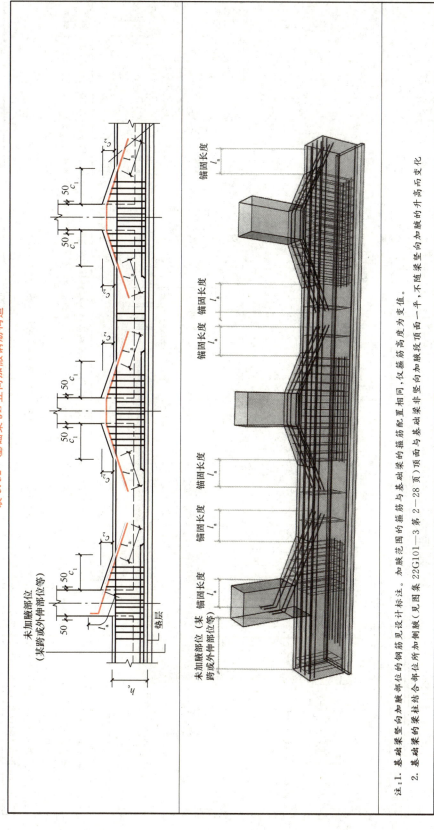

注：1. 基础梁竖向加腋侧的钢筋见设计标注。加腋范围内的箍筋与基础梁的箍筋配置相同，仅箍筋高度为变值。

2. 基础梁的梁柱结合部位所加侧腋（见图集 22G101—3 第 2—28 页）顶面与基础梁顶面一平，不随梁竖向加腋的升高而变化。

表 5.33　基础梁 JL 侧面构造纵筋和拉筋构造

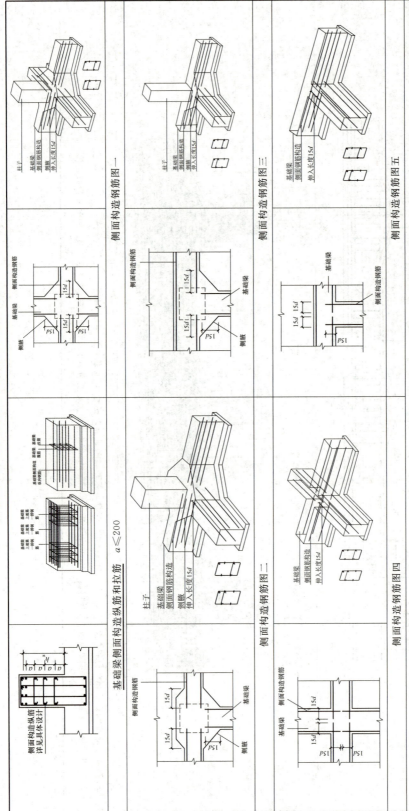

注：1. 基础梁纵向构造钢筋搭接长度为 15d。十字相交的基础梁，当相交位置有柱时，侧面构造纵筋锚入梁包柱入梁内 15d（见侧面构造钢筋图一）；当无柱时，侧面构造纵筋锚入柱内 15d（见侧面构造钢筋图四）。丁字相交的基础梁，当相交位置无柱时，横梁外侧的构造纵筋应贯通，横梁内侧纵筋的构造锚入交叉梁内 15d（见侧面构造钢筋图五）。

2. 梁侧面构造钢筋的拉筋直径除注明者外均为 8 mm，间距为箍筋间距的 2 倍。当设有多排拉筋时，上下两排拉筋竖向错开设置。

3. 基础梁侧面受扭纵筋的搭接长度为 l_l，其锚固长度为 l_a，锚固方式同梁上部纵筋

5.6.2 条形基础底板钢筋构造

1. 条形基础底板交接处钢筋构造

基础梁下条形基础底板交接处钢筋构造有转角、丁字交接、十字交接、无交接等，见表5.34。

微课：条形基础
底板交接处钢筋构造

剪力墙下条形基础底板交接处钢筋构造有转角、丁字交接、十字交接等，见表5.35。

表 5.34 条形基础底板配筋构造（一）

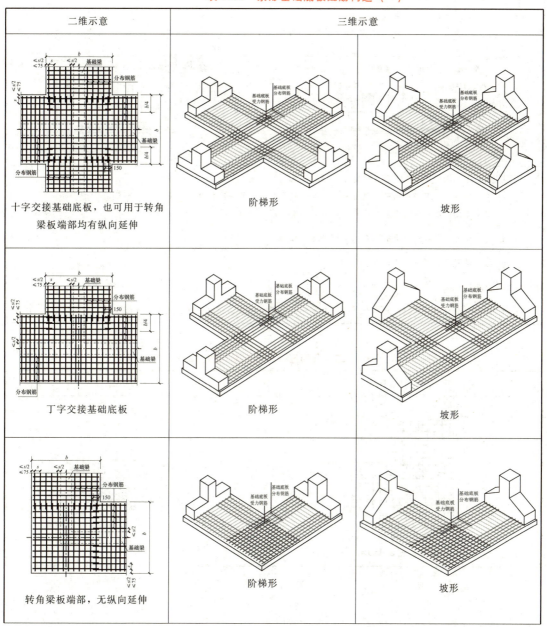

续表

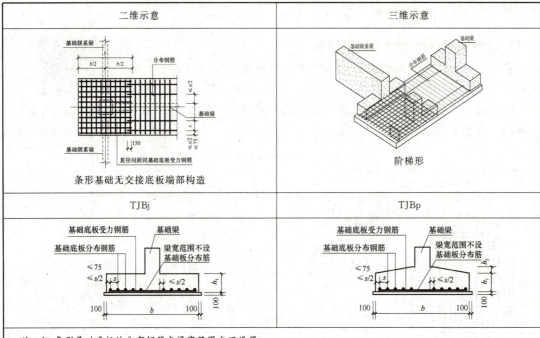

注：1. 条形基础底板的分布钢筋在梁宽范围内不设置。

2. 丁字交接时，丁字横向受力筋贯通布置，丁字竖向受力筋在交接处伸入 $b/4$ 范围布置。

3. 十字交接时，一向受力筋贯通布置，另一向受力筋在交接处伸入 $b/4$ 范围布置。

4. 受力钢筋、分布钢筋均从基础底板边缘起步距离 $\min\left(75,\dfrac{s}{2}\right)$。

5. 基础梁宽范围内不设基础板分布钢筋。

6. 分布钢筋从基础梁边缘 $\dfrac{s}{2}$ 起步。

7. 在两向受力钢筋交接处的网状部位，分布钢筋与同向受力钢筋的搭接长度为 150 mm

表 5.35 条形基础底板配筋构造（二）

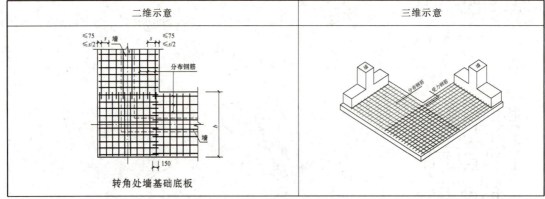

续表

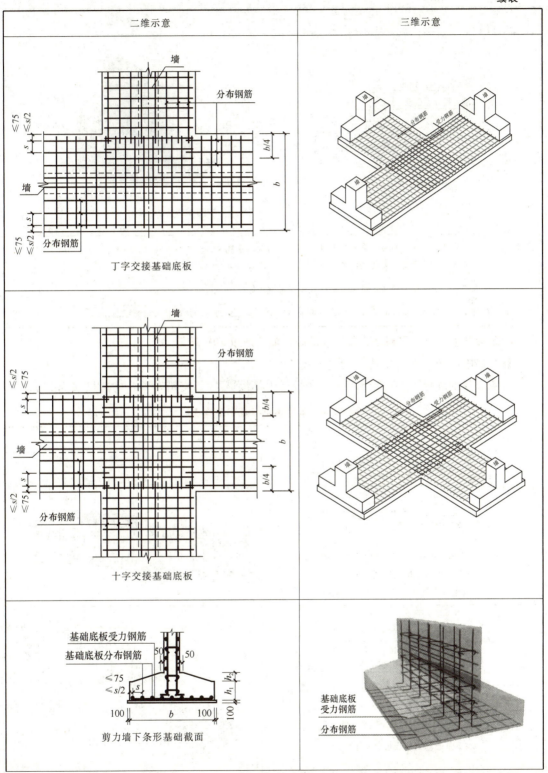

二维示意	三维示意

丁字交接基础底板

十字交接基础底板

剪力墙下条形基础截面

基础底板受力钢筋

基础底板分布钢筋

基础底板受力钢筋

分布钢筋

续表

二维示意	三维示意
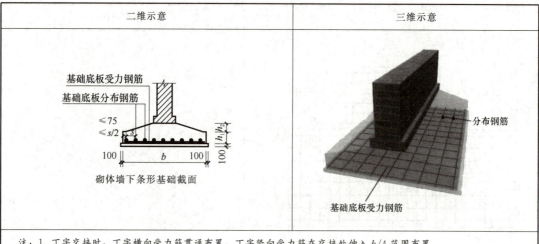	

注：1. 丁字交接时，丁字横向受力筋贯通布置，丁字竖向受力筋在交接处伸入 $b/4$ 范围布置。

2. 十字交接时，一向受力筋贯通布置，另一向受力筋在交接处伸入 $b/4$ 范围布置。

3. 受力钢筋、分布钢筋均从基础底板边缘起步距离 $\min\left(75,\dfrac{s}{2}\right)$。

4. 在两向受力钢筋交接处的网状部位，分布钢筋与同向受力钢筋的构造搭接长度为 150 mm

2. 条形基础底板不平构造、条形基础底板配筋减短 10% 构造

条形基础底板不平时构造，构造见表 5.36。

当条形基础底板≥2 500 mm 时，底板受力筋缩减 10% 交错布置，构造见表 5.36。

表 5.36　条形基础板底不平构造

二维示意	三维图示意
柱下条形基础底板板底不平构造（板底高差坡度 α 取 45° 或按设计）	
墙下条形基础底板板底不平构造	

续表

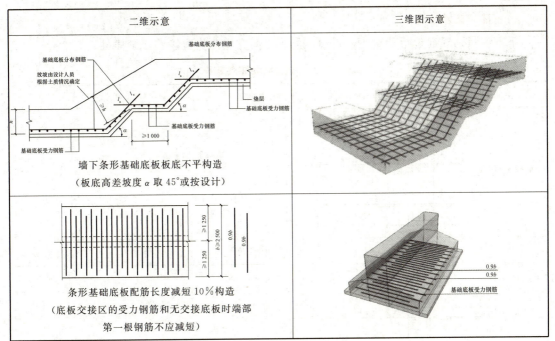

二维示意	三维图示意
墙下条形基础底板板底不平构造 （板底高差坡度 α 取 45°或按设计）	
条形基础底板配筋长度减短 10%构造 （底板交接区的受力钢筋和无交接底板时端部 第一根钢筋不应减短）	

5.7　条形基础平法钢筋翻样

5.7.1　条形基础基础梁钢筋翻样

以端部无外伸为例。

1. 贯通纵筋

贯通纵筋钢筋梁端部外伸长度满足直锚，按直锚构造，翻样见表 5.37。

表 5.37　贯通纵筋钢筋翻样

底部贯通纵筋	
	$L_1=$ 梁全长（包含侧腋）$-2c$ $L_2=15d$ 计算长度$=L_1+2L_2$
顶部贯通纵筋	
	$L_1=$ 梁全长（包含侧腋）$-2c$ $L_2=15d$ 计算长度$=L_1+2L_2$

2. 下部非贯通纵筋

下部非贯通纵筋包括端支座非贯通纵筋、中间支座非贯通纵筋，翻样见表5.38。

表 5.38　非贯通纵筋钢筋翻样

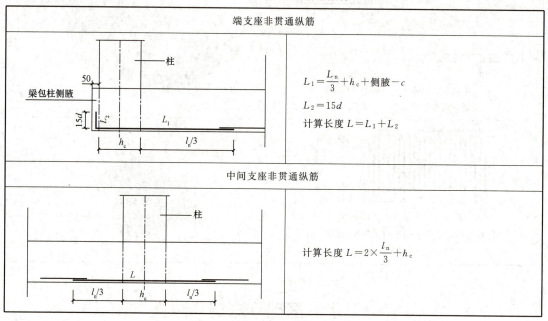

端支座非贯通纵筋

$$L_1 = \frac{L_n}{3} + h_c + 侧腋 - c$$

$$L_2 = 15d$$

计算长度 $L = L_1 + L_2$

中间支座非贯通纵筋

计算长度 $L = 2 \times \frac{l_n}{3} + h_c$

3. 底部架立筋

底部架立筋翻样见表5.39。

表 5.39　底部架立筋钢筋翻样

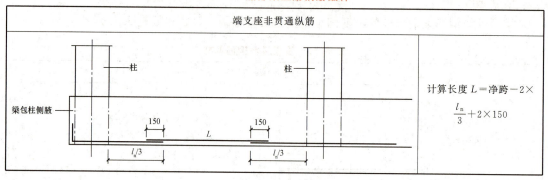

端支座非贯通纵筋

计算长度 $L = 净跨 - 2 \times \frac{l_n}{3} + 2 \times 150$

4. 构造钢筋

构造钢筋翻样见表5.40。

表 5.40　构造钢筋翻样

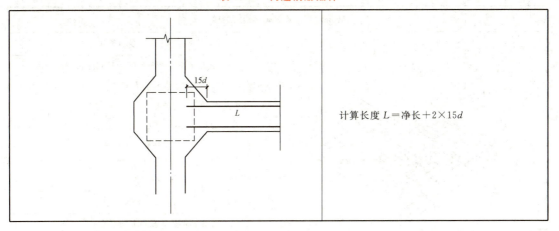

计算长度 L＝净长＋2×15d

5.7.2　条形基础底板钢筋翻样

十字交叉基础底板底部钢筋，丁字交接基础底板底部钢筋，转角处基础底板底部钢筋翻样见表 5.41。

表 5.41　条形基础底板钢筋翻样

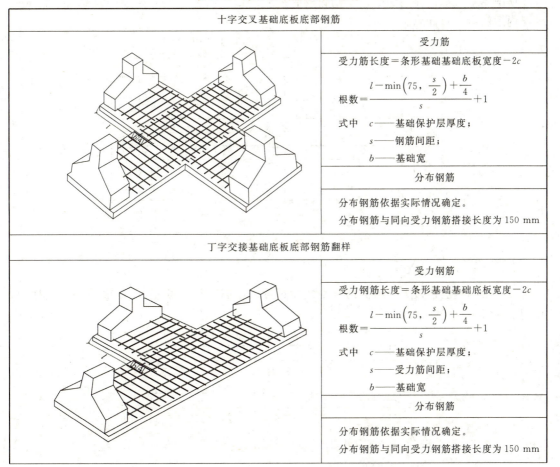

十字交叉基础底板底部钢筋	
	受力筋
	受力筋长度＝条形基础基础底板宽度－2c
	根数＝$\dfrac{l-\min\left(75,\dfrac{s}{2}\right)+\dfrac{b}{4}}{s}+1$
	式中　c——基础保护层厚度；
	s——钢筋间距；
	b——基础宽
	分布钢筋
	分布钢筋依据实际情况确定。 分布钢筋与同向受力钢筋搭接长度为 150 mm
丁字交接基础底板底部钢筋翻样	
	受力钢筋
	受力钢筋长度＝条形基础基础底板宽度－2c
	根数＝$\dfrac{l-\min\left(75,\dfrac{s}{2}\right)+\dfrac{b}{4}}{s}+1$
	式中　c——基础保护层厚度；
	s——受力筋间距；
	b——基础宽
	分布钢筋
	分布钢筋依据实际情况确定。 分布钢筋与同向受力钢筋搭接长度为 150 mm

转角处基础底板底部钢筋翻样	
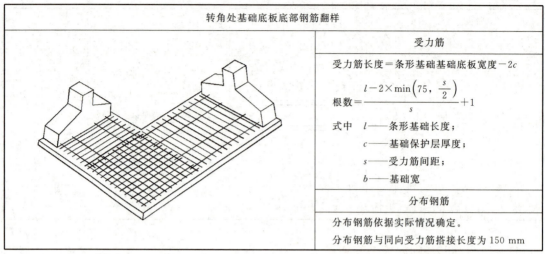	**受力筋** 受力筋长度＝条形基础基础底板宽度－2c 根数＝$\dfrac{l-2\times \min\left(75,\dfrac{s}{2}\right)}{s}+1$ 式中　l——条形基础长度； $\quad\quad c$——基础保护层厚度； $\quad\quad s$——受力筋间距； $\quad\quad b$——基础宽 **分布钢筋** 分布钢筋依据实际情况确定。 分布钢筋与同向受力筋搭接长度为150 mm

5.7.3　条形基础钢筋翻样案例

1. 案例一

如图 5.8 所示，保护层厚：基础底板取 40，顶面及端头取 25，梁包柱侧腋 50。完成基础梁内钢筋翻样及计算。

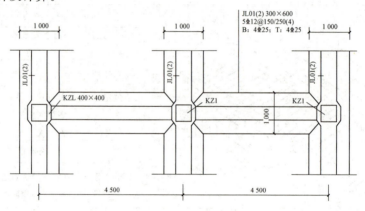

图 5.8　条形基础基础梁平法施工图

（1）熟悉基础梁平法施工图。

（2）绘制钢筋根数大样图。结合平法的识读，绘制本例中的 JL01 钢筋根数的大样图，如图 5.9 所示。

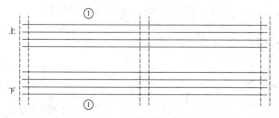

图 5.9　KL1 钢筋根数大样图

（3）钢筋长度计算。

1）钢筋分解。根据构造详图和钢筋根数大样图，对梁内钢筋进行分解，见表 5.42。

表 5.42　钢筋分解

钢筋编号	钢筋描述	钢筋根数	备注
①号筋	上部贯通纵筋	4Φ25	
①号筋	下部贯通纵筋	4Φ25	
②号筋	外大箍	5Φ12@150/250	
③号筋	内小箍	5Φ12@150/250	

2）钢筋长度。贯通纵筋、箍筋钢筋翻样见表 5.43、表 5.44。

表 5.43　贯通纵筋钢筋翻样

①号筋长度（上部贯通纵筋）	
钢筋根数	4Φ25
钢筋简图	375　9 450　375
钢筋下料长度	梁全长（包含侧腋）$-2c+2\times 15d$ $=(4\,500+4\,500+2\times 200+2\times 50-2\times 25)+2\times 15\times 25=10\,200$（mm）
①号筋长度（下部贯通纵筋）	
钢筋根数	4Φ25
钢筋简图	375　9 450　375
钢筋下料长度	梁全长（包含侧腋）$-2c+2\times 15d$ $=(4\,500+4\,500+2\times 200+2\times 50-2\times 25)+2\times 15\times 25=10\,200$（mm）

表 5.44　箍筋翻样

②号筋长度（外大箍）	
钢筋简图	226　526
钢筋下料长度	$2(b-2c)+2(h-2c)+18.5d$ $=2\times(300-50)+2\times(600-50)+18.5\times 12=1\,822$（mm）
	$\max(1.5\times 600,\ 500)=900$

③号筋长度（内小箍）	
钢筋简图	
钢筋下料长度	内小箍内包宽度：$\dfrac{300-50-24-25}{3}+25=92$（mm） 内小箍内包高度：$600-50-24=526$（mm） 内小箍宽度：$\dfrac{300-50-24-25}{3}+25+24=116$（mm）（外包） 内小箍高度：$600-50=550$（mm）（外包） 内小箍长度 $2\times116+2\times550+18.5\times12=1\,554$（mm）
钢筋根数	
钢筋根数	第一跨： 支座两端各 5Φ12，共计 10 根 中间箍筋根数：$\dfrac{4\,500-200\times2-50\times2-150\times4\times2}{250}-1=11$（根） 第一跨共计：$10+11=21$（根），第二跨同第一跨。 节点内箍筋根数：$\dfrac{400}{150}=3$（根） 外大箍根数：$21\times2+3\times3=51$（根） 内小箍根数：51 根

3）钢筋配料单。钢筋配料单见表5.45。

表 5.45　钢筋配料单

构件名称	钢筋编号	简图	直径/mm	钢筋级别	钢筋长度/mm	根数	备注
JL01	①		25	Φ	10 200	8	上部贯通纵筋 4Φ25 下部贯通纵筋 4Φ25
	②		12	Φ	1 822	51	外大箍
	③		12	Φ	1 554	51	内小箍

2. 案例二

如图 5.10 所示，保护层厚：基础底板取 40，顶面及端头取 25，梁包柱侧腋 50。完成基础梁内钢筋翻样及计算。

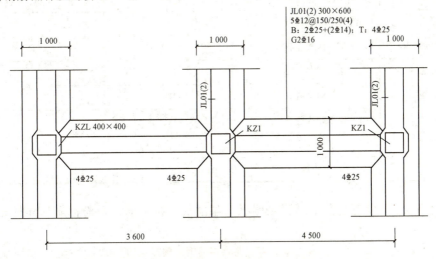

图 5.10　条形基础基础梁平法施工图

（1）熟悉基础梁平法施工图。

（2）绘制钢筋根数大样图。结合平法的识读，绘制本例中的 JL01 钢筋根数的大样图，如图 5.11 所示。

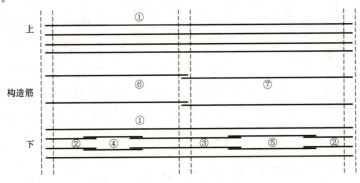

图 5.11　KL1 钢筋根数大样图

（3）钢筋长度计算。

1）钢筋分解。根据构造详图和钢筋根数大样图，对梁内钢筋进行分解，见表 5.46。

表 5.46　钢筋分解

钢筋编号	钢筋描述	钢筋根数	备注
①号筋	上部贯通纵筋	4Φ25	
①号筋	下部贯通纵筋	2Φ25	
②号筋	左支座非贯通纵筋	2Φ25	

续表

钢筋编号	钢筋描述	钢筋根数	备注
②号筋	右支座非贯通纵筋	2⏀25	
③号筋	中间支座非贯通纵筋	2⏀25	
④号筋	第一跨架立筋	2⏀14	
⑤号筋	第二跨架立筋	2⏀14	
⑥号筋	第一跨构造筋	2⏀16	
⑦号筋	第二跨构造筋	2⏀16	
⑧号筋	外大箍	5⏀12@150/250 (4)	
⑨号筋	内小箍	5⏀12@150/250 (4)	

2）钢筋长度。贯通纵筋、费贯通纵筋、架立筋、构造筋、箍筋钢筋翻样见表5.47～表5.51。

表 5.47　贯通纵筋钢筋翻样

①号筋长度（上部贯通纵筋）	
钢筋根数	4⏀25
钢筋简图	
钢筋长度	＝梁全长（包含侧腋）－$2c＋2×15d$ ＝（3 600＋4 500＋2×200＋2×50－2×25）＋2×15×25＝9 300（mm）
①号筋长度（下部贯通纵筋）	
钢筋根数	2⏀25
钢筋简图	
钢筋下料长度	＝梁全长（包含侧腋）－$2c＋2×15d$ ＝（3 600＋4 500＋2×200＋2×50－2×25）＋2×15×25＝9 300（mm）

表 5.48　非贯通纵筋钢筋翻样

②号筋长度（左支座下部非贯通纵筋）	
钢筋根数	2⏀25
钢筋简图	
钢筋下料长度	＝$\frac{l_n}{3}＋h_c＋$侧腋$－c＋15d$ ＝$\frac{4\,500－400}{3}＋400＋50－25＋15×25＝2\,167$（mm）

续表

②号筋长度（右支座下部非贯通纵筋）	
钢筋根数	2Φ25
钢筋简图	375 ⌐ 1 792
钢筋下料长度	计算长度 $=\dfrac{l_n}{3}+h_c+$侧腋$-c+15d$ $=\dfrac{4\,500-400}{3}+400+50-25+15\times25=2\,167$（mm）
③号筋长度（中间支座下部非贯通纵筋）	
钢筋根数	2Φ25
钢筋简图	3 134
钢筋下料长度	计算长度 $L=2\times\dfrac{l_n}{3}+h_c$ $=2\times\dfrac{4\,500-400}{3}+400=3\,134$（mm）

表 5.49　架立筋钢筋翻样

④号筋长度（第一跨架立筋）	
钢筋根数	2Φ14
钢筋简图	767
钢筋下料长度	计算长度 $L=$净跨$-2\times\dfrac{l_n}{3}+2\times150$ $=(3\,600-400)-2\times\dfrac{4\,500-400}{3}+2\times150=767$（mm）
⑤号筋长度（第二跨架立筋）	
钢筋根数	2Φ14
钢筋简图	1 667
钢筋下料长度	计算长度 $L=$净跨$-2\times\dfrac{l_n}{3}+2\times150$ $=(4\,500-400)-2\times\dfrac{4\,500-400}{3}+2\times150=1\,667$（mm）

表 5.50　构造筋钢筋翻样

⑥号筋长度（第一跨构造筋）	
钢筋根数	2Φ16
钢筋简图	3 580
钢筋长度	计算长度 $L=$净长$+2\times15d$ $=3\,600-2\times(200+50)+2\times15\times16=3\,580$（mm）

⑦号筋长度（第二跨构造筋）	
钢筋根数	2⚷16
钢筋简图	4 480
钢筋下料长度	计算长度 L ＝净长＋15d ＝4 500－2×（200＋50）＋2×15×16＝4 480（mm）

表 5.51 箍筋翻样

⑧号筋长度（外大箍）	
钢筋简图	226 / 526
钢筋下料长度	2（b－2c）＋2（h－2c）＋18.5d ＝2×（300－50）＋2×（600－50）＋18.5×12＝1 822（mm）
⑨号筋长度（内小箍）	
钢筋简图	92 / 526
钢筋下料长度	内小箍内包宽度：$\dfrac{300-50-24-25}{3}+25=92$（mm） 内小箍内包高度：600－50－24＝526（mm） 内小箍宽度：$\dfrac{300-50-24-25}{3}+25+24=116$（mm）（外包） 内小箍高度：600－50＝550（mm）（外包） 内小箍长度 2×116＋2×550＋18.5×12＝1 554（mm）
钢筋根数	第一跨： 支座两端各5⚷12，共计 10 根 中间箍筋根数：$\dfrac{3\,600-200\times2-50\times2-150\times4\times2}{250}-1=7$（根） 第一跨共计：10＋7＝17（根） 第二跨： 支座两端各5⚷12，共计 10 根 中间箍筋根数：$\dfrac{4\,500-200\times2-50\times2-150\times4\times2}{250}-1=11$（根） 第二跨共计：10＋11＝21（根） 节点内箍筋根数：$\dfrac{400}{150}=3$（根），3 个节点，共 9 根 外大箍根数：17＋21＋9＝47（根）

3）钢筋配料单。钢筋配料单见表 5.52。

表 5.52　钢筋配料单

构件 名称	钢筋 编号	简图	直径 /mm	钢筋 级别	钢筋 长度/mm	根数	备注
JL01	①	375　8 550　375	25	Φ	9 300	6	上部贯通纵筋 4Φ25 下部贯通纵筋 2Φ25
	②	375　1 792	25	Φ	2 167	4	左支座非贯通纵筋 2Φ25 右支座非贯通纵筋 2Φ25
	③	3 134	25	Φ	3 134	2	中间支座非贯通纵筋
	④	767	14	Φ	767	2	第一跨架立筋
	⑤	1 667	14	Φ	1 667	2	第二跨架立筋
	⑥	3 580	16	Φ	3 580	2	第一跨构造筋
	⑦	4 480	16	Φ	4 480	2	第二跨构造筋
	⑧	226　526	12	Φ	1 822	47	外大箍
	⑨	92　526	12	Φ	1 554	47	内小箍

3. 案例三（转角＋丁字交接）

如图 5.12 所示，保护层厚：基础底板底面取 40，顶面及端部取 20，完成基础底板钢筋翻样及计算。

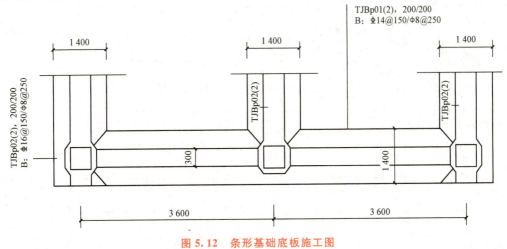

TJBp01(2)，200/200
B：Φ14@150/Φ8@250

TJBp02(2)，200/200
B：Φ16@150/Φ8@250

图 5.12　条形基础底板施工图

（1）内部钢筋分析。基础底板内部钢筋布置，如图 5.13 所示。

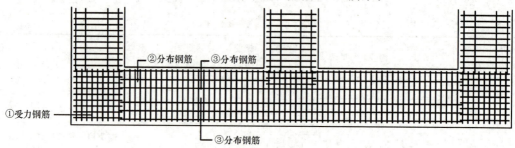

图 5.13　条形基础底板内部钢筋布置

（2）条形基础底板钢筋翻样。根据图 5.13，对钢筋进行翻样、长度计算，见表 5.53。

表 5.53　条形基础底板钢筋翻样

①号筋长度（受力钢筋）	
钢筋简图	.1 360
钢筋长度	受力筋长度＝条形基础基础底板宽度－2c 　　　　　＝1 400－2×20＝1 360（mm）
钢筋根数	根数＝$\dfrac{\text{基础全长}-2\min\left(75,\dfrac{s}{2}\right)}{s}+1$ 　　＝$\dfrac{(3\ 600\times2+700\times2)-2\times75}{150}+1=58$（根）
②号筋长度（分布钢筋）	
钢筋简图	2 540
钢筋长度	3 600－2×700＋2×20＋2×150＝2 540（mm）
钢筋根数	根数＝$\dfrac{\dfrac{b}{4}-\dfrac{s}{2}-\min\left(75,\dfrac{s'}{2}\right)}{s}+1$ 　　＝$\dfrac{\dfrac{1\ 400}{4}-\dfrac{250}{2}-75}{250}+1=2$（根），图左、右两侧共 4 根
③号筋长度（分布钢筋）	
钢筋简图	6 140
钢筋长度	3 600×2－2×700＋2×20＋2×150＝6 140（mm）

续表

钢筋根数	$根数 = \dfrac{\dfrac{b}{2} - \dfrac{梁宽}{2} - \dfrac{s}{2} - \dfrac{b}{4}}{s}$ $= \dfrac{\dfrac{1\,400}{2} - \dfrac{300}{2} - \dfrac{250}{2} - \dfrac{1\,400}{4}}{250} = 1（根）$

③号筋长度（分布钢筋）

钢筋简图	6 140
钢筋长度	$3\,600 \times 2 - 2 \times 700 + 2 \times 20 + 2 \times 150 = 6\,140（mm）$
钢筋根数	$根数 = \dfrac{\dfrac{b}{2} - \dfrac{梁宽}{2} - \dfrac{s}{2} - \min\left(75, \dfrac{s'}{2}\right)}{S} + 1$ $= \dfrac{\dfrac{1\,400}{2} - \dfrac{300}{2} - \dfrac{250}{2} - 75}{250} + 1 = 3（根）$

（3）钢筋配料单。钢筋配料单见表 5.54。

表 5.54　钢筋配料单

构件名称	钢筋编号	简图	直径/mm	钢筋级别	钢筋长度/mm	根数	备注
TJBp01	①	1 360	14	⏀	1 360	58	
	②	2 540	8	φ	2 540	4	
	③	6 140	8	φ	6 140	4	

4. 案例四（转角＋十字交接）

如图 5.14 所示，保护层厚：基础底板底面取 40，顶面及端部取 20，完成基础底板钢筋翻样及计算。

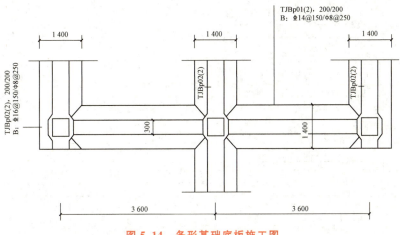

图 5.14　条形基础底板施工图

（1）内部钢筋分析。基础底板内部钢筋布置如图 5.15 所示。

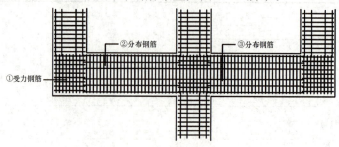

图 5.15　条形基础底板内部钢筋布置

（2）条形基础底板钢筋翻样。根据图 5.15，对钢筋进行翻样、长度计算，见表 5.55。

表 5.55　条形基础底板钢筋翻样

①号筋长度（受力钢筋）	
钢筋简图	1 360
钢筋长度	受力筋长度＝条形基础基础底板宽度－2c ＝1 400－2×20＝1 360（mm）
钢筋根数	根数＝$\dfrac{基础全长-2\min\left(75,\ \dfrac{s}{2}\right)}{S}+1$ ＝$\dfrac{(3\ 600\times2+700\times2)-2\times75}{150}+1=58$（根）
②号筋长度（分布钢筋）	
钢筋简图	2 540
钢筋长度	3 600－2×700＋2×20＋2×150＝2 540（mm）
钢筋根数	根数＝$\dfrac{\dfrac{b}{4}-\dfrac{s}{2}-\min\left(75,\ \dfrac{s'}{2}\right)}{s}+1$ ＝$\dfrac{\dfrac{1\ 400}{4}-\dfrac{250}{2}-75}{250}+1=2$（根） 图左、右，上、下两侧共 2×4＝8（根）
③号筋长度（分布钢筋）	
钢筋简图	6 140
钢筋长度	3 600×2－2×700＋2×20＋2×150＝6 140（mm）

钢筋根数	$\text{根数}=\dfrac{\dfrac{b}{2}-\dfrac{梁宽}{2}-\dfrac{s}{2}-\dfrac{b}{4}}{s}$ $=\dfrac{\dfrac{1\,400}{2}-\dfrac{300}{2}-\dfrac{250}{2}-\dfrac{1\,400}{4}}{250}=1（根）$ 图上、下两侧共 1 根

（3）钢筋配料单。钢筋配料单见表 5.56。

表 5.56 　钢筋配料单

构件名称	钢筋编号	简图	直径/mm	钢筋级别	钢筋长度/mm	根数	备注
TJBp01	①	1 360	14	Φ	1 360	58	
	②	2 540	8	ϕ	2 540	8	
	③	6 140	8	ϕ	3 134	2	

学习情景评价表

姓名		学号			
专业			班级		
评价标准					
项次	项目	评价内容	分值	自评分	教师评分
1	职业特质	过程导向的思维；追求准确与快速的计算能力	5		
2		追求达到设计规范与图集、标准的价值	5		
3	技术能力	识图能力	10		
4		解读构造的能力	10		
5		钢筋下料计算能力	10		
6		配料单编制能力	15		
7	相关知识	平法钢筋识图	10		
8		平法钢筋构造与下料计算	10		
9		配料单编制	15		
10	通用能力	合作和沟通能力	4		
11		技术与方法能力	3		
12		职业价值的认识能力	3		
自评做得很好的地方					
自评做得不好的地方					
以后需要改进的地方					
工作时效		提前○　　准时○　　超时○			
自评		★★★★★（5、4、3、2、1分别代表非常好、好、一般、差、非常差）			
教师评价		★★★★★（5、4、3、2、1分别代表非常好、好、一般、差、非常差）			
学习建议		知识补充			
		技能强化			
		学习途径			

实训一　独立基础平法施工图识读

班级 ＿＿＿＿＿＿＿＿＿　　姓名 ＿＿＿＿＿＿＿＿＿　　学号 ＿＿＿＿＿＿＿＿＿

1. 独立基础施工图识读一般规定

独立基础平法施工图有平面注写、截面注写和列表注写三种表达方式，设计者可根据具体工程情况选择一种，或将两种方式相结合进行独立基础的施工图设计。

独立柱基础有阶形和锥形两种形式，如图 5.16 所示。

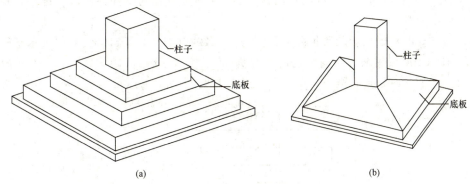

图 5.16　独立基础

（a）阶形；（b）锥形

在平面布置图上表示独立基础的尺寸与配筋，以平面注写方式为主。结构平面的坐标方向：两向轴网正交布置时，图面从左至右为 x 向，从下到上为 y 向。

2. 独立基础施工图集中标注

（1）注写独立基础编号（必注内容）。

1）阶形截面编号加 "j"，如 DJj××；

2）坡形截面编号加 "z"，如 DJz××。

（2）注写独立基础截面竖向尺寸（必注内容）。

1）当基础为阶形截面时（图 5.17），注写为 $h_1/h_2/\cdots\cdots$。各阶尺寸自下向上 "/" 分隔顺写。当基础为单阶时，其竖向尺寸仅为一个，且为基础总厚度。例：当阶形截面普通独立基础 DJj01 的竖向尺寸注写为 300/300/400 时，表示 $h_1 = $ ＿＿＿＿＿＿，$h_2 = $ ＿＿＿＿＿＿，$h_3 = $ ＿＿＿＿＿＿，基础底板总厚度为 ＿＿＿＿＿＿。

2）当基础为锥形截面时（图 5.18），注写为 h_1/h_2。例：当锥形截面普通独立基础 DJp×× 的竖向尺寸注写为 350/300 时，表示 $h_1 = $ ＿＿＿＿＿＿，$h_2 = $ ＿＿＿＿＿＿，基础底板总厚度为 ＿＿＿＿＿＿。

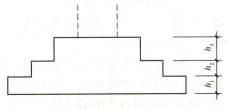

图 5.17　独立基础截面竖向尺寸示意

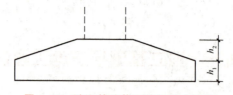

图 5.18   独立基础截面竖向尺寸示意

（3）注写独立基础配筋（必注内容）。普通独立基础底部双向配筋注写规定如下：

1）以 B 代表各种独立基础底板的底部配筋。

2）x 向配筋以 X 打头、y 向配筋以 Y 打头注写；当两向配筋相同时，则以 X&Y 打头注写。

3）当矩形独立基础底板底部的短向钢筋采用两种配筋值时，先注写较大配筋，在"/"后再注写较小配筋。

例：当（矩形）独立基础底板配筋标注为 B：XΦ16@150，YΦ16@200；表示基础底板底部配置 HRB400 级钢筋，x 向钢筋的直径为_____，分布间距为_____；y 向钢筋的直径为_____，分布间距为_____（图 5.19）。

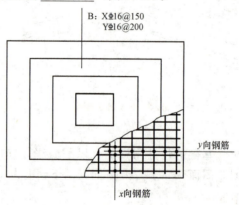

B：XΦ16@150
　　YΦ16@200

y向钢筋

x向钢筋

图 5.19   独立基础配筋示意

（4）注写基础底面相对标高高差（选注内容）。当独立基础的底面标高与基础底而基准标高不同时，应将独立基础底面相对标高高差注写在"（　　　）"内。

（5）必要的文字注解（选注内容）。当独立基础的设计有特殊要求时，宜增加必要的文字注解。例如，基础底板配筋长度是否采用减短方式等，可在该项内注明。

3. 独立基础施工图原位标注

普通独立基础的原位标注为 x、y，x_i、y_i，$i=1$，2，3…。其中，x、y 为普通独立基础两向边长，x_i、y_i 为阶宽或锥形平面尺寸（当设置短柱时，还应标注短柱对轴线的定位情况，用 x_{Dzi} 表示）。

对称阶形截面普通独立基础的原位标注，如图 5.20（a）所示；非对称阶形截面普通独立基础的原位标注，如图 5.20（b）所示；设置短柱独立基础的原位标注，如图 5.20（c）所示；对称锥形截面普通独立基础的原位标注，如图 5.20（d）所示；非对称锥形截面普通独立基础的原位标注，如图 5.20（e）所示。

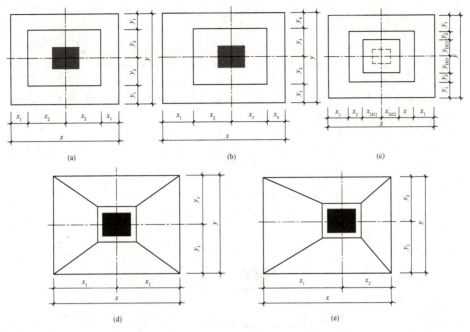

图 5.20　独立基础原位标注示意

（a）对称阶形截面 ；（b）非对称阶形截面 ；（c）带短柱；（d）对称锥形截面；（e）非对称锥形截面

4. 独立基础施工图主要构造

（1）普通独立基础采用平面注写方式可用集中标注与原位标注综合设计表达。当独立基础底板 x 向、y 向宽度大于或等于_____ mm 时，除外侧钢筋外，x 向或 y 向的钢筋长度可减短 10%，即底板配筋长度可取相应方向底板长度的 0.9 倍，交错放置，四边最外侧钢筋不缩短。

（2）当非对称独立基础底板长度大于或等于 2 500 mm，但该基础某侧从柱中心至基础底板边缘的距离小于_____ mm 时，钢筋在该侧不应减短。

实训二　独立基础底板配筋长度减短 10% 构造

如图 5.21 所示的独立基础平面图，保护层厚度为 40，绘制 DJj01 柱基础立面图、平面图，并绘制基础底板钢筋排布图。

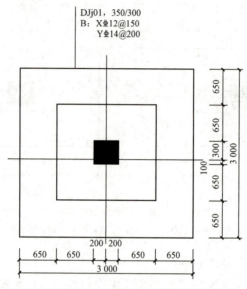

DJj01，350/300
B：X⏀12@150
　　Y⏀14@200

图 5.21　独立基础平面图

绘制要求：

（1）绘制出平面图、立面图。

（2）在平面图、立面图中表达出基础钢筋排布图。

（3）在图中表达出钢筋起步距离。

实训三　绘制双柱独立基础截面图

（对接"1+X"建筑工程识图职业技能证书、职业院校"建筑工程识图"技能大赛）

班级＿＿＿＿＿＿＿＿　姓名＿＿＿＿＿＿＿＿　学号＿＿＿＿＿＿＿＿

按照图 5.22 所示的独立基础施工图，画出 $A-A$ 基础截面图。

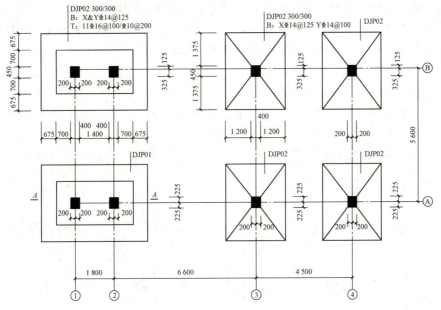

图 5.22　独立基础施工图

绘制要求：

（1）绘制 $A-A$ 基础截面图，并标注出钢筋的配筋信息、锚固长度、钢筋的起步距离。

（2）绘制比例为 $1:1$，出图比例为 $1:25$。

典型岗位职业能力综合实训：钢筋配料单编制

班级 _____ 姓名 _____ 学号 _____

【知识要点】

（1）当独立基础底板长度大于或等于 2 500 mm 时，除外侧钢筋外，底板配筋长度可取相应方向底板长度的 0.9 倍，交错放置，四边最外侧钢筋不缩短。

（2）当非对称独立基础底板长度大于或等于 2 500 mm，但该基础某侧从柱中心至基础底板边缘的距离小于 1 250 mm 时，钢筋在该侧不应减短。

【任务实施】

实训任务：独立基础钢筋配料单设计。

（1）所用原始材料。如图 5.23 所示的独立基础 DJj01 和 DJz02 平面图，保护层厚度为 40。

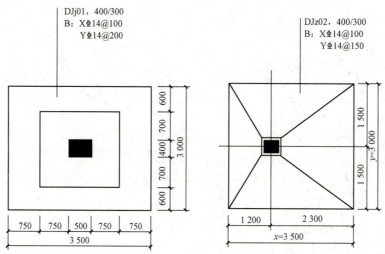

图 5.23　独立基础施工图

（2）钢筋配料单。分别计算 DJj01 和 DJz02 的钢筋下料长度并编制钢筋配料单。

【技能训练】

通过某独立基础配料单设计，掌握独立基础平法施工图识读，熟悉独立基础钢筋构造，学会计算钢筋下料长度，编制钢筋配料单。

实训四　条形基础平法施工图识读

班级＿＿＿＿＿＿＿＿　　**姓名**＿＿＿＿＿＿＿＿　　**学号**＿＿＿＿＿＿＿＿

1. 条形基础施工图识读一般规定

条形基础平法施工图有平面注写和列表注写两种表达方式，可选择一种，或将两种方式相结合。

当绘制条形基础平面布置图时，应将条形基础平面与基础所支承的上部结构的柱、墙一起绘制。当基础底面标高不同时，需注明与基础底面基准标高不同之处的范围和标高。

在平面布置图上表示条形基础的尺寸与配筋，以平面注写方式为主。结构平面的坐标方向：两向轴网正交布置时，图面从左至右为 x 向，从下到上为 y 向。

2. 条形基础梁的识读

基础梁 JL 的平面注写方式分为集中标注和原位标注两部分内容。当集中标注的某项数值不适用于基础梁的某部位时，则将该项数值采用原位标注，施工时，原位标注优先。

（1）集中标注。

1）注写基础梁编号（必注内容）。

2）注写基础梁截面尺寸（必注内容）：注写 $b×h$，表示梁截面宽度与高度。

3）注写基础梁配筋（必注内容）。

① 注写基础梁箍筋。当具体设计仅采用一种箍筋间距时，注写钢筋级别、直径、间距与肢数（箍筋肢数写在括号内，下同）；当具体设计采用两种或多种箍筋间距时，用"/"分隔不同箍筋的间距及肢数，按照从基础梁两端向跨中的顺序注写。例：11Φ14@150/Φ14@250 (4)，表示配置两种 HRB400 级箍筋，直径均为 Φ14，从梁两端起向跨内按间距为＿＿＿＿设置＿＿＿＿道，梁其余部位的间距为＿＿＿＿ mm，均为＿＿＿＿肢箍；例：9Φ16@100/9Φ16@150/16@200 (6)，表示配置三种 HRB400 级箍筋，直径为＿＿＿＿，从梁两端起向跨内按间距＿＿＿＿ mm 设置＿＿＿＿道，再按间距＿＿＿＿ mm 设置＿＿＿＿道，梁其余部位的间距为＿＿＿＿ mm，均为＿＿＿＿肢箍。

② 注写基础梁底部、顶部及侧面纵向钢筋。以 B 打头，注写梁底部贯通纵筋（不应少于梁底部受力钢筋总截面面积的1/3）。当跨中所注根数少于箍筋肢数时，需要在跨中增设梁底部架立筋以固定箍筋，采用"＋"将贯通纵筋与架立筋相联，架立筋注写在加号后面的括号"（　　）"内。

以 T 打头，注写梁顶部贯通纵筋。注写时用分号"；"将底部与顶部贯通纵筋分隔开。当梁底部或顶部贯通纵筋多于一排时，用"/"将各排纵筋自上而下分开。

例 B：4Φ25；T：12Φ25 7/5，表示梁底部配置贯通纵筋为＿＿＿＿；梁顶部配置贯通纵筋上一排为＿＿＿＿，下一排为＿＿＿＿，共＿＿＿＿。

（2）原位标注。如图 5.24 所示，基础梁底部纵筋6Φ25 2/4，指包括＿＿＿＿在内的所有纵筋，上排＿＿＿＿根，下排＿＿＿＿根。

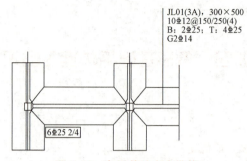

图 5.24　条形基础支座纵筋

基础梁底部纵筋 6⊈25 2/4，指包括＿＿＿在内的所有纵筋，上排＿＿＿根，下排＿＿＿＿根。其中下排＿＿＿＿＿就是集中标注中的贯通纵筋，位于＿＿＿＿（部位）。非贯通纵筋上排＿＿＿＿＿，下排＿＿＿＿＿。

1）原位标注基础梁端或梁在柱下区域的底部全部纵筋（包括底部非贯通纵筋和已集中注写的底部贯通纵筋）。

2）原位注写基础梁的附加箍筋或（反扣）吊筋。将附加箍筋或（反扣）吊筋直接画在平面图十字交叉梁中刚度较大的条形基础主梁上，原位直接引注总配筋值（附加箍筋的肢数注在括号内），当多数附加箍筋或（反扣）吊筋相同时，可在条形基础平法施工图上统一注明，少数与统一注明值不同时，再原位直接引注。

3）原位注写基础梁外伸部位的变截面高度尺寸。当基础梁外伸部位采用变截面高度时，在该部位原位注写 $b \times h_1/h_2$，h_1 为根部截面高度，h_2 为尽端截面高度。

4）原位注写修正内容。当在基础梁上集中标注的某项内容（如截面尺寸、箍筋、底部与顶部贯通纵筋或架立筋、梁侧面纵向构造钢筋、梁底面标高等）不适用于某跨或某外伸部位时，将其修正内容原位标注在该跨或该外伸部位，施工时原位标注取值优先。

3. 条形基础底板的识读

条形基础底板平面注写方式分为集中标注和原位标注两部分内容。

（1）集中标注。

1）注写条形基础底板编号（必注内容）。条形基础底板向两侧的截面形状通常有两种：

① 阶形截面，编号加"j"，如 TJBj×× （××）；

② 坡形截面，编号加"p"，如 TJBp×× （××）。

2）注写条形基础底板截面竖向尺寸（必注内容），注写为 $h_1/h_2/\cdots\cdots$

3）注写条形基础底板底部或顶部配筋（必注内容），如图 5.25 所示。

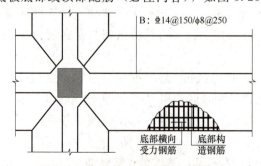

图 5.25　条形基础底板底部配筋示意

以 B 打头，注写条形基础底板底部的横向受力钢筋；以 T 打头，注写条形基础底板顶部的横向受力钢筋；注写时，用"/"分隔条形基础底板的横向受力钢筋与构造配筋。例如，当条形基础底板配筋标注为 B：$\Phi14@150/\phi8@250$；表示条形基础_____底部配置 HRB400 级横向受力钢筋，直径为_____，分布间距为_____mm；配置 HPB300 级构造钢筋，直径为_____，分布间距为_____ mm。

（2）原位标注。

1）原位注写条形基础底板的平面尺寸，如图 5.26 所示。

原位标注 b、b_i，$i=1,2,\cdots$。其中，b 为基础底板总宽度，b_i 为基础底板台阶的宽度。当基础底板采用对称于基础梁的坡形截面或单阶形截面时，b_i 可不注，如图 5.26 所示。

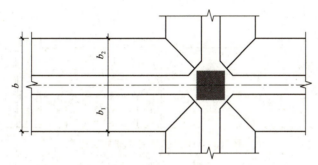

图 5.26　条形基础底板的平面尺寸原位标注示意

2）原位注写修正内容。当在条形基础底板上集中标注的某项内容，如底板截面竖向尺寸、底板配筋、底板底面标高等不适用于条形基础底板的某跨或某外伸部分时，可将其修正内容原位标注在该跨或该外伸部位，施工时原位标注取值优先。

实训五　绘制钢筋根数大样图

班级_____　姓名_____　学号_____

如图 5.27 所示，绘制钢筋根数大样图。

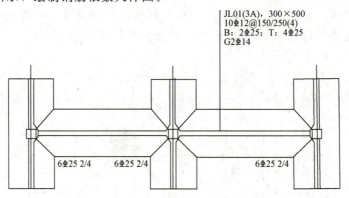

JL01(3A)，300×500
10Φ12@150/250(4)
B：2Φ25；T：4Φ25
G2Φ14

6Φ25 2/4　　6Φ25 2/4　　　　　6Φ25 2/4

图 5.27　条形基础基础梁施工图

实训六　条形基础基础梁钢筋构造

（对接"1＋X"建筑工程识图职业技能证书、职业院校"建筑工程识图"技能大赛）

绘制要求：

（1）如图 5.28 所示，绘制基础梁 JL01 立面图（即纵剖面图），绘制出 1—1、2—2 截面图。

（2）要求绘制出所有纵向钢筋及钢筋不可见截断点的位置并标注尺寸，以及标注钢筋级别、根数及直径；参考图集 22G101—3。

（3）要求画出箍筋加密区与非加密区的分界线并标注分界线尺寸和各区箍筋级别、直径及间距。

（4）绘制梁、板构件轮廓线。

（5）标注梁截面尺寸、梁顶面标高，图名及比例，图名根据绘制内容自定。

（6）绘图比例为 1：1，出图比例为 1：20。

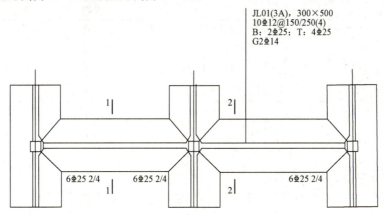

JL01(3A)，300×500
10Φ12@150/250(4)
B：2Φ25；T：4Φ25
G2Φ14

6Φ25 2/4　　6Φ25 2/4　　6Φ25 2/4

图 5.28　条形基础基础梁施工图

实训七　条形基础底板钢筋构造

（对接"1＋X"建筑工程识图职业技能证书、职业院校"建筑工程识图"技能大赛）

如图 5.29 所示，保护层厚：基础底板取 40，顶面及端部取 20，绘制条形基础钢筋构造。

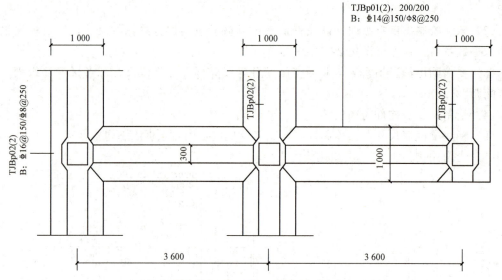

图 5.29　条形基础底板施工图

绘制要求：

（1）绘制受力筋、分布钢筋。

（2）TJBp02 绘制受力筋和分布钢筋示意；TJBp01 绘制受力筋、分布钢筋排布，表达出钢筋起步距离。

（3）绘图比例为 1∶1，出图比例为 1∶20。

典型岗位职业能力综合实训：钢筋配料单编制

班级＿＿＿＿＿＿＿＿　　姓名＿＿＿＿＿＿＿＿　　学号＿＿＿＿＿＿＿＿

【知识要点】

（1）条形基础基础梁。

1）上、下排贯通纵筋按照图集不同构造确定在支座内的锚固；

2）下部非贯通纵筋从支座边向跨内的延伸长度为 $l_n/3$。

（2）条形基础底板。

1）条形基础底板的分布钢筋在梁宽范围内不设置；

2）丁字交接时，丁字横向受力筋贯通布置，丁字竖向受力筋在交接处伸入 $b/4$ 范围布置；

3）十字交接时，一向受力筋贯通布置，另一向受力筋在交接处伸入 $b/4$ 范围布置；

4）受力钢筋、分布钢筋均从基础底板边缘起步距离 $\min\left(75,\dfrac{s}{2}\right)$；

5）基础梁宽范围内不设基础板分布钢筋；

6）分布钢筋从基础梁边缘 $\dfrac{s}{2}$ 起步；

7）在两向受力钢筋交接处的网状部位，分布钢筋与同向受力钢筋的搭接长度为 150 mm。

【任务实施】

实训任务：条形基础基础梁钢筋配料单设计；条形基础基础底板钢筋配料单设计。

（1）所用原始材料。如图 5.30、图 5.31 所示的基础梁 JL01 和基础底板 TJBp01，该工程结构为二级抗震等级，现场均为 HRB400 级钢，9 m 定尺，混凝土强度等级为 C30。框架柱截面尺寸为 400 mm×4 000 mm。

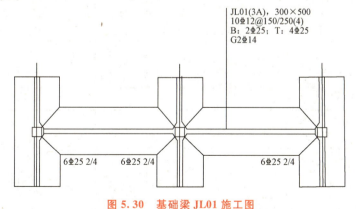

图 5.30　基础梁 JL01 施工图

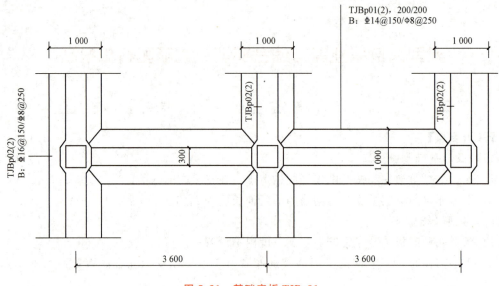

图 5.31　基础底板 TJBp01

（2）钢筋配料单。要求计算基础梁 JL01 和基础底板 TJBp01 的钢筋配料，并编制钢筋配料（表 5.57、表 5.58）。

【技能训练】

通过钢筋配料单设计，掌握条形基础平法施工图识读，能够绘制基础梁钢筋根数大样图，绘制基础底板钢筋排布图，熟悉基础梁和基础底板钢筋构造，学会计算钢筋下料长度，能够编制钢筋配料单。

表 5.57　钢筋配料表（基础梁 JL01）

构件名称	钢筋编号	简图	直径/mm	钢筋级别	下料长度/mm	单位根数	合计根数

续表

构件 名称	钢筋 编号	简图	直径 /mm	钢筋 级别	下料长度 /mm	单位 根数	合计 根数

表 5.58　钢筋配料表（基础底板 TJBp01）

构件名称	钢筋编号	简图	直径/mm	钢筋级别	下料长度/mm	单位根数	合计根数

学习情景6

剪力墙平法施工图识读与钢筋配料单编制

导 读 剪力墙是主要承受风荷载或地震作用引起的水平荷载和竖向荷载的墙体，防止结构剪切（受剪）破坏，并保持结构整体稳定的承重墙，又称为"抗震墙"。通过本学习情景学习剪力墙的平法制图规则、构造详图、翻样及案例，学生能够熟练掌握剪力墙身、剪力墙柱、剪力墙梁平法施工图的识读方法和识读要点、构造详图，学会钢筋翻样和钢筋计算。

素 养 元 素 引 入 由"抗震墙"展开，在结构抗震中，剪力墙起到"坚墙后盾"的作用，与梁、板、柱共同协作，保证结构安全，体现"团结、友爱、互助、进步"精神，引导学生只有在集体环境中剪力墙才能发挥作用，为人民提供安全、舒适的居住和工作环境。

6.1 剪力墙平法识图

剪力墙平法标注分为列表注写方式和截面注写方式。

6.1.1 剪力墙施工图列表注写方式

剪力墙可视为由剪力墙柱、剪力墙身和剪力墙梁三类构件构成。

微课：剪力墙
平法识图

1. 剪力墙平法识图知识体系

剪力墙制图规则见《混凝土结构施工图平面整体表示方法制图规则和构造详图（现浇混凝土框架、剪力墙、梁、板）》（22G101—1）第 1—9～1—21 页，知识体系见表 6.1。

表 6.1 剪力墙平法识图知识体系

平面表达方式	列表注写方式
	截面注写方式

续表

列表注写数据标注方式	墙身	墙身平面图	墙身编号
		墙身表	各段起止标高
			配筋（水平筋、竖向筋、拉结筋）
	墙柱	墙柱平面图	墙柱编号
		墙柱表	各段起止标高
			配筋（纵筋和箍筋）
	墙梁	墙梁平面图	墙梁编号
		墙梁表	所在楼层号
			顶标高高差（选注）
			截面尺寸
			配筋
			附加钢筋（选注）

2. 剪力墙柱

（1）墙柱编号。墙柱编号由墙柱类型代号和序号组成，规定见表 6.2。

表 6.2　墙柱编号

墙柱类型	代号	序号
约束边缘构件	YBZ	××
构造边缘构件	GBZ	××
非边缘暗柱	AZ	××
扶壁柱	FBZ	××

注：约束边缘构件包括约束边缘暗柱、约束边缘端柱、约束边缘翼墙、约束边缘转角墙四种（图 6.1）。构造边缘构件包括构造边缘暗柱、构造边缘端柱、构造边缘翼墙、构造边缘转角墙四种（图 6.2）

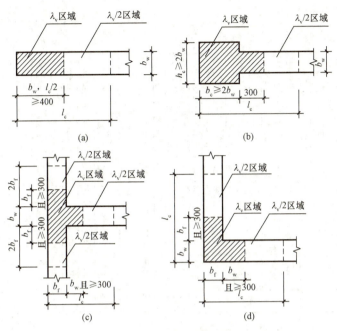

图 6.1　约束边缘构件

（a）约束边缘暗柱；（b）约束边缘端柱；（c）约束边缘翼墙；（d）约束边缘转角墙

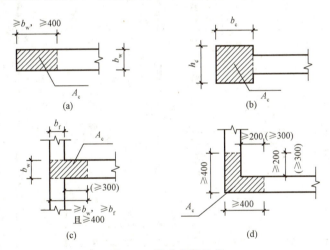

图 6.2　构造边缘构件

（a）构造边缘暗柱；（b）构造边缘端柱；（c）构造边缘翼墙；（d）构造边缘转角墙

（2）剪力墙柱表中表达的内容有以下规定：

1）标注墙柱编号，绘制该墙柱的截面配筋图，标注墙柱几何尺寸。

2）标注各段墙柱的起止标高，自墙柱根部往上以变截面位置或截面未变但配筋改变处为界分段标注。墙柱根部标高一般是指基础顶面标高（部分框支剪力墙结构则为框支梁顶面标高）。

3）标注各段墙柱的纵向钢筋和箍筋，标注值应与表中绘制的截面配筋图对应一致。纵向钢筋注总配筋值；墙柱箍筋的标注方式与柱箍筋相同。约束边缘构件除标注阴影部位的箍筋外，还要在剪力墙平面布置图中标注非阴影区内布置的拉结筋或箍筋。剪力墙柱列表注写示意如图 6.3 所示。

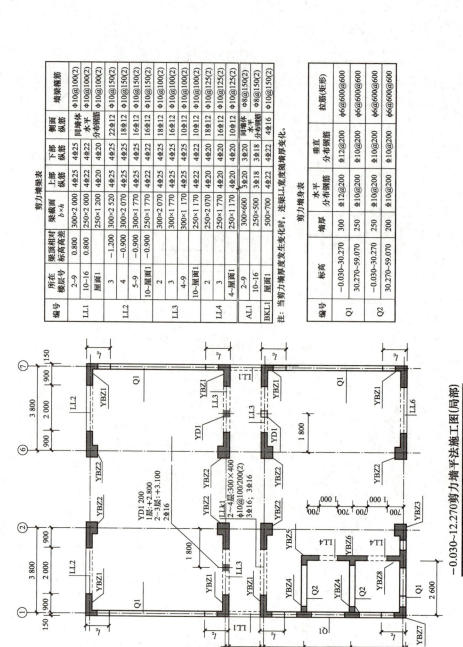

剪力墙梁表

编号	所在楼层号	梁顶相对标高高差	梁截面 b×h	上部纵筋	下部纵筋	侧面纵筋	墙梁箍筋
LL1	2~9	0.800	300×2 000	4Φ25	4Φ25	同墙体水平分布钢筋	Φ10@100(2)
	10~16	0.800	250×2 000	4Φ22	4Φ22		Φ10@100(2)
	屋面1		250×1 200	4Φ20	4Φ20		Φ10@100(2)
LL2	3	-1.200	300×2 520	4Φ25	4Φ25	22Φ12	Φ10@150(2)
	4	-0.900	300×2 070	4Φ25	4Φ25	18Φ12	Φ10@150(2)
	5~9	-0.900	300×1 770	4Φ25	4Φ25	16Φ12	Φ10@150(2)
	10~屋面1	-0.900	250×1 770	4Φ22	4Φ22	16Φ12	Φ10@150(2)
LL3	2		300×2 070	4Φ25	4Φ25	18Φ12	Φ10@100(2)
	3		300×1 170	4Φ25	4Φ25	10Φ12	Φ10@100(2)
	4~9		250×1 170	4Φ22	4Φ22	10Φ12	Φ10@100(2)
	10~屋面1		250×1 170	4Φ22	4Φ22	10Φ12	Φ10@100(2)
LL4	2		250×2 070	4Φ20	4Φ20	18Φ12	Φ10@125(2)
	3		250×1 770	4Φ20	4Φ20	16Φ12	Φ10@125(2)
	4~屋面1		250×1 170	4Φ20	4Φ20	10Φ12	Φ10@125(2)
AL1	2~9		300×600	3Φ20	3Φ20	同墙体水平分布钢筋	Φ8@150(2)
	10~16		250×500	3Φ18	3Φ18		Φ8@150(2)
BKL1	屋面1		500×750	4Φ22	4Φ22	4Φ16	Φ10@150(2)

注：当剪力墙厚度发生变化时，连梁LL宽度随墙厚变化。

剪力墙身表

编号	标高	墙厚	水平分布钢筋	垂直分布钢筋	拉筋(矩形)
Q1	−0.030~30.270	300	Φ12@200	Φ12@200	φ6@600@600
	30.270~59.070	250	Φ10@200	Φ10@200	φ6@600@600
Q2	−0.030~30.270	250	Φ10@200	Φ10@200	φ6@600@600
	30.270~59.070	200	Φ10@200	Φ10@200	φ6@600@600

图 6.3 剪力墙平法施工图(局部)

剪力墙柱表

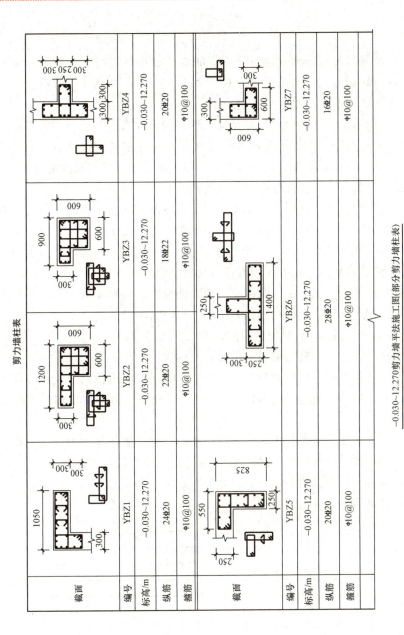

-0.030~12.270剪力墙平法施工图(部分剪力墙柱表)

截面	编号	标高/m	纵筋	箍筋
	YBZ1	-0.030~12.270	24⊕20	Φ10@100
	YBZ2	-0.030~12.270	22⊕20	Φ10@100
	YBZ3	-0.030~12.270	18⊕22	Φ10@100
	YBZ4	-0.030~12.270	20⊕20	Φ10@100
	YBZ5	-0.030~12.270	20⊕20	Φ10@100
	YBZ6	-0.030~12.270	28⊕20	Φ10@100
	YBZ7	-0.030~12.270	16⊕20	Φ10@100

图 6.3　剪力墙列表注写方式（续）

层号	标高/m	层高/m
屋面2	65.670	
塔层2	62.370	3.30
屋面1(塔层1)	59.070	3.30
16	55.470	3.60
15	51.870	3.60
14	48.270	3.60
13	44.670	3.60
12	41.070	3.60
11	37.470	3.60
10	33.870	3.60
9	30.270	3.60
8	26.670	3.60
7	23.070	3.60
6	19.470	3.60
5	15.870	3.60
4	12.270	3.60
3	8.670	3.60
2	4.470	4.20
1	-0.030	4.50
-1	-4.530	4.50
-2	-9.030	4.50

结构层楼面标高
结 构 层 高
上部结构嵌固部位: -0.030

3. 剪力墙身

剪力墙身表由墙身代号、序号及墙身所配置的水平分布钢筋与竖向分布钢筋的排数组成。其中，排数标注在括号内，表达形式为 Q×× (××排)，如图6.3所示。

(1) 在平法图集中对墙身编号有以下规定：

1) 在编号中：如若干墙柱的截面尺寸与配筋均相同，仅截面与轴线的关系不同时，可将其编为同一墙柱号；又如，若干墙身的厚度尺寸和配筋均相同，仅墙厚与轴线的关系不同或墙身长度不同时，也可将其编为同一墙身号，但应在图中注明与轴线的几何关系。

2) 当墙身所设置的水平与竖向分布钢筋的排数为2时可不注。

3) 对于分布钢筋网的排数规定：非抗震：当剪力墙厚度大于160时，应配置双排；当其厚度不大于160时，宜配置双排。抗震：当剪力墙厚度不大于400时，应配置双排；当剪力墙厚度大于400，但不大于700时，宜配置三排；当剪力墙厚度大于700时，宜配置四排。各排水平分布钢筋和竖向分布钢筋的直径与间距宜保持一致。

4) 当剪力墙配置的分布钢筋多于两排时，剪力墙拉结筋两端应同时勾住外排水平纵筋和竖向纵筋，还应与剪力墙内排水平纵筋和竖向纵筋绑扎在一起。

(2) 在剪力墙身表 (图6.3) 中表达的内容有以下规定：

1) 按墙身编号 (含水平与竖向钢筋的排数) 规则进行标注。

2) 注写各段墙身起止标高，自墙身根部往上以变截面位置或截面未变但配筋改变处为界分段标注。墙身根部标高一般是指基础顶面标高 (部分框支剪力墙结构则为框支梁的顶面标高)。

3) 注写水平分布钢筋、竖向分布钢筋和拉结筋的具体数值。标注数值为一排水平分布钢筋和竖向分布钢筋的规格与间距，具体设置几排已经在墙身编号后面表达。

4) 拉结筋应注明布置方式"矩形"或"梅花"布置，如图6.4所示 (图中，a 为竖向分布钢筋间距，b 为水平分布钢筋间距)。

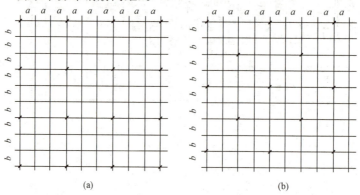

图6.4　拉结筋设置示意

(a) 拉结筋@$3a$@$3b$ 矩形 ($a \leqslant 200$，$b \leqslant 200$)；(b) 拉结筋@$4a$@$4b$ 梅花 ($a \leqslant 150$，$b \leqslant 150$)

4. 剪力墙梁

(1) 墙梁编号，由墙梁类型代号和序号组成，表达形式规定见表6.3。

在具体工程中，当某些墙身需设置暗梁或边框梁时，宜在剪力墙平法施工图或梁平法施工图中绘制暗梁或边框梁的平面布置图并编号，以明确其具体位置。

表 6.3　墙梁编号

墙梁类型	代号	序号	示例
连梁	LL	××	LL1
连梁（对角暗撑配筋）	LL（JC）	××	LL（JC）2
连梁（交叉斜筋配筋）	LL（JX）	××	LL（JX）3
连梁（集中对角斜筋配筋）	LL（DX）	××	LL（DX）4
连梁（跨高比不小于5）	LLk	××	LLk7
暗梁	AL	××	AL5
边框梁	BKL	××	BKL6

注：1. 在具体工程中，当某些墙身需设置暗梁或边框梁时，宜在剪力墙平法施工图中绘制暗梁或边框梁的平面布
置图并编号，以明确其具体位置。

2. 跨高比不小于5的连梁按框架梁设计时，代号为 LLk

（2）剪力墙梁在列表注写中表达的内容（图 6.3）有以下规定：

1）标注墙梁编号。

2）标注墙梁所在楼层号。

3）标注墙梁顶面标高高差是指相对于墙梁所在结构层楼面标高的高差值。高于者为正值，低于者为负值，当无高差时不注。

4）标注墙梁截面尺寸 $b×h$，上部纵筋、下部纵筋和箍筋的具体数值。

5）当连梁设有对角暗撑时［代号为 LL（JC）××］，注写暗撑的截面尺寸（箍筋外皮尺寸）；注写一根暗撑的全部纵筋，并标注"×2"表明有两根暗撑相互交叉；注写暗撑箍筋的具体数值，见表 6.4。

表 6.4　连梁对角暗撑配筋表

编号	所在楼层号	梁顶相对标高高差	梁截面 $b×h$	上部纵筋	下部纵筋	侧面纵筋	墙梁箍筋	对角暗撑		
								截面尺寸	纵筋	箍筋

6）当连梁设有交叉斜筋时［代号为 LL（JX）××］，注写连梁一侧对角斜筋的配筋值，并标注×2表明对称设置；注写对角斜筋在连梁端部设置的拉结筋根数、规格及直径，并标注"×4"表示四个角都设置；注写连梁一侧折线筋配筋值，并标注"×2"表明对称设置，见表 6.5。

表 6.5　连梁交叉斜筋配筋表

编号	所在楼层号	梁顶相对标高高差	梁截面 $b×h$	上部纵筋	下部纵筋	侧面纵筋	墙梁箍筋	交叉斜筋		
								对角斜筋	拉结筋	折线筋

7）当连梁设有集中对角斜筋时［代号为 LL（DX）××］，注写一条对角线上的对角斜筋，并标注"×2"表明对称设置，见表 6.6。

表 6.6　连梁对角斜筋配筋表

编号	所在楼层号	梁顶相对标高高差	梁截面 $b×h$	上部纵筋	下部纵筋	侧面纵筋	墙梁箍筋	集中对角斜筋

8）跨高比不小于 5 的连梁，按框架梁设计时（代号为 LLkX.X），采用平面注写方式，注写规则同框架梁，可采用适当比例单独绘制，也可与剪力墙平法施工图合并绘制。

9）当设置双连梁、多连梁时，应分别表达在剪力墙平法施工图上。

墙梁侧面纵筋的配置，当墙身水平分布钢筋满足连梁、暗梁侧面纵向构造钢筋的要求时，该筋配置同墙身水平分布钢筋，表中不注，施工按标准构造详图的要求即可。当不满足时，应在表中补充注明梁侧面纵筋的具体数值，纵筋沿梁高方向均匀布置；当采用平面注写方式时，梁侧面纵筋以大写字母"N"打头。

梁侧面纵向钢筋在支座内锚固要求同连梁中受力钢筋。

例： N6⊕12，表示连梁两个侧面共配置 6 根直径为 12 mm 的纵向构造钢筋，采用HRB400 级钢筋，每侧各配置 3 根。

6.1.2　截面注写方式

截面注写方式是指在分标准层绘制的剪力墙平面布置图上，以直接在墙柱、墙身、墙梁上标注截面尺寸和配筋具体数值的方式来表达剪力墙平法施工图。选用适当比例原位放大绘制剪力墙平面布置图，其中对墙柱绘制配筋截面图；对所有墙柱、墙身、墙梁分别进行编号，并在相同编号的墙柱、墙身、墙梁中选择一根墙柱、一道墙身、一根墙梁进行标注。剪力墙截面注写方式示例如图 6.5 所示。其注写方式按以下规定进行。

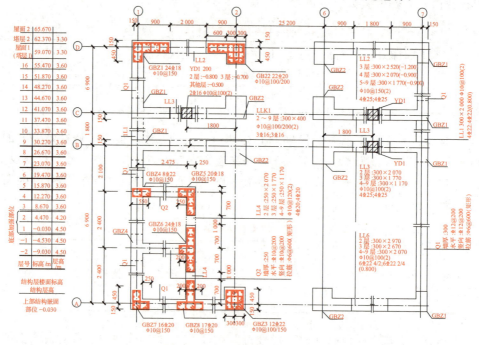

图 6.5　剪力墙截面注写方式

（1）从相同编号的墙柱中选择一个截面，原位绘制墙柱截面配筋图，注明几何尺寸，并在各配筋图上继其编号后标注全部纵筋及箍筋的具体数值。其中，约束边缘构件除需注明阴影部分具体尺寸外，还需注明约束边缘构件沿墙肢长度 l_c；配筋图中需注明约束边缘构件非阴影区内布置的拉结筋或箍筋直径，与阴影区箍筋直径相同时，可不注。

（2）从相同编号的墙身中选择一道墙身，按顺序引注的内容为墙身编号（应包括注写在括号内墙身所配置的水平与竖向分布钢筋的排数）、墙厚尺寸，水平分布钢筋、竖向分布钢筋和拉结筋的具体数值。

（3）从相同编号的墙梁中选择一根墙梁，采用平面注写方式，按顺序引注的内容如下：

1）注写墙梁编号、墙梁所在层及截面尺寸 $b \times h$、墙梁箍筋、上部纵筋、下部纵筋和墙梁顶面标高高差的具体数值。

2）当连梁设有对角暗撑时〔代号为 LL（JC）××〕，注写按剪力墙梁中对角暗撑规定。

例：LL（JC）1　5 层：500×1 800　Φ10@100（4）4Φ25；4Φ25　N18Φ14 JC300×300 6Φ22（×2）Φ10@200（3），表示 1 号设对角暗撑连梁，所在楼层为 5 层；连梁宽 500 mm，高 1 800 mm；箍筋为 Φ10@100（4）；上部纵筋 4Φ25，下部纵筋 4Φ25；连梁两侧配置纵筋 18Φ14；梁顶标高相对于 5 层楼面标高无高差；连梁设有两根相互交叉的暗撑，暗撑截面（箍筋外皮尺寸）宽 300 mm，高 300 mm；每根暗撑纵筋为 6Φ22，上下排各 3 根；箍筋为 Φ10@200（3）。

3）当连梁设有交叉斜筋时〔代号为 LL（JX）××〕，注写按剪力墙梁中当连梁设有交叉斜筋时的规定。

例：LL（JX）2　6 层：300×800　Φ10@100（4）4Φ18；4Φ18　N6Φ14（＋0.100）JX2Φ22（×2）3Φ10（×4），表示 2 号设交叉斜筋连梁，所在楼层为 6 层；连梁宽 300 mm，高 800 mm；箍筋为 Φ10@100（4）；上部纵筋 4Φ18，下部纵筋 4Φ18；连梁两侧配置纵筋 6Φ14；梁顶高于 6 层楼面标高 0.100 m；连梁对称设置交叉斜筋，每侧配筋 2Φ22；交叉斜筋在连梁端部设置拉结筋 3Φ10，四个角都设置。

4）当连梁设有集中对角斜筋时〔代号为 LL（DX）××〕，注写规定按剪力墙梁中对角斜筋规定。

例：LL（DX）3　6 层：400×1 000　Φ10@100（4）4Φ20；4Φ20　N8Φ14 DX8Φ20（×2）；表示 3 号设对角斜筋连梁，所在楼层为 6 层；连梁宽 400 mm，高 1 000 mm；箍筋为 Φ10@100（4）；上部纵筋 4Φ20，下部纵筋 4Φ20；连梁两侧配置纵筋 8Φ14；连梁对称设置对角斜筋、每侧斜筋配筋 8Φ20，上下排各 4Φ20。

5）跨高比不小于 5 的连梁，按框架梁设计时（代号为 LLk××），注写规则：按剪力墙梁中连梁规定。

当墙身水平分布钢筋不能满足连梁的侧面纵向构造钢筋的要求时，应补充注明梁侧面纵筋的具体数值；注写时，以大写字母"N"打头，接续注写梁侧面纵筋的总根数与直径。其在支座内的锚固要求同连梁中受力钢筋。

采用截面注写方式表达的剪力墙平法施工图示例如图 6.5 所示。

6.1.3　剪力墙洞口表示方法

无论采用列表注写方式还是截面注写方式，剪力墙上的洞口均可在剪力墙平面布置图上原位表达。

（1）在剪力墙平面布置图上绘制洞口示意，并标注洞口中心的平面定位尺寸。

（2）在洞口中心位置引注：洞口编号、洞口几何尺寸、洞口所在层及洞口中心相对标高、洞口每边补强钢筋，共四项内容。具体规定如下：

1）洞口编号：矩形洞口为JD××（××为序号），圆形洞口为YD××（××为序号）。

2）洞口几何尺寸：矩形洞口为洞宽×洞高（$b \times h$），圆形洞口为洞口直径 D。

3）洞口所在层及洞口中心相对标高，相对标高指相对于结构层楼（地）面标高的洞口中心高度，应为正值。

4）洞口每边补强钢筋，分为以下几种不同情况：

①当矩形洞口的洞宽、洞高均不大于800 mm时，此项注写为洞口每边补强钢筋的具体数值。当洞宽、洞高方向补强钢筋不一致时，分别注写洞宽方向、洞高方向补强钢筋，以"/"分隔。

例：JD2　400×300　2~5层：＋1.000　3Φ14，表示2~5层设置2号矩形洞口，洞宽为400 mm，洞高为300 mm，洞口中心距本结构层楼面1 000 mm，洞口每边补强钢筋为3Φ14。

例：JD4　800×300　6层：＋2.500　3Φ18/3Φ14，表示6层设置4号矩形洞口，洞宽为800 mm，洞高为300 mm，洞口中心距6层楼面2 500 mm，沿洞宽方向每边补强钢筋为3Φ18，沿洞高方向每边补强钢筋为3Φ14。

②当矩形或圆形洞口的洞宽或直径大于800 mm时，在洞口的上、下需设置补强暗梁，此项注写为洞口上、下每边暗梁的纵筋与箍筋的具体数值（在标准构造详图中，补强暗梁梁高一律定为400 mm，施工时按标准构造详图取值，设计不注。当设计者采用与该构造详图不同的做法时，应另行注明），圆形洞口时还需注明环向加强钢筋的具体数值；当洞口上、下边为剪力墙连梁时，此项免注；洞口竖向两侧设置边缘构件时，也不在此项表达（当洞口两侧不设置边缘构件时，设计者应给出具体做法）。

例：JD5　1 000×900　3层：＋1.400　6Φ20　Φ8@150（2），表示3层设置5号矩形洞口，洞宽1 000 mm，洞高900 mm，洞口中心距3层楼面1 400 mm，洞口上下设补强暗梁；每边暗梁纵筋为6Φ20；箍筋为Φ8@150，双肢箍。

例：YD5　1 000　2~6层：＋1.800　6Φ20　Φ8@150（2）2Φ16，表示2~6层设置5号圆形洞口，直径为1 000 mm，洞口中心距本结构层楼面1 800 mm，洞口上下设补强暗梁，暗梁纵筋为6Φ20，上、下排对称布置；箍筋为Φ8@150，双肢箍，环向加强钢筋2Φ16。

③当圆形洞口设置在连梁中部1/3范围（且圆洞直径不应大于1/3梁高）时，需注写在圆洞上下水平设置的每边补强纵筋与箍筋。

④当圆形洞口设置在墙身位置，并且洞口直径不大于300 mm时，此项注写为洞口上下左右每边布置的补强纵筋的具体数值。

⑤当圆形洞口直径大于300 mm，但不大于800 mm时，此项注写为洞口上下左右每边布置的补强纵筋的具体数值，以及环向加强钢筋的具体数值。

例：YD5　600　5层：＋1.800　2Φ20　2Φ16，表示5层设置5号圆形洞口，直径为600 mm，洞口中心距5层楼面1 800 mm，洞口上下左右每边补强钢筋为2Φ20，环向加强钢筋为2Φ16。

微课：剪力墙钢筋
构造与翻样

6.2　剪力墙钢筋构造

6.2.1　剪力墙钢筋构造

1. 剪力墙水平分布钢筋构造

剪力墙分布钢筋配置若多于两排，中间排水平分布钢筋端部构造同内侧钢筋。水平分布钢筋宜均匀放置，竖向分布钢筋在保持相同配筋率条件下外排钢筋直径宜大于内排钢筋直径。

剪力墙水平分布钢筋构造详见表 6.7～表 6.11 和表 6.13。

（1）端部有暗柱构造见表 6.7。

表 6.7　端部有暗柱构造

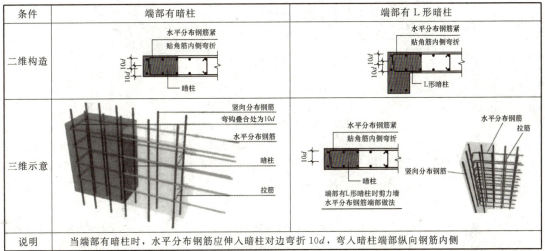

条件	端部有暗柱	端部有 L 形暗柱
二维构造		
三维示意		
说明	当端部有暗柱时，水平分布钢筋应伸入暗柱对边弯折 $10d$，弯入暗柱端部纵向钢筋内侧	

3D 模型：端部有暗柱时　　3D 模型：端部有 L 形暗柱时　　3D 模型：　　　　3D 模型：
剪力墙水平分布钢筋端部做法　剪力墙水平分布钢筋端部做法　转角墙（一）　转角墙（二）

（2）端部为转角墙构造见表 6.8。

表 6.8　端部为转角墙构造

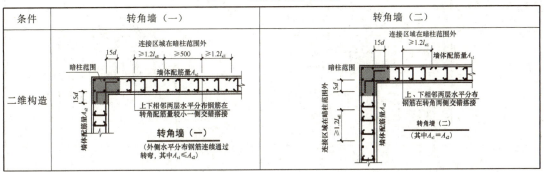

条件	转角墙（一）	转角墙（二）
二维构造		

续表

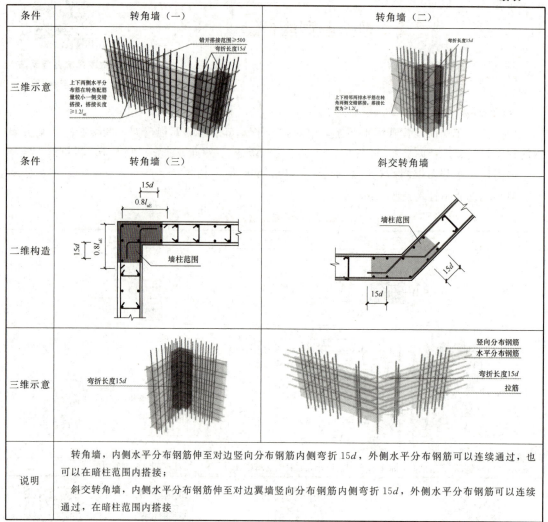

条件	转角墙（一）	转角墙（二）
三维示意		

条件	转角墙（三）	斜交转角墙
二维构造		
三维示意		

说明	转角墙，内侧水平分布钢筋伸至对边竖向分布钢筋内侧弯折 $15d$，外侧水平分布钢筋可以连续通过，也可以在暗柱范围内搭接； 斜交转角墙，内侧水平分布钢筋伸至对边翼墙竖向分布钢筋内侧弯折 $15d$，外侧水平分布钢筋可以连续通过，在暗柱范围内搭接

（3）端部为端柱转角墙构造见表 6.9。

表 6.9　端部为端柱转角墙构造

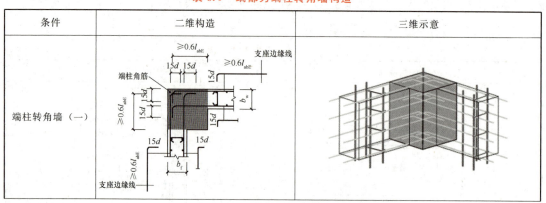

条件	二维构造	三维示意
端柱转角墙（一）		

续表

条件	二维构造	三维示意
端柱转角墙（二）	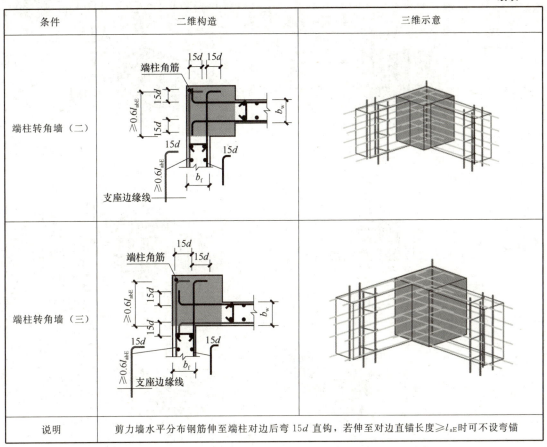	
端柱转角墙（三）		
说明	剪力墙水平分布钢筋伸至端柱对边后弯 $15d$ 直钩，若伸至对边直锚长度 $\geq l_{aE}$ 时可不设弯锚	

（4）端部为端柱翼墙构造见表 6.10。

表 6.10　端部为端柱翼墙构造

条件	二维构造	三维示意
端柱翼墙（一）	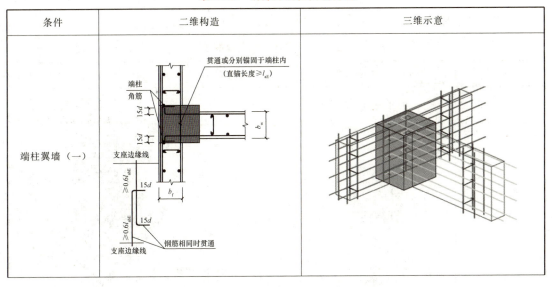	

续表

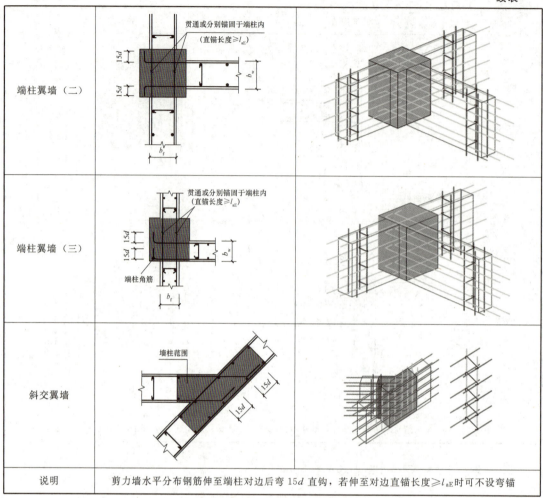

条件	二维构造	三维示意
端柱翼墙（二）	贯通或分别锚固于端柱内（直锚长度≥l_{aE}） 15d 15d b_w b_f	
端柱翼墙（三）	贯通或分别锚固于端柱内（直锚长度≥l_{aE}） 15d 15d b_w 端柱角筋 b_f	
斜交翼墙	墙柱范围 15d 15d	
说明	剪力墙水平分布钢筋伸至端柱对边后弯 15d 直钩，若伸至对边直锚长度≥l_{aE}时可不设弯锚	

（5）端柱端部墙构造见表6.11。

表6.11　端柱端部墙构造

条件	二维构造	三维示意
端柱端部墙（一）	15d 15d b_w	●端柱端部墙纵向钢筋 ●端柱端部墙水平分布钢筋 ●端柱端部墙拉筋

续表

条件	二维构造	三维示意
端柱端部墙（二）	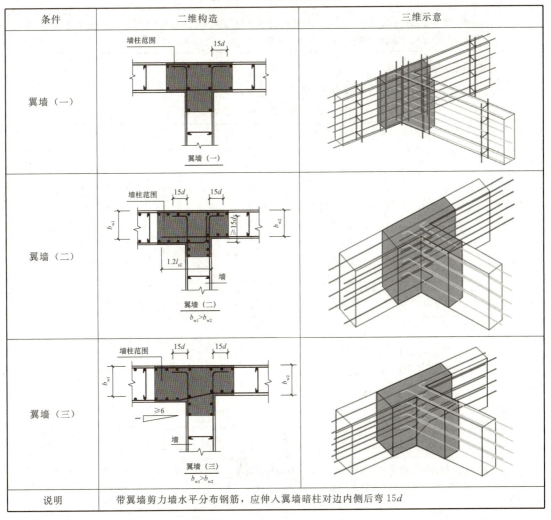	
说明	剪力墙水平分布钢筋伸至端柱对边后弯 $15d$ 直钩，若伸至对边直锚长度 $\geqslant l_{aE}$ 时可不设弯锚	

（6）端部为翼墙构造见表 6.12。

表 6.12　端部为翼墙构造

条件	二维构造	三维示意
翼墙（一）		
翼墙（二） $b_{w1} > b_{w2}$		
翼墙（三） $b_{w1} > b_{w2}$		
说明	带翼墙剪力墙水平分布钢筋，应伸入翼墙暗柱对边内侧后弯 $15d$	

（7）水平分布钢筋交错搭接构造见表6.13。

表 6.13 水平分布钢筋交错搭接构造

条件	水平分布钢筋交错搭接		单、双排配筋	
二维构造	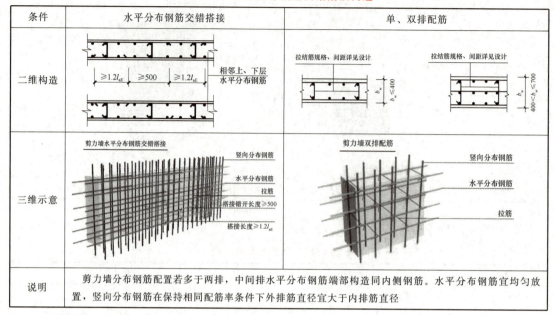			
三维示意				
说明	剪力墙分布钢筋配置若多于两排，中间排水平分布钢筋端部构造同内侧钢筋。水平分布钢筋宜均匀放置，竖向分布钢筋在保持相同配筋率条件下外排筋直径宜大于内排筋直径			

2. 剪力墙竖向钢筋构造

（1）剪力墙竖向分布钢筋连接构造见表6.14。

表 6.14 剪力墙竖向分布钢筋连接构造

条件	竖向分布钢筋交错搭接	竖向分布钢筋搭接
构造	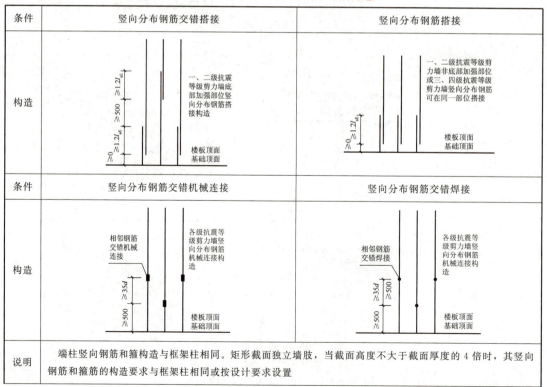	
条件	竖向分布钢筋交错机械连接	竖向分布钢筋交错焊接
构造		
说明	端柱竖向钢筋和箍筋构造与框架柱相同。矩形截面独立墙肢，当截面高度不大于截面厚度的4倍时，其竖向钢筋和箍筋的构造要求与框架柱相同或按设计要求设置	

续表

条件	上层钢筋直径大于下层钢筋直径
构造	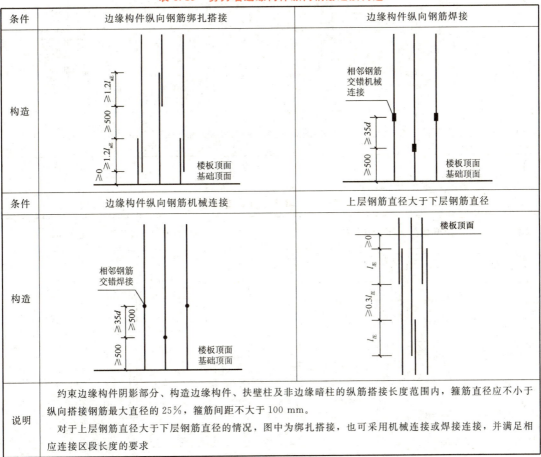
说明	对于上层钢筋直径大于下层钢筋直径的情况，图中为绑扎搭接，也可采用机械连接或焊接连接，并满足相应连接区段长度的要求。对于一、二级抗震等级剪力墙非底部加强部位或三、四级抗震等级剪力墙竖向分布钢筋，可在同一部位搭接

（2）剪力墙边缘构件纵向钢筋连接构造见表 6.15。

表 6.15　剪力墙边缘构件纵向钢筋连接构造

条件	边缘构件纵向钢筋绑扎搭接	边缘构件纵向钢筋焊接
构造		
条件	边缘构件纵向钢筋机械连接	上层钢筋直径大于下层钢筋直径
构造		
说明	约束边缘构件阴影部分、构造边缘构件、扶壁柱及非边缘暗柱的纵筋搭接长度范围内，箍筋直径应不小于纵向搭接钢筋最大直径的 25%，箍筋间距不大于 100 mm。 对于上层钢筋直径大于下层钢筋直径的情况，图中为绑扎搭接，也可采用机械连接或焊接连接，并满足相应连接区段长度的要求	

（3）剪力墙竖向钢筋顶部构造见表 6.16。

表 6.16　剪力墙竖向钢筋顶部构造

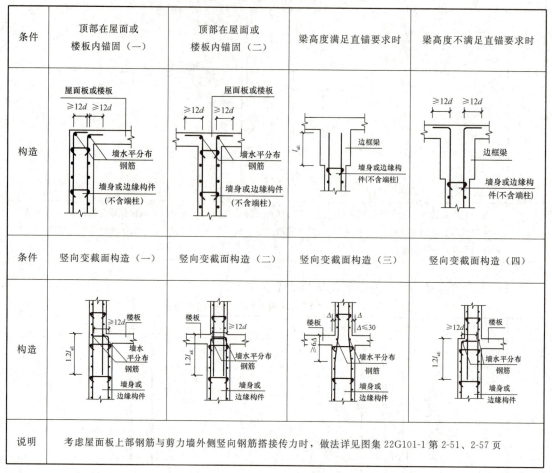

条件	顶部在屋面或楼板内锚固（一）	顶部在屋面或楼板内锚固（二）	梁高度满足直锚要求时	梁高度不满足直锚要求时
构造				

条件	竖向变截面构造（一）	竖向变截面构造（二）	竖向变截面构造（三）	竖向变截面构造（四）
构造				
说明	考虑屋面板上部钢筋与剪力墙外侧竖向钢筋搭接传力时，做法详见图集 22G101-1 第 2-51、2-57 页			

（4）其他位置锚固构造见表 6.17。

表 6.17　其他位置锚固构造

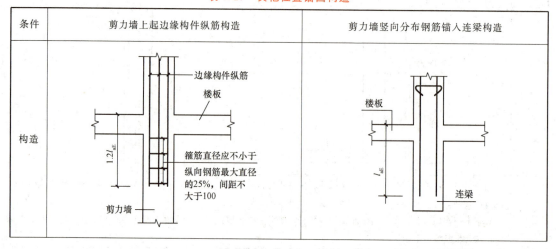

条件	剪力墙上起边缘构件纵筋构造	剪力墙竖向分布钢筋锚入连梁构造
构造		

续表

条件	剪力墙拉结筋排布构造	剪力墙拉结筋排布构造
构造	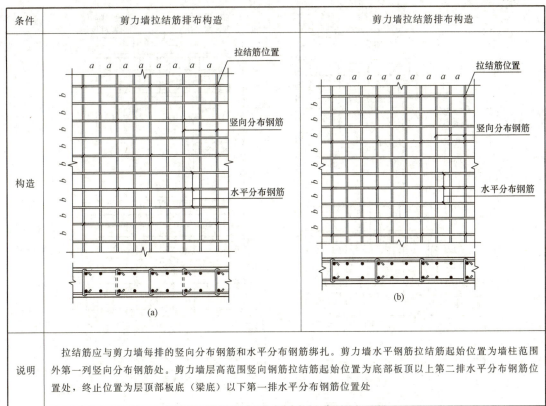 (a)	(b)
说明	拉结筋应与剪力墙每排的竖向分布钢筋和水平分布钢筋绑扎。剪力墙水平钢筋拉结筋起始位置为墙柱范围外第一列竖向分布钢筋处。剪力墙层高范围竖向钢筋拉结筋起始位置为底部板顶以上第二排水平分布钢筋位置处，终止位置为层顶部板底（梁底）以下第一排水平分布钢筋位置处	

6.2.2　剪力墙梁钢筋构造

1. 剪力墙连梁钢筋构造

剪力墙连梁的钢筋种类包括纵向钢筋、箍筋、拉结筋和墙身水平钢筋，如图6.6所示。

（1）连梁的纵向钢筋。连梁以暗柱或端柱为支座，连梁主筋锚固起点应当从暗柱或端柱的边缘算起。当端部洞口连梁的纵向钢筋在端支座（暗柱或端柱）的直锚长度$\geqslant l_{aE}$，且$\geqslant 600$ mm时，可不必弯锚；当连梁端部暗柱或端柱的长度$\leqslant l_{aE}$或$\leqslant 600$ mm时，需要弯锚，连梁主筋伸至暗柱或端柱外侧纵筋的内侧后弯锚$15d$。

（2）剪力墙水平分布钢筋与连梁的关系。剪力墙水平分布钢筋从暗梁的外侧通过连梁。洞口范围内的连梁箍筋详见具体工程设计。

连梁侧面的构造纵筋，当设计未标注时，即剪力墙的水平分布钢筋。

（3）连梁的箍筋。楼层连梁的箍筋仅在洞口范围内布置，第一根箍筋距支座边50 mm。顶层连梁的箍筋在梁全长范围内设置，洞口范围内的第一根箍筋距离支座边50 mm；支座范围内的第一根箍筋距离支座边缘100 mm；支座范围内箍筋的间距为150 mm（设计时不注）。

（4）连梁内的拉结筋设置要求同暗梁内的拉结筋设置。

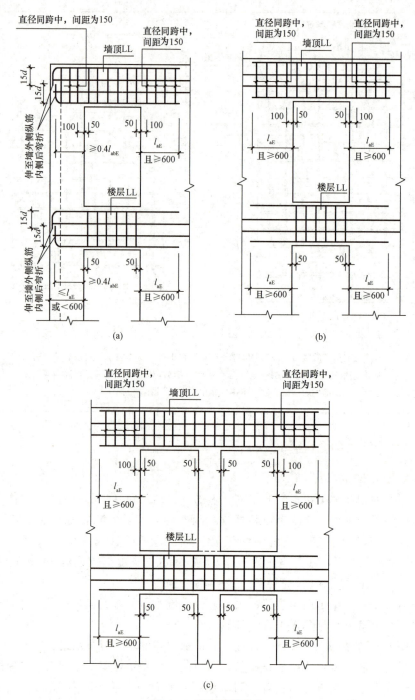

图 6.6 连梁配筋构造

（a）小墙垛处洞口连梁（端部墙肢较短）；（b）单洞口连梁（单跨）；（c）双洞口连梁（双胯）

（5）连梁交叉斜筋、对角暗撑、集中对角斜筋配筋构造见表 6.18。

表 6.18　连梁交叉斜筋、对角暗撑、集中对角斜筋配筋构造

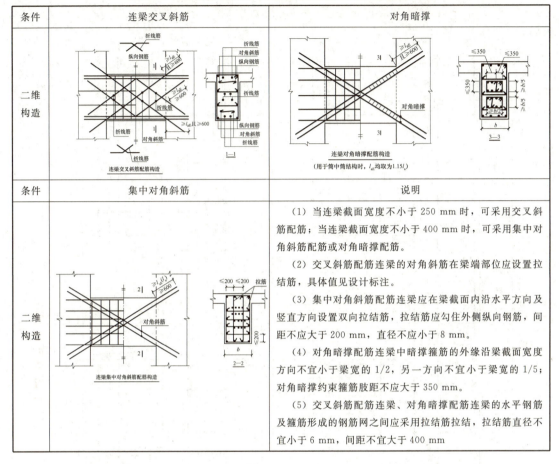

条件	连梁交叉斜筋	对角暗撑
二维构造	连梁交叉斜筋配筋构造	连梁对角暗撑配筋构造（用于筒中筒结构时，l_{aE} 均取为 $1.15l_a$）

条件	集中对角斜筋	说明
二维构造	连梁集中对角斜筋配筋构造	（1）当连梁截面宽度不小于 250 mm 时，可采用交叉斜筋配筋；当连梁截面宽度不小于 400 mm 时，可采用集中对角斜筋配筋或对角暗撑配筋。 （2）交叉斜筋配筋连梁的对角斜筋在梁端部位应设置拉结筋，具体值见设计标注。 （3）集中对角斜筋配筋连梁应在梁截面内沿水平方向及竖直方向设置双向拉结筋，拉结筋应勾住外侧纵向钢筋，间距不应大于 200 mm，直径不应小于 8 mm。 （4）对角暗撑配筋连梁中暗撑箍筋的外缘沿梁截面宽度方向不宜小于梁宽的 1/2，另一方向不宜小于梁宽的 1/5；对角暗撑约束箍筋肢距不应大于 350 mm。 （5）交叉斜筋配筋连梁、对角暗撑配筋连梁的水平钢筋及箍筋形成的钢筋网之间应采用拉结筋拉结，拉结筋直径不宜小于 6 mm，间距不宜大于 400 mm

2. 暗梁钢筋构造

暗梁一般设置在剪力墙靠近楼板底部的位置，就像砖混结构的圈梁那样。暗梁对剪力墙有阻止开裂的作用，是剪力墙的一道水平线性加强带。楼层、顶层暗梁钢筋排布构造如图 6.7 所示。暗梁的钢筋包括纵向钢筋、箍筋、拉结筋和暗梁侧面筋。暗梁的纵筋沿墙肢长度方向贯通布置，箍筋也沿墙肢方向全长均匀布置，不存在加密区和非加密区。在实际工程中，暗梁和暗柱经常配套使用，暗梁的第一根箍筋距暗柱主筋中心为暗梁箍筋间距的 1/2 的地方布置。暗梁拉结筋的计算同剪力墙墙身拉结筋，竖向沿侧面水平筋隔一拉一。

暗梁不是剪力墙身的支座，而是剪力墙的加强带。所以，当每个楼层的剪力墙顶部设置暗梁时，则剪力墙竖向钢筋不能锚入暗梁；如果当前层是中间层，则剪力墙竖向钢筋穿越暗梁直伸入上一层；如果当前层是顶层，则剪力墙的竖向钢筋应穿越暗梁锚入现浇板内。

3. 边框梁钢筋构造

边框梁可以认为是剪力墙的加强带，是剪力墙的边框，有了边框梁就可以不设置暗梁。边框梁的上部纵筋和下部纵筋都是贯通布置，箍筋沿边框梁全长均匀布置。边框梁一般都与端柱发生联系，边框梁纵筋与端柱纵筋之间的关系可参照框架梁纵筋与框架柱纵筋的关系。剪力墙边框梁钢筋排布构造如图 6.8 所示。边框梁的钢筋包括纵向钢筋、箍筋、拉结筋和边框梁侧面筋。

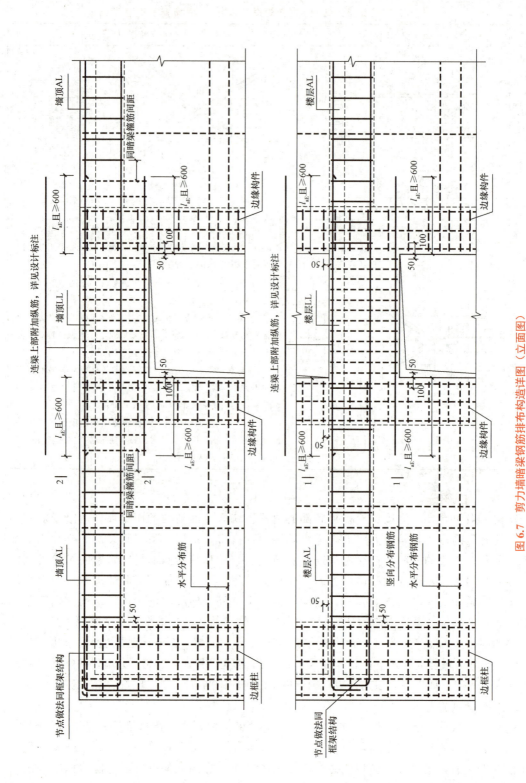

图 6.7　剪力墙暗梁钢筋排布构造详图（立面图）

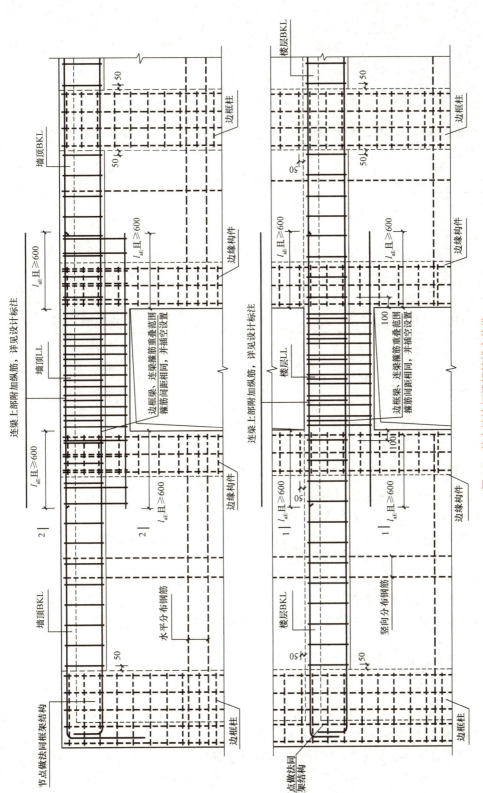

图 6.8 剪力墙边框梁、钢筋排布构造

6.3 剪力墙钢筋翻样

6.3.1 剪力墙钢筋种类

剪力墙根据剪力墙身、剪力墙梁、剪力墙柱所在位置及功能不同，需要计算的主要钢筋见表 6.19。

表 6.19 剪力墙钢筋

钢筋位置	钢筋名称	
剪力墙身	水平筋	外侧筋
		内侧筋
	竖向筋	基础层插筋
		中间层竖向筋
		顶层钢筋
	拉结筋	拉结筋
剪力墙梁	连梁	纵筋　箍筋
	暗梁	纵筋　箍筋
	边框梁	纵筋　箍筋
剪力墙柱	暗柱	纵筋　箍筋
	端柱	纵筋　箍筋

剪力墙钢筋时翻样要注意以下几点：
（1）剪力墙身、墙梁、墙柱及洞口之间的关系。
（2）剪力墙在平面上有直角、丁字角、十字角、斜交角等各种转角形式。
（3）剪力墙在立面上有各种洞口。
（4）墙身钢筋可能有单排、双排、多排，且可能每排钢筋不同。
（5）墙柱有各种箍筋组合。
（6）连梁要区分顶层与中间层，依据洞口的位置不同计算方法也不同。

6.3.2 剪力墙钢筋翻样

1. 剪力墙身钢筋

剪力墙身钢筋包括水平筋、竖向筋、拉结筋和洞口加强筋。下面以剪力墙竖向分布钢筋与水平钢筋为例，进行钢筋计算的介绍。

（1）剪力墙竖向分布钢筋。剪力墙基础内插筋计算方法，可在框架柱基础插筋学习的基础上结合剪力墙基础内插筋构造进行翻样计算，本书不再赘述。剪力墙竖向分布钢筋见表 6.20。

表 6.20　剪力墙竖向分布钢筋

绑扎搭接	一、二级抗震	三、四级抗震	机械连接
	中间层纵筋＝层高＋$1.2l_{aE}$ 底层或顶层长短筋的相差 $500+1.2l_{aE}$ 三四级抗震时，剪力墙竖向钢筋可以同一部位搭接 中间层纵筋＝层高＋$1.2l_{aE}$		中间层纵筋＝层高 底层或顶层长短筋的相差 $35d$
	顶层竖向钢筋长度 一二级抗震 低位：层高－保护层＋$12d$ 高位：层高－保护层厚度＋$12d-1.2l_{aE}-500$ 三四级抗震 层高－保护层＋$12d$ 边框梁满足直锚要求时，不需要弯折 $12d$		顶层竖向钢筋长度 低位：层高－保护层＋$12d-500$ 高位：层高－保护层＋$12d-500-35d$ 边框梁满足直锚要求时，不需要弯折 $12d$
	$$墙身竖向分布钢筋根数=\frac{墙身净长-2个竖向间距}{竖向布置间距}+1$$		
	注：墙身竖筋是从暗柱或端柱边开始布置		

（2）水平分布钢筋。剪力墙水平筋视两端柱情况而定，形式繁多，翻样时视实际、结合构造而定。

1）基础层水平筋根数：

$$根数=\frac{基础高度-基础保护层-底板双层钢筋直径-100}{500}+1$$

2）中间层及顶层水平筋根数：

$$根数=\frac{层高-50}{间距}+1$$

2. 剪力墙连梁钢筋翻样

剪力墙连梁钢筋分为上下部纵筋、侧面构造筋、箍筋和拉结筋。下面以连梁上下纵筋翻样和连梁箍筋翻样为例进行介绍。

（1）连梁上下部纵筋翻样。连梁上下部纵筋翻样见表6.21。

表6.21　连梁上下纵筋翻样

单洞口连梁	双洞口连梁
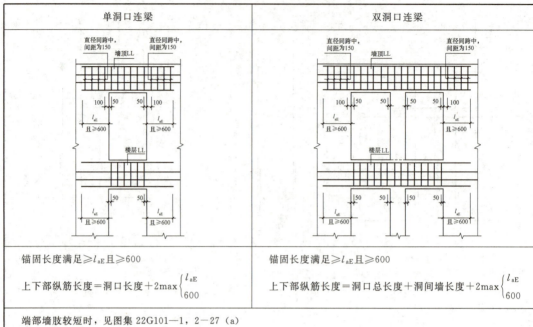	
锚固长度满足$\geqslant l_{aE}$且$\geqslant 600$ 上下部纵筋长度=洞口长度+2max$\begin{cases} l_{aE} \\ 600 \end{cases}$	锚固长度满足$\geqslant l_{aE}$且$\geqslant 600$ 上下部纵筋长度=洞口总长度+洞间墙长度+2max$\begin{cases} l_{aE} \\ 600 \end{cases}$
端部墙肢较短时，见图集22G101—1，2—27（a） 顶层：弯锚长度=$0.6l_{abE}+15d$ 中间层：弯锚长度=$0.4l_{abE}+15d$	
连梁侧面构造筋计算：连梁侧面构造筋是利用剪力墙身的水平分布钢筋，所以，连梁侧面构造筋放在剪力墙身水平分布钢筋中计算	

（2）连梁箍筋翻样。连梁箍筋翻样见表6.22。

表6.22　连梁箍筋翻样

连梁箍筋和拉结筋计算	
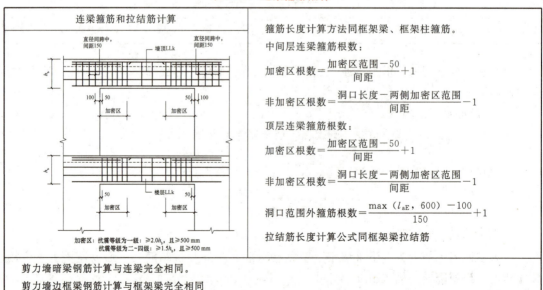	箍筋长度计算方法同框架梁、框架柱箍筋。 中间层连梁箍筋根数： 加密区根数=$\dfrac{加密区范围-50}{间距}+1$ 非加密区根数=$\dfrac{洞口长度-两侧加密区范围}{间距}-1$ 顶层连梁箍筋根数： 加密区根数=$\dfrac{加密区范围-50}{间距}+1$ 非加密区根数=$\dfrac{洞口长度-两侧加密区范围}{间距}-1$ 洞口范围外箍筋根数=$\dfrac{\max(l_{aE},\ 600)-100}{150}+1$ 拉结筋长度计算公式同框架梁拉结筋
剪力墙暗梁钢筋计算与连梁完全相同。 剪力墙边框梁钢筋计算与框架梁完全相同	

3. 剪力墙柱钢筋翻样

剪力墙柱分为端柱和暗柱。其中，端柱钢筋的计算方法与框架柱的计算方法相同；暗柱纵筋的计算同墙身竖向钢筋，具体构造参照 22G101 图集。

6.4　剪力墙钢筋翻样实例

例：剪力墙平法施工图如图 6.9 所示，工程信息见表 6.23，试计算 Q2、LL3 的钢筋。

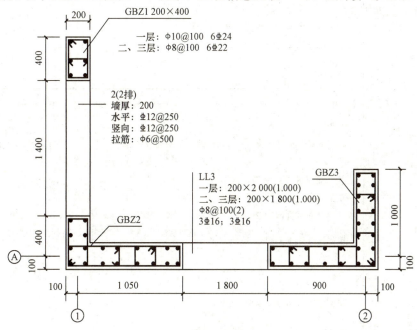

图 6.9　剪力墙平法施工图

表 6.23　工程信息表

层号	墙顶标高	层高	说明
3	11.050	3.3	剪力墙、基础混凝土强度等级为 C30，抗震等级为三级，基础底部双向钢筋布置均为 ⲫ20，基础保护层厚度为 40 mm，其余构件保护层厚度均为 15 mm，现浇板厚度为 150 mm。钢筋直径 $d \leqslant 14$ mm 时为绑扎搭接，$d > 14$ mm 时为焊接
2	7.750	3.3	
1	4.450	4.5	
基础	−1.000	基础厚 800	

1. Q2 钢筋计算

Q2 钢筋计算见表 6.24。

表 6.24　Q2 钢筋计算

钢筋名称	计算内容	计算过程
水平分布钢筋 $\Phi12@250$	长度	剪力墙水平分布钢筋构造参照图集 22G101—1，2—19，一端端部有暗柱时剪力墙水平分布钢筋端部做法，一端端部有 L 形暗柱时剪力墙水平分布钢筋端部做法。 外侧钢筋水平筋长度＝墙长－2×墙保护层厚度 c＋10d＋10d ＝（400＋1 400＋500）－2×15＋10×12＋10×12＝2 510（mm） 内侧水平分布筋长度同外侧钢筋
	钢筋简图	120 ⌐———— 2 270 ————⌐ 120
	根数	基础： h_j－基础保护层厚度 c－基础底部双向钢筋直径和＝800－40－2×20＝720（根） $>l_{aE}=444$ 外侧锚固区横向钢筋、内侧水平分布钢筋见图集 22G101—3，2—8 中 2—2 构造和 1—1 构造。 外侧锚固区横向钢筋，直径≥$d/4$，取 $\Phi8$，间距≤10d 且≤100，取间距为 100。 锚固区横向钢筋根数＝$\dfrac{h_j-100-基础保护层厚度 c-基础底部双向钢筋直径和}{间距 s}$＋1 ＝$\dfrac{800-100-40-20×2}{100}$＋1＝8（根） 内侧水平分布钢筋根数$\dfrac{l_{aE}-100}{500}$＋1＝$\dfrac{444-100}{500}$＋1＝2（根） 1层： 根数＝$\dfrac{层高-50}{间距}$＋1＝$\dfrac{5\,500-50}{250}$＋1＝23（根） 2层、3层： 根数＝$\dfrac{层高-50}{间距}$＋1＝$\dfrac{3\,300-50}{250}$＋1＝14（根） 水平分布钢筋根数＝（23＋14＋14）×2＋2＝104（根） 锚固区横向钢筋为 7 根
竖向分布钢筋 $\Phi12@250$	长度	$d=40<5d=5×12=60$（mm），见图集 22G10101—1，2—8 墙身竖向分布钢筋在基础中构造。 抗震等级为三级，竖向分布钢筋可在统一部位搭接，见图集 22G10101—1，2—21 墙身竖向分布钢筋在基础中构造。 h_j－基础保护层厚度 c－基础底部双向钢筋直径和＝800－40－2×20＝720（mm） $>l_{aE}=444$ 外侧竖向分布钢筋、内侧竖向分布钢筋见图集 22G101—3，2—8 中 2—2 构造和 1—1 构造

钢筋名称	计算内容	计算过程
竖向分布钢筋 $\Phi12@250$	长度	基础插筋 （1）内侧伸至基础底板底部竖向分布钢筋长度 $=\max\begin{cases}6d\\150\end{cases}+(h_{\mathrm{j}}-$基础保护层厚度$-$基础底部双向双向钢筋直径之和$)+1.2l_{\mathrm{aE}}$ $=150+(800-40-2\times20)+1.2\times444=1\,403$（mm）
		钢筋简图 $\quad\overset{150}{}\boxed{\llcorner\qquad\qquad 1\,253 \qquad\qquad}$
		（2）内侧不伸至基础底板底部竖向分布钢筋长度 $=l_{\mathrm{aE}}+1.2l_{\mathrm{aE}}=2.2\times444=977$（mm） 外侧竖向分布钢筋长度同内侧伸至基础底板底部竖向分布钢筋
		钢筋简图 $\quad$————————977————————
		1 层竖向分布钢筋长度 $=$ 层高 $+1.2l_{\mathrm{aE}}=5\,500+1.2\times444=6\,033$（mm）
		钢筋简图 $\quad$————————3 429————————
		2 层竖向分布钢筋长度 $=$ 层高 $+1.2l_{\mathrm{aE}}=3\,300+1.2\times444=3\,833$（mm）
		钢筋简图 $\quad$————————3 833————————
		3 层竖向分布钢筋长度 $=$ 层高 $-$ 保护层 $+12d=3\,300-15+12\times12=3\,429$（mm）
		钢筋简图 $\quad\overset{144}{}\boxed{\llcorner\qquad\qquad 3\,285 \qquad\qquad}$
	根数	基础插筋 根数 $=\dfrac{墙身净长-2个竖向间距\,s}{竖向布置间距}+1=\dfrac{1\,400-2\times250}{250}+1=5$（根） 基础内侧伸至基础底板底部竖向分布钢筋 2 根，内侧不伸至基础底板底部竖向分布钢筋 2 根；外侧竖向钢筋分布钢筋 4 根。 1 层 根数：$4\times2=8$（根） 2 层 根数：$4\times2=8$（根） 3 层 根数：$4\times2=8$（根）

钢筋名称	计算内容	计算过程
拉结筋 A6@500	长度	拉结筋长度$=b-2c+25.8d$ $=200-2\times15+25.8\times6=325$（mm） 钢筋简图 $\overset{170}{\longleftarrow\longrightarrow}$
	数量	基础层： 横向：$\dfrac{\text{剪力墙净长}-2s}{\text{拉结筋布置间距}}=\dfrac{1\,400-2\times250}{500}+1=3$（根） （$s$ 为相应分布钢筋的间距，下同） 内侧竖向共设置 2 道水平钢筋（22G101—3，2—8 中 1—1 按要求不少于 2 道水平分布钢筋与拉结筋） 基础层共 $3\times2=6$（根） 1 层 根数$=\dfrac{\text{剪力墙净高}-50-s}{\text{拉结筋布置间距}}\times\dfrac{\text{剪力墙净长}-2s}{\text{拉结筋布置间距}}$ $=\dfrac{5\,500-50-250}{500}\times\dfrac{1\,400-2\times250}{500}=11\times2=22$（根） 2 层、3 层 根数$=\dfrac{\text{剪力墙净高}-50-s}{\text{拉结筋布置间距}}\times\dfrac{\text{剪力墙净长}-2s}{\text{拉结筋布置间距}}$ $=\dfrac{3\,300-50-250}{500}\times\dfrac{1\,400-2\times250}{500}=6\times2=12$（根） 总根数$=6+22+12\times2=52$（根）

2. LL3 钢筋计算

LL3 钢筋计算见表 6.25。

表 6.25　LL3 钢筋计算

钢筋	计算内容	计算过程
纵向钢筋	上下纵筋各 3Φ16	锚固长度$\geqslant l_{aE}$且$\geqslant600$ 上下部纵筋长度$=$洞口长度$+2\max\begin{cases}l_{aE}\\600\end{cases}$ $=1\,800+2\max\begin{cases}l_{aE}\\600\end{cases}=1\,800+2\times600=3\,000$（mm） 钢筋简图 $\overset{3\,000}{\rule{4cm}{0.4pt}}$

续表

钢筋	计算内容	计算过程
箍筋	1 层 200×2 000 φ8@100	**1 层箍筋长度** $=2(b-2c)+2(h-2c)+18.5d$ $=2\times(200-2\times15)+2\times(2\ 000-2\times15)+18.5\times8=4\ 428$（mm） 钢筋简图 170　　1 970 **1 层洞口范围内箍筋根数** $=\dfrac{洞口长度-2\times50}{间距}+1=\dfrac{1\ 800-2\times50}{100}+1=18$（根）
	2 层、3 层 200×1 800 φ8@100	**2 层、3 层箍筋长度** $=2(b-2c)+2(h-2c)+18.5d$ $=2\times(200-2\times15)+2\times(1\ 800-2\times15)+18.5\times8=4\ 028$（mm） 170　　1 770 2 层、3 层洞口范围内箍筋根数 $=\dfrac{洞口长度-2\times50}{间距}+1=\dfrac{1\ 800-2\times50}{100}+1=18$（根） 3 层洞口范围外箍筋根数 $=\dfrac{\max(l_{aE},\ 600)-100}{150}+1=\dfrac{600-100}{150}+1=6$（根） 共计 $18\times2+6\times2=48$（根）

说明：

（1）侧面钢筋按水平分布钢筋确定，在计算水平分布钢筋时考虑，这里不再计算。

（2）拉结筋计算同框架梁拉结筋，这里不再计算

学习情景评价表

姓名		学号		
专业			班级	
评价标准				

项次	项目	评价内容	分值	自评分	教师评分
1	职业特质	过程导向的思维；追求准确与快速的计算能力	5		
2		追求达到设计规范与图集、标准的价值	5		
3	技术能力	识图能力	10		
4		解读构造的能力	10		
5		钢筋下料计算能力	10		
6		配料单编制能力	15		
7	相关知识	平法钢筋识图	10		
8		平法钢筋构造与下料计算	10		
9		配料单编制	15		
10	通用能力	合作和沟通能力	4		
11		技术与方法能力	3		
12		职业价值的认识能力	3		

自评做得很好的地方	
自评做得不好的地方	
以后需要改进的地方	
工作时效	提前○　准时○　超时○
自评	★★★★★（5、4、3、2、1分别代表非常好、好、一般、差、非常差）
教师评价	★★★★★（5、4、3、2、1分别代表非常好、好、一般、差、非常差）
学习建议	知识补充
	技能强化
	学习途径

实训一　剪力墙平法施工图识读

班级＿＿＿＿＿＿＿　　姓名＿＿＿＿＿＿＿　　学号＿＿＿＿＿＿＿

1. 剪力墙平法识读要点

（1）剪力墙由＿＿＿＿、＿＿＿＿、＿＿＿＿三部分组成。

（2）剪力墙以基础为支座，剪力墙底部钢筋锚固于基础中，上部钢筋连续、贯通。

（3）剪力墙平法施工图主要采用列表注写或截面注写的方式进行表达。剪力墙构件是竖向构件，不是单独一层，而是跨楼层形成一个完整的墙体，因此，除识读构件截面尺寸及配筋信息外，还要将标高和楼层信息相结合，概括起来有三个方面内容，即剪力墙身（1类）、剪力墙柱（2类）、剪力墙梁（3类）三个方面配筋信息，概括为"一墙二柱三梁"。

2. 剪力墙列表注写方式的识读

（1）剪力墙柱列表注写内容及相应的规定如下：

1）注写墙柱编号：由墙柱类型代号和序号组成。

2）注写墙柱的起止标高，自墙柱根部往上以变截面位置或截面未变但配筋改变处为界分段注写。墙柱根部标高一般是指＿＿＿＿＿＿＿＿标高（部分框支剪力墙结构则为框支梁顶面标高）。

3）注写各段墙柱的纵向钢筋和箍筋，注写值应与在表中绘制的截面配筋图对应一致。纵向钢筋注总配筋值；墙柱箍筋的注写方式与柱箍筋相同。

约束边缘构件除标注阴影部位的箍筋外，还要在剪力墙平面布置图中标注非阴影区内布置的拉结筋或箍筋。

4）墙柱代号中，YBZ、GBZ、AZ、FBZ分别代表＿＿＿＿、＿＿＿＿、＿＿＿＿、＿＿＿＿。

5）识图时如何区分约束边缘构件与构造边缘构件？

6）如何区分暗柱、端柱？

7）对图 6.10 所示墙柱进行平法识读。

（2）剪力墙身列表注写内容及相应的规定如下：

1）剪力墙身表由墙身代号、序号及墙身所配置的水平与竖向分布钢筋的排数组成，其中排数标注在括号内，表达形式为 Q×× （××排）。例：Q 10 （2 排）含义是＿＿＿＿＿＿＿＿＿＿＿＿＿＿＿＿＿＿＿＿＿＿＿＿＿。

2）在编号中，如若干墙柱的截面尺寸与配筋均相同，仅截面与轴线的关系不同时，可将其编为同一墙柱号；如若干墙身的厚度尺寸和配筋均相同，仅墙厚与轴线的关系不同或墙身长度不同时，也可将其编为同一墙身号，但应在图中注明与轴线的几何关系。

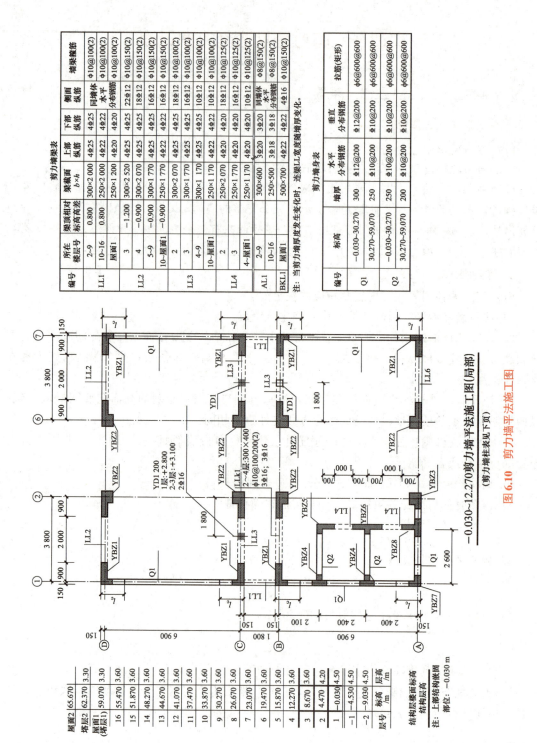

剪力墙梁表

编号	所在楼层号	梁顶相对标高高差	梁截面 b×h	上部纵筋	下部纵筋	侧面纵筋	墙梁箍筋
LL1	2~9	0.800	300×2 000	4Φ25	4Φ25	同墙体水平分布钢筋	Φ10@100(2)
	10~16	0.800	250×2 000	4Φ22	4Φ22	同墙体水平分布钢筋	Φ10@100(2)
	屋面1		250×1 200	4Φ20	4Φ20	22Φ12	Φ10@100(2)
LL2	3	-1.200	300×2 520	4Φ25	4Φ25	18Φ12	Φ10@150(2)
	4	-0.900	300×2 070	4Φ25	4Φ25	18Φ12	Φ10@150(2)
	5~9	-0.900	300×1 770	4Φ25	4Φ25	16Φ12	Φ10@150(2)
	10~屋面1	-0.900	250×1 770	4Φ22	4Φ22	16Φ12	Φ10@150(2)
LL3	2		300×2 070	4Φ25	4Φ25	16Φ12	Φ10@100(2)
	3		300×1 770	4Φ25	4Φ25	16Φ12	Φ10@100(2)
	4~9		300×1 170	4Φ25	4Φ25	10Φ12	Φ10@100(2)
	10~屋面1		250×1 170	4Φ22	4Φ22	10Φ12	Φ10@125(2)
LL4	2		250×2 070	4Φ20	4Φ20	18Φ12	Φ10@125(2)
	3		250×1 770	4Φ20	4Φ20	16Φ12	Φ10@125(2)
	4~屋面1		250×1 170	4Φ20	4Φ20	10Φ12	Φ10@125(2)
AL1	2~9		300×600	3Φ20	3Φ20	同墙体水平分布钢筋	Φ8@150(2)
	10~16		250×500	3Φ18	3Φ18	同墙体水平分布钢筋	Φ8@150(2)
BKL1	屋面1		500×700	4Φ22	4Φ22	4Φ16	Φ10@150(2)

注：当剪力墙厚度发生变化时，连梁LL宽度随墙厚变化。

剪力墙身表

编号	标高	墙厚	水平分布钢筋	垂直分布钢筋	拉筋(矩形)
Q1	-0.030~30.270	300	Φ12@200	Φ12@200	Φ6@600@600
	30.270~59.070	250	Φ10@200	Φ10@200	Φ6@600@600
Q2	-0.030~30.270	250	Φ10@200	Φ10@200	Φ6@600@600
	30.270~59.070	200	Φ10@200	Φ10@200	Φ6@600@600

层号	标高/m	层高/m
屋面2	65.670	
塔层2	62.370	3.30
屋面1(塔层1)	59.070	3.60
16	55.470	3.60
15	51.870	3.60
14	48.270	3.60
13	44.670	3.60
12	41.070	3.60
11	37.470	3.60
10	33.870	3.60
9	30.270	3.60
8	26.670	3.60
7	23.070	3.60
6	19.470	3.60
5	15.870	3.60
4	12.270	3.60
3	8.670	3.60
2	4.470	4.20
1	-0.030	4.50
-1	-4.530	4.50
-2	-9.030	4.50
层号	标高/m	层高/m

结构层楼面标高　结构层高

注：上部结构嵌固部位：-0.030 m

图6.10 剪力墙平法施工图

-0.030~12.270剪力墙平法施工图(局部)

(剪力墙柱表见下页)

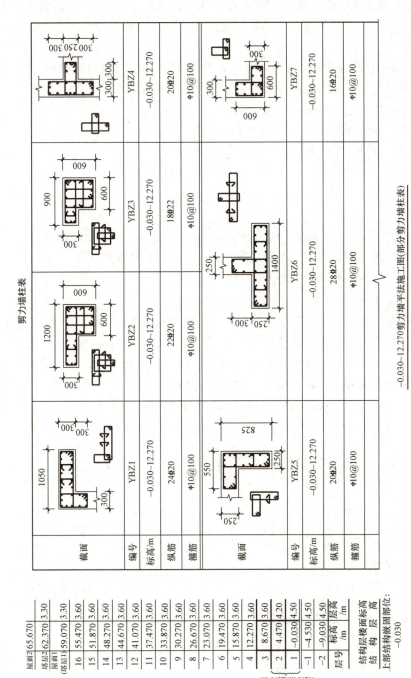

剪力墙柱表

截面			
编号	YBZ1	YBZ2	YBZ3	YBZ4
标高/m	-0.030~12.270	-0.030~12.270	-0.030~12.270	-0.030~12.270
纵筋	24⌀20	22⌀20	18⌀22	20⌀20
箍筋	Φ10@100	Φ10@100	Φ10@100	Φ10@100
截面			
编号	YBZ5	YBZ6	YBZ7	
标高/m	-0.030~12.270	-0.030~12.270	-0.030~12.270	
纵筋	20⌀20	28⌀20	16⌀20	
箍筋	Φ10@100	Φ10@100	Φ10@100	

-0.030~12.270剪力墙平法施工图(部分剪力墙柱表)

图6.10　剪力墙平法施工图(续)

层号	标高/m	层高/m
屋面2	65.670	
塔层2	62.370	3.30
屋面1(塔层1)	59.070	3.30
16	55.470	3.60
15	51.870	3.60
14	48.270	3.60
13	44.670	3.60
12	41.070	3.60
11	37.470	3.60
10	33.870	3.60
9	30.270	3.60
8	26.670	3.60
7	23.070	3.60
6	19.470	3.60
5	15.870	3.60
4	12.270	3.60
3	8.670	3.60
2	4.470	4.20
1	-0.030	4.50
-1	-4.530	4.50
-2	-9.030	4.50
层号	标高/m	层高/m

嵌固加强部位

结构层楼面标高
结构层高
上部结构嵌固部位:
-0.030

3）当墙身所设置的水平分布钢筋与竖向分布钢筋的排数为_____时可不注。

4）对于分布钢筋网的排数规定：当剪力墙厚度不大于_____时，应配置双排；当剪力墙厚度大于_____，但不_____时，宜配置三排；当剪力墙厚度大于 700 时，宜配置_____排。

5）当剪力墙配置的分布钢筋多于两排时，剪力墙拉结筋除两端应同时勾住外排水平纵筋和竖向纵筋外，还应与剪力墙内排水平纵筋和竖向纵筋绑扎在一起。

6）对图 6.10 所示的墙身进行平法识读。

（3）剪力墙梁列表注写内容及相应的规定如下：

1）墙梁编号，由墙梁类型代号和序号组成。

剪力墙梁包括_____、_____、_____三种梁，符号分别是_____、_____、_____。

其中连梁又包含_____、_____、_____、_____、_____5 种类型，代号分别为_____、_____、_____、_____、_____。

2）在具体工程中，当某些墙身需设置暗梁或边框梁时，宜在剪力墙平法施工图或梁平法施工图中绘制暗梁或边框梁的平面布置图并编号，以明确其具体位置。

3）对图 6.10 所示的墙梁进行平法识读。

3. 剪力墙截面注写方式识读

剪力墙截面注写方式是指在标准层绘制的剪力墙平面布置图上，以直接在墙柱、墙身、墙梁上注写截面尺寸和配筋具体数值的方式来表达剪力墙平法施工图。选用适当比例原位放大绘制剪力墙平面布置图，其中对墙柱绘制配筋截面图；对所有墙柱、墙身、墙梁分别进行编号，并在相同编号的墙柱、墙身、墙梁中选择一根墙柱、一道墙身、一根墙梁进行标注，剪力墙截面标注方式示例如图 6.11 所示，试进行平法施工图识读。

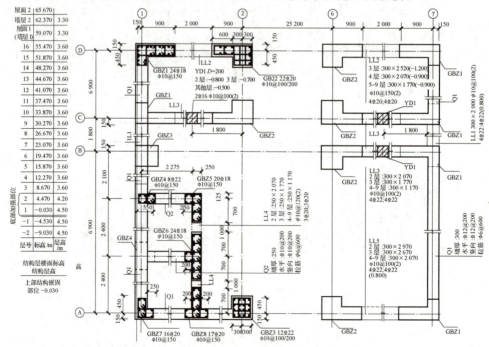

图 6.11　剪力墙平法施工图

实训二　剪力墙构造绘制 1

（对接"1＋X"建筑工程识图职业技能证书、职业院校"建筑工程识图"技能大赛）

班级＿＿＿＿＿＿＿＿　**姓名**＿＿＿＿＿＿＿＿　**学号**＿＿＿＿＿＿＿＿

工程案例：某剪力墙平面示意如图 6.12 所示，试计算内墙 Q2 钢筋工程量。已知：该建筑物为两层，基础垫层为 C20 混凝土，厚度为 100 mm，基础高度为 800 mm，基础底板为直径 20 mm 的 HRB400 级钢筋，基础顶面标高为 −1.050 m，一层地面结构标高为 −0.050 m，一层墙顶标高为 4.450 m，二层墙顶标高为 8.050 m。剪力墙、基础混凝土强度等级为 C30，现浇板厚为 100 mm，环境类别为一类，混凝土结构设计使用年限为 50 年，抗震等级为三级，竖向钢筋连接采用绑扎搭接方式。

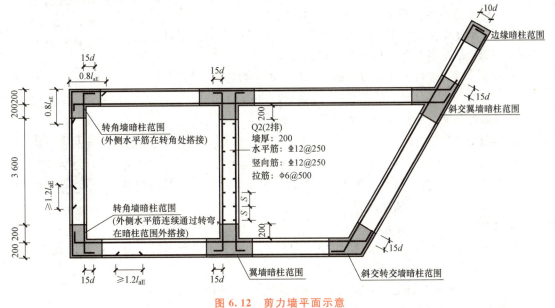

图 6.12　剪力墙平面示意

绘制要求：根据已知工程条件和图 6.12 给定的信息，结合图集 22G101 绘制钢筋计算简图。

（1）绘制 Q2 竖向钢筋构造，包含墙插筋和墙顶钢筋构造。

（2）标出非连接区、错开接头位置等信息。

实训三　剪力墙构造绘制 2

（对接"1+X"建筑工程识图职业技能证书、职业院校"建筑工程识图"技能大赛）

班级＿＿＿＿＿＿＿　姓名＿＿＿＿＿＿＿　学号＿＿＿＿＿＿＿

1. 地下室外墙钢筋绘制

识读结施-11、结施-13、结施-14，绘制完成地下室外墙的钢筋构造。

绘制要求：

（1）绘制Ⓐ轴交④～⑤轴、标高－11.100～－4.950 范围内地下室外墙的钢筋构造；

（2）绘图不考虑剪力墙钢筋搭接，标注墙中钢筋信息；

（3）标注剪力墙变截面处竖向钢筋构造尺寸；

（4）样板图中给出地下室外墙外侧竖向非贯通筋的配筋信息，在墙中绘制并标注非贯通筋距离楼板中心线的尺寸；

（5）地下室外墙混凝土强度等级为 C40，按抗震等级二级设计；

（6）注写图名和比例，图名根据绘制内容自定；

（7）绘图比例为 1∶1，出图比例为 1∶20。

结施-11、结施-13、
结施-14

2. 连梁内部钢筋绘制

识读结施-33，在Ⓑ轴交②～③轴处连梁 LL1a 中设置 12 根直径为 16 mm 的 HRB400 级钢筋作为集中对角斜筋，绘制集中对角斜筋的配筋构造，并绘制连梁 1－1 断面图。

结施-33

绘制要求：

（1）在样板图中仅需绘制连梁集中对角斜筋，每个方向分两排放置，标注斜筋构造尺寸，无须绘制连梁中的水平钢筋；

（2）LL1a 混凝土强度等级取 C30，按抗震等级一级设计；

（3）绘制连梁的 1－1 断面图并标注钢筋信息；

（4）墙体中的水平钢筋伸入连梁作为连梁腰筋，每侧腰筋设置为 ⨍16@200，下部第一排腰筋距连梁底部的距离为 200 mm；

（5）连梁中的拉结筋采用 HRB400 级，直径为 8 mm；

（6）标注图名及比例，图名根据绘制内容自定；

（7）绘图比例为 1∶1，出图比例为 1∶20。

实训四　剪力墙构造绘制 3

（对接"1＋X"建筑工程识图职业技能证书、职业院校"建筑工程识图"技能大赛）

班级_____　姓名_____　学号_____

识读结施 S-06 和结施 S-07，绘制完成地下室外墙的钢筋构造。

绘制要求：

（1）绘制①轴交③～⑤轴、标高基础顶至 2.800 范围内地下室外墙非构造柱处的钢筋构造；

（2）绘图不考虑剪力墙钢筋搭接，标注墙中钢筋信息；

（3）标注剪力墙变截面处竖向钢筋构造尺寸；

结施 S-06、S-07

（4）样板图中给出地下室外墙外侧竖向非贯通筋的配筋信息，在墙中绘制并标注非贯通筋距离楼板中心线的尺寸；

（5）地下室外墙混凝土强度等级为 C40，按抗震等级二级设计；

（6）注写图名和比例，图名根据绘制内容自定；

（7）绘图比例为 1：1，出图比例为 1：20。

实训五　剪力墙构造绘制 4

（对接"1＋X"建筑工程识图职业技能证书、职业院校"建筑工程识图"技能大赛）

班级＿＿＿＿＿＿＿＿＿　姓名＿＿＿＿＿＿＿＿＿　学号＿＿＿＿＿＿＿＿＿

1. 剪力墙构造详图绘制

已知：某三层剪力墙，采用强度等级为 C40 的混凝土，剪力墙抗震等级为二级，环境类别为地下部分为二 b 类，其余为一类，剪力墙竖向钢筋在基础内的侧向保护层厚度＞5d。钢筋采用焊接连接，基础高度为 800 mm，基础保护层厚度为 40 mm，基础底板钢筋直径为 10 mm，剪力墙保护层厚度为 15 mm，剪力墙注写内容见表 6.26～表 6.28，如图 6.13 所示，结构层楼面标高和结构层高见表 6.29。

根据表 6.26～表 6.29 中剪力墙列表注写信息，新建 dwg 文件，将图 6.13 转换为截面注写方式。

绘制要求：

（1）绘制轴线和墙轮廓，并标注柱边至轴线的尺寸；

（2）绘制墙柱内钢筋；

（3）进行截面注写；

（4）标注图名及比例，图名根据绘制内容自定；

（5）绘图比例为 1∶1，出图比例为 1∶20。

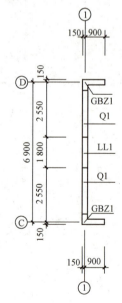

图 6.13　剪力墙平法施工图

表 6.26　剪力墙身表

编号	标高/m	墙厚/mm	水平分布钢筋	垂直分布钢筋	拉结筋（双向）
Q1	−0.030～12.270	300	Φ12@200	Φ12@200	Φ6@600@600

表 6.27　剪力墙梁表

编号	所在楼层号	相对标高高差/m	梁截面尺寸/（mm×mm）	上部纵筋	下部纵筋	箍筋
LL1	2～3	0.800	300×2 000	4Φ22	4Φ22	Φ10@100（2）
	屋面层		300×1 200	4Φ22	4Φ22	Φ10@100（2）

表 6.28　剪力墙柱表

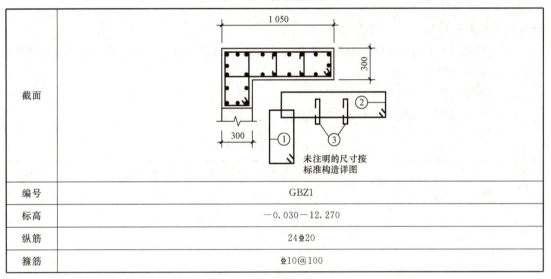

截面	（见图）
编号	GBZ1
标高	−0.030−12.270
纵筋	24Φ20
箍筋	Φ10@100

表 6.29　结构层楼面标高和结构层高

屋顶	12.270	
3	8.670	3.6
2	4.470	4.2
1	−0.030	4.5
层号	标高/m	层高/m

2. 剪力墙梁构造详图绘制

（1）绘制图 6.13 中 LL1 跨中剖面图。

（2）绘制图 6.13 中 LL1 配筋构造，包含钢筋排布、锚固长度、锚固方式。

（3）绘图比例为 1∶1，出图比例为 1∶20。

典型岗位职业能力综合实训：钢筋配料单编制

班级＿＿＿＿＿＿＿＿＿　　姓名＿＿＿＿＿＿＿＿＿　　学号＿＿＿＿＿＿＿＿＿

【知识要点】

（1）判断图 6.13 中剪力墙插筋构造。

（2）计算各层非连接区段长度；特别注意判断嵌固位置，嵌固位置非连接区 $\geqslant \dfrac{H_n}{3}$，非嵌固位置非连接区段长度 $\max\left(\dfrac{H_n}{6}, h_c, 500\right)$；一、二批接头机械连接错开位置为 $35d$，焊接接头错开位置为 $\max(35d, 500)$。

（3）判断图 6.13 中 GBZ1 顶钢筋是否满足直锚，如果不满足直锚，判断是否满足弯锚或端头加锚头（锚板）的条件。

（4）绘制钢筋计算简图。

（5）钢筋翻样。计算过程另附钢筋配料，填入表 6.30 中。

表 6.30　钢筋配料表

构件名称	钢筋编号	简图	直径/mm	钢筋级别	下料长度/mm	单位根数	合计根数

续表

构件 名称	钢筋 编号	简图	直径 /mm	钢筋 级别	下料长度 /mm	单位 根数	合计 根数

续表

构件 名称	钢筋 编号	简图	直径 /mm	钢筋 级别	下料长度 /mm	单位 根数	合计 根数

梁平法施工图识读与钢筋配料单编制

导读 楼梯是安全通道，是交通运输通道。通过本学习情景的学习，学生能够进一步熟悉 22G101 图集的相关内容；掌握板式楼梯施工图制图规则，掌握各种梯板的钢筋构造，能够熟练识读梯板平法施工图，能够熟练应用梯板构造详图进行梯板钢筋翻样和梯板钢筋的计算。

素养元素引入 楼梯是连接不同楼层的重要通道，是上下楼的必经之路，更是发生危险时的安全通道。人生就像走楼梯一样，无论是坦荡的石阶，还是曲折的台阶，都是我们人生中的必须面对的。引导学生克服困难，勇于攀登。同时，爬楼梯也可能存在一些安全隐患，一步三层，一旦失误就会发生意外，告诫学生应一步一个脚印，脚踏实地，保持警惕。

7.1 现浇混凝土板式楼梯平法识图

微课：现浇混凝土板式
楼梯平法识图

7.1.1 楼梯类型

根据《混凝土结构施工图平面整体表示方法制图规则和构造详图（现浇混凝土板式楼梯）》（22G101—2）规定，板式楼梯有 14 种类型，详见表 7.1。

表 7.1 楼梯类型

梯板代号	适用范围		是否参与结构整体抗震计算
	抗震构造措施	适用结构	
AT	无	剪力墙、砌体结构	不参与
BT			
CT			
DT			
ET			
FT			
GT			

续表

梯板代号	适用范围		是否参与结构整体抗震计算
	抗震构造措施	适用结构	
ATa	有	框架结构、框剪结构中的框架部分	不参与
ATb			
ATc			参与
BTb			
CTa			
CTb			
DTb			

各类型楼梯截面形状与支座位置见表7.2。

表 7.2　详细介绍各楼梯类型

1. AT 型楼梯	2. BT 型楼梯
AT 型楼梯是指两梯梁之间的矩形梯板全部由踏步段组成，即踏步端两端均以梯梁为支座	BT 型楼梯是指两梯梁之间的矩形梯板由低端平板和踏步段组成，即两部分的一端各自以梯梁为支座
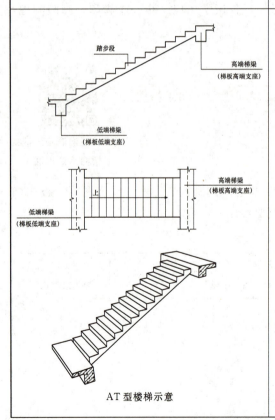 AT 型楼梯示意	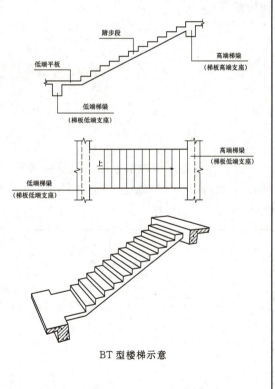 BT 型楼梯示意

续表

3. CT 型楼梯 CT 型楼梯是指两梯梁之间的矩形梯板由踏步段和高端平板组成，即两部分的一端各自以梯梁为支座	**4. DT 型楼梯** DT 型楼梯是指两梯梁之间的矩形梯板由低端平板、踏步段和高端平板组成，高低端平板的一端各自以梯梁为支座
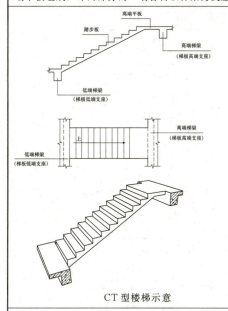 CT 型楼梯示意	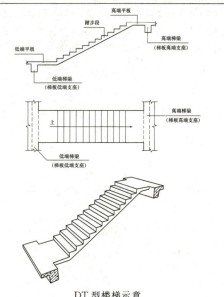 DT 型楼梯示意
5. ET 型楼梯 ET 型楼梯是指两梯梁之间的矩形梯板由低端踏步段、中位平板和高端踏步段组成，高低端踏步板的一端各自以梯梁为支座	**6. FT 型楼梯** FT 型楼梯是指矩形梯板由楼层平板、两跑踏步段和层间平板三部分组成，楼梯间内不设置梯梁；楼层平板及层间平板均采用三边支承，同一楼层内各踏步段的水平长度相等，高度相等
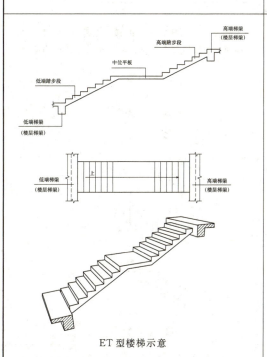 ET 型楼梯示意	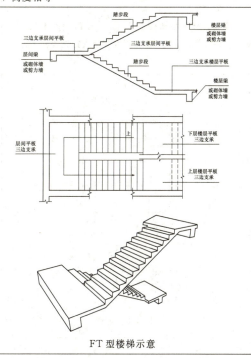 FT 型楼梯示意

7. GT 型楼梯

GT 型楼梯是指楼梯间设置楼层梯梁，但不设置层间梯梁，矩形梯板由两跑踏步段与层间平台板两部分组成，层间平台板采用三边支承，另一边与踏步段的一端相连，踏步段的另一端以楼层梯梁为支座，同一楼层内各踏步段的水平长度相等，高度相等

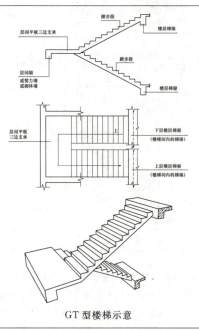

GT 型楼梯示意

8. ATa 型楼梯

ATa 型楼梯是指梯板全部由踏步段组成，梯板高端支撑在梯梁上，梯板低端带滑动支座支撑在梯梁上

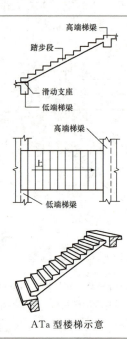

ATa 型楼梯示意

9. ATb 型楼梯

ATb 型楼梯是指梯板全部由踏步段组成，梯板高端支撑在梯梁上，梯板低端带滑动支座支撑在挑板上

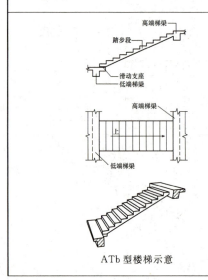

ATb 型楼梯示意

10. ATc 型楼梯

ATc 型楼梯是指两梯梁之间的梯板全部由踏步段组成，即踏步端两端均以梯梁为支座，ATc 楼梯用于结构整体抗震计算

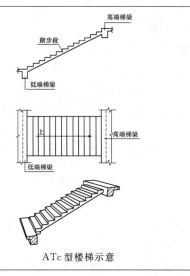

ATc 型楼梯示意

续表

11. BTb 型楼梯 BTb 型楼梯是指梯板由踏步段和低端平板组成，梯板高端支撑在梯梁上，梯板低端带滑动支座支撑在挑板上	**12. CTa 型楼梯** CTa 型楼梯是指梯板由踏步段和高端平板组成，梯板高端支撑在梯梁上，梯板低端带滑动支座支撑在梯梁上

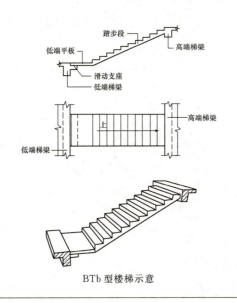 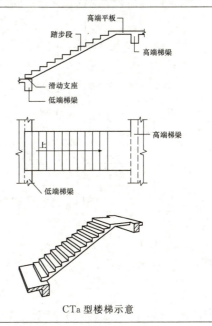

BTb 型楼梯示意	CTa 型楼梯示意

13.CTb 型楼梯 CTb 型楼梯是指梯板由踏步段和高端平板组成，梯板高端支撑在梯梁上，梯板低端带滑动支座支撑在挑板上	**14.DTb 型楼梯** DTb 型楼梯是指梯板由低端平板、踏步段和高端平板组成，梯板高端支撑在梯梁上，梯板低端带滑动支座支撑在挑板上

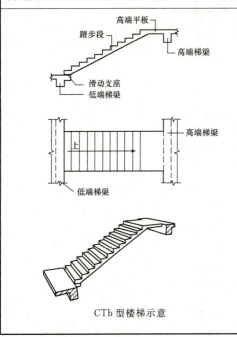 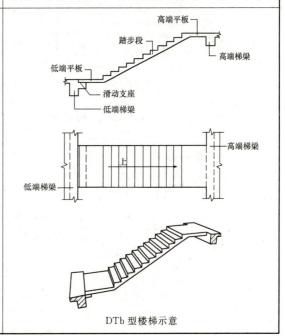

CTb 型楼梯示意	DTb 型楼梯示意

ATa、CTa 型板式楼梯的滑动支座做法如图 7.1 所示。

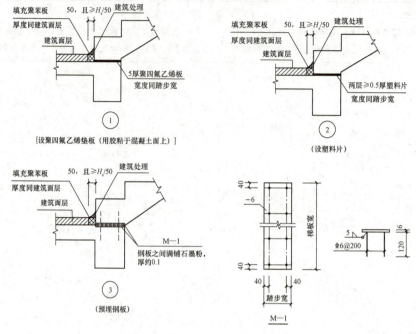

图 7.1　ATa、CTa 滑动支座做法

ATb、CTb 型板式楼梯的滑动支座做法如图 7.2 所示。

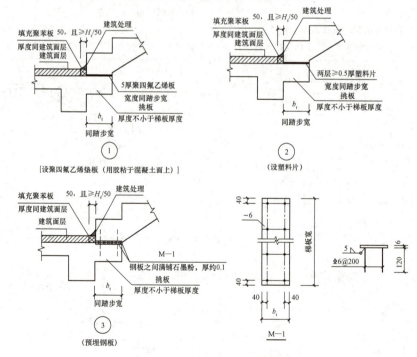

图 7.2　ATb、CTb 滑动支座做法

BTb、DTb 型板式楼梯的滑动支座做法如图 7.3 所示。

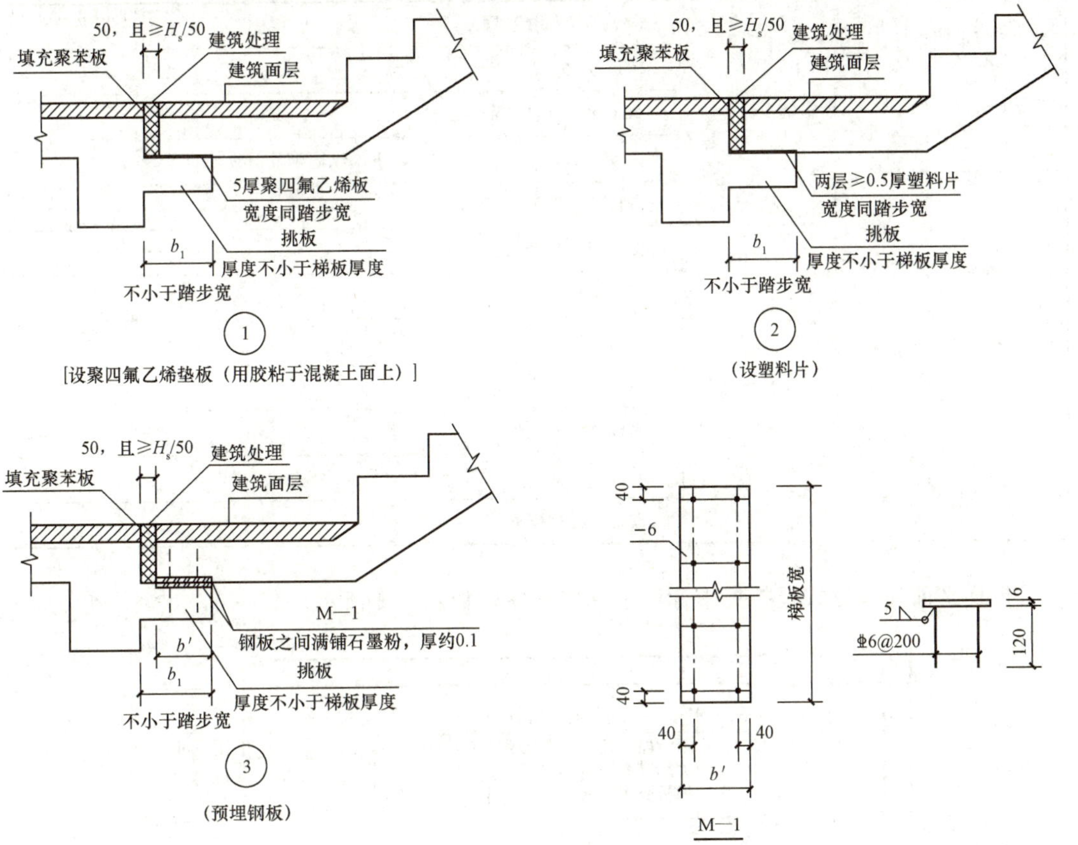

① [设聚四氟乙烯垫板（用胶粘于混凝土面上）]

② （设塑料片）

③ （预埋钢板）

图 7.3　BTb、DTb 滑动支座做法

7.1.2　楼梯平面注写方式

现浇混凝土板式楼梯平法施工图有平面注写、剖面注写和列表注写三种表达方式。

平面注写方式是在楼梯平面布置图上注写截面尺寸和配筋具体数值的方式来表达楼梯施工图。其包括集中标注和外围标注。

1. 楼梯平法识图知识体系

剪力墙制图规则见《混凝土结构施工图平面整体表示方法制图规则和构造详图（现浇混凝土板式楼梯）》（22G101—2）第 1—1～1—14 页，知识体系见表 7.3。

表 7.3　剪力墙平法识图知识体系

	平面注写方式
平面表达方式	剖面注写方式
	列表注写方式

续表

平面注写方式	集中标注	楼梯类型代号与序号
		梯板厚度
		踏步段总高度和踏步级数
		梯板上部纵向钢筋（纵筋）、下部纵向钢筋（纵筋）
		梯板分布钢筋
	外围标注	楼梯间的平面尺寸
		楼层结构标高
		层间结构标高
		楼梯的上下方向
		梯板的平面几何尺寸
		平台板配筋
		梯梁及梯柱配筋

楼梯平面注写方式包括集中标注和外围标注，如图 7.4 所示。

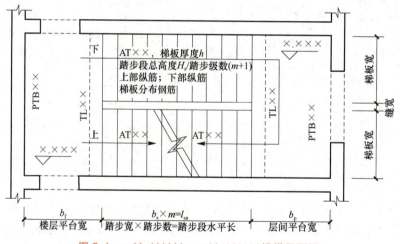

图 7.4 ▽×.×××～▽×.×××楼梯平面图

2. 集中标注

楼梯集中标注的内容有五项，具体规定如下：

（1）梯板类型代号与序号，如 AT××。

（2）梯板厚度，注写为 $h=×××$。当为带平板的梯板且梯段板厚度和平板厚度不同时，可在梯段板厚度后面括号内以字母 P 打头注写平板厚度。

例： $h=130$（P150），130 表示梯段厚度，150 表示梯板平板段的厚度。

（3）踏步段总高度和踏步级数之间以"/"分隔。

（4）梯板支座上部纵筋、下部纵筋之间以";"分隔。

（5）梯板分布钢筋，以 F 打头注写分布钢筋的具体值，也可统一说明。

[例] 平面图中楼板类型及配筋的完整标注如下：

AT1，$h=120$	梯板类型及编号，楼板板厚
1 800/12	踏步段总高度/踏步级数
$\underline{\Phi}10@200$；$\underline{\Phi}12@150$	上部纵筋；下部纵筋
Fϕ8@250	梯板分布钢筋（可统一说明）

对于 ATc 型楼梯还应注明梯板两侧边缘构件纵向钢筋及箍筋。

3. 外围标注

外围标注包括楼梯间的平面尺寸、楼层结构标高、层间结构标高、楼梯的上下方向、楼板的平面几何尺寸、平台板配筋、梯梁及梯柱配筋等。其中，ATc 型平面注写方式还包括边缘构件纵筋和边缘构件箍筋，如图 7.5 所示。

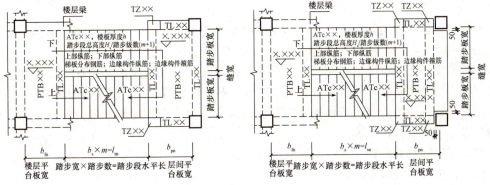

图 7.5　ATc 型楼梯平面注写

如图 7.6 所示为某实际工程楼梯施工图。

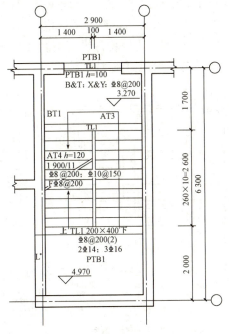

图 7.6　某楼梯二层平面图

其中：

（1）梯板为 AT4。

（2）梯板厚度为 120 mm。

（3）踏步段总高度为 1 900 mm，踏步级数为 11 级。

（4）梯板支座上部纵筋为 Φ8@200，下部纵筋为 Φ10@150。

（5）梯板分布钢筋为 Φ8@200。

楼梯间的平面尺寸为 2 900 mm×6 300 mm，楼层结构标高为 4.970 m、层间结构标高为 3.270 m、楼板的平面几何尺寸为 260×10＝2 600（mm）、平台板 PTB1 厚度为 100 mm，配筋为板底与板面 x 和 y 方向均为 Φ8@200。

7.1.3 楼梯剖面注写方式

楼梯剖面注写方式需在楼梯平法施工图中绘制楼梯平面布置图和楼梯剖面图，注写方式分为平面注写和剖面注写两部分。

楼梯平面图注写包括楼梯间的平面尺寸、楼层结构标高、层间结构标高、楼梯的上下方向、梯板的平面几何尺寸、梯板类型及编号、平台板配筋、梯梁及梯柱配筋等。

楼梯剖面图注写内容包括梯板集中标注、梯梁梯柱编号、梯板水平及竖向尺寸、楼层结构标高、层间结构标高等。

楼板集中标注的内容有四项，具体规定如下：

（1）梯板类型及编号，如 AT××。

（2）梯板厚度，注写为 $h＝$×××。当梯板由踏步段和平板构成，且梯板踏步段厚度和平板厚度不同时，可在梯段板厚度后面括号内以字母 P 打头注写平板厚度。

（3）梯板配筋，注明梯板上部纵筋、下部纵筋，之间以"；"分隔。

（4）梯板分布钢筋，以 F 打头注写分布钢筋的具体值，该项也可在图中统一说明。

对于 ATc 型楼梯还应注明梯板两侧边缘构件纵向钢筋及箍筋。

如图 7.7 所示为某实际楼梯施工图剖面注写。

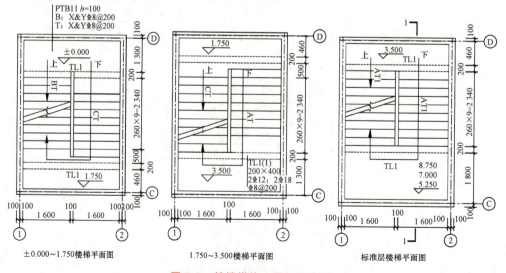

图 7.7 某楼梯施工图剖面注写

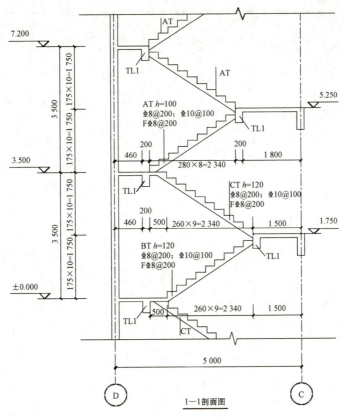

图 7.7　某楼梯施工图剖面注写（续）

7.1.4　楼梯列表注写方式

楼梯列表注写方式是用列表方式注写梯板截面尺寸和配筋具体数值的方式来表达楼梯施工图。

列表注写方式的具体要求同剖面注写方式，仅将剖面注写方式中的梯板配筋注写项改为列表注写项即可。

梯板列表注写内容见表 7.4。

表 7.4　梯板几何尺寸和配筋表

梯板编号	踏步段总高度/踏步级数	板厚/mm	上部纵筋	下部纵筋	分布钢筋

某实际工程楼梯梯板施工图列表注写见表 7.5。

表 7.5　某楼梯梯板施工图列表注写

楼梯编号	梯跑编号	标高	断面形式	梯宽×厚 b×B	梯跑尺寸 b×n₁=L	L1	L2	a×n₂=B	梯板底筋 ①	④	梯板面筋 ②	③	备注
LT2 楼梯	TB1	详剖面	A	详建筑×160	270×14=3 780			165×15=2 475	Φ12@150		Φ10@200		
	TB2	详剖面	B	详建筑×110	270×7=1 890	810		165×8=1 320	Φ12@200		Φ10@200	Φ10@200	
	TB3	详剖面	C	详建筑×130	270×6=1 620		1380	165×7=1 155	Φ12@200	12@200	Φ10@200		
	TB4	详剖面	B	详建筑×180	270×14=3 780	300		165×15=2 475	Φ12@125		Φ10@200	Φ10@200	
	TB5	详剖面	B	详建筑×180	270×14=3 780	400		165×15=2 475	Φ12@100		Φ10@200	Φ10@200	砖墙砌梯板上
	TB6	详剖面	D	详建筑×160	270×3=810	2 430	500	163.3×4=653	Φ12@150	Φ12@150	Φ10@200	Φ10@200	
	TB7	详剖面	D	详建筑×180	270×12=3 240	500	300	150×13=1 950	Φ12@125	Φ12@125	Φ10@200	Φ10@200	
	TB8	详剖面	D	详建筑×160	270×6=1 620	1 650	270	150×7=1 050	Φ12@150	Φ12@150	Φ10@200	Φ10@200	
	TB9	详剖面	C	详建筑×110	270×9=2 430		270	150×10=1 500	Φ12@200	Φ12@200	Φ10@200		
	TB10	详剖面	A	详建筑×110	270×9=2 430			150×10=1 500	Φ12@200		Φ10@200		
	TB11	详剖面	A	详建筑×110	270×9=2 430			165×10=1 650	Φ12@200		Φ10@200		

7.2　现浇混凝土板式楼梯构造

如图 7.8～图 7.13 所示为 AT～CT 型楼梯板配筋构造。其中，图中上部纵筋锚固长度 $0.35l_{ab}$ 用于设计按铰接的情况，括号内数据 $0.6l_{ab}$ 用于设计考虑充分利用钢筋抗拉强度的情况，具体工程中设计应指明采用何种情况。上部纵筋有条件时可直接伸入平台板内锚固，从支座内边算起应满足锚固长度 l_a，如图中虚线所示。

微课：楼梯平法构造

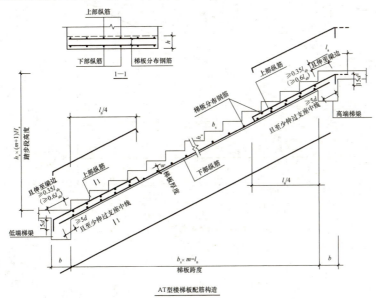

AT 型楼梯板配筋构造

图 7.8　AT 型楼梯板配筋构造

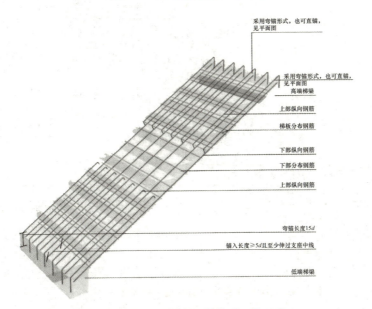

3D 模型：AT 型楼梯板配筋构造三维示意图

图 7.9　AT 型楼梯板配筋构造三维示意

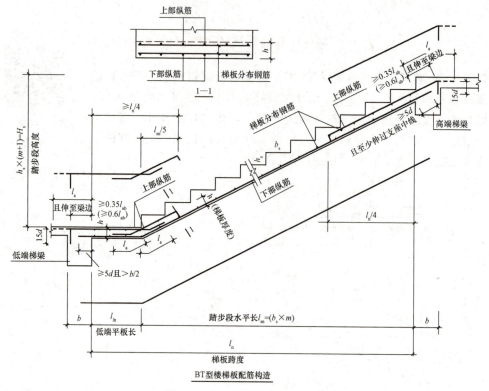

图 7.10　BT 型楼梯板配筋构造

3D 模型：BT 型楼梯板配筋构造三维示意图

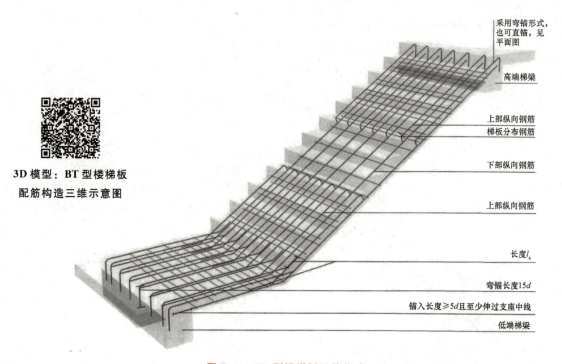

图 7.11　BT 型楼梯板配筋构造三维示意

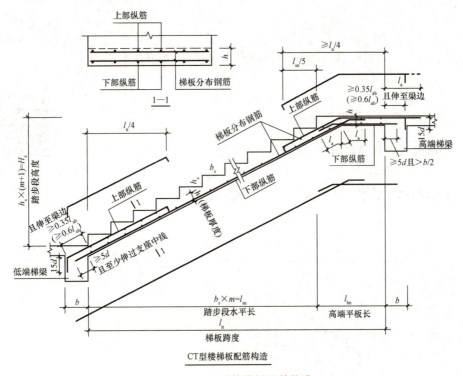

图 7.12　CT 型楼梯板配筋构造

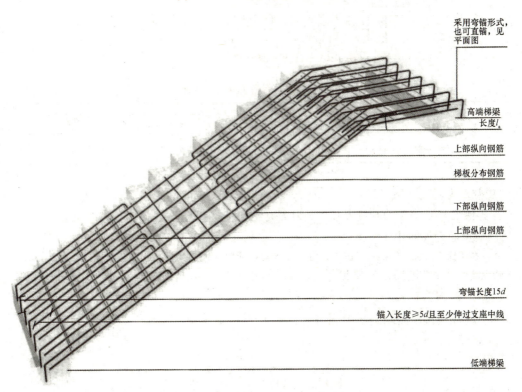

图 7.13　CT 型楼梯板配筋构造三维示意

7.3 现浇混凝土板式钢筋翻样

7.3.1 AT 型板式楼梯钢筋翻样

AT 型楼梯板内钢筋如图 7.8 所示。

微课：现浇混凝土板式
楼梯钢筋翻样

1. 梯段低端负筋

AT 型楼梯梯段低端负筋构造如图 7.14 所示，下料长度见表 7.6。

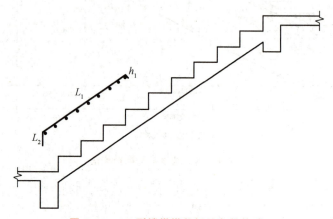

图 7.14 AT 型楼梯梯段低端负筋构造

表 7.6 梯段低端负筋下料长度

L_1	L_2	h_1	长度	分布钢筋根数
$(l_n/4+b-梁\,c)\times k$	$15d$	$h-2\times 板\,c$	$L_1+L_2+h_1$	$(l_n/4\times k-S/2)\,/S+1$

其中 k 为斜度系数，$k=\sqrt{b_s^2+h_s^2}/b_s$，b_s 为踏步宽，h_s 为踏步高。

b 为梯梁宽度，h 为梯板厚度，c 为混凝土保护层厚度，l_n 为梯板净跨度，$l_n=b_s\times m$，S 是低端负筋钢筋间距。

注：在楼梯平法施工图的平面图中，负筋伸入支座除要求伸至梁边外，还需满足 $\geqslant 0.35 l_{ab}$（$0.6 l_{ab}$），一般情况能够同时满足且能伸至梁边，因此下料长度计算时算至梁边，在实际计算过程中要进行验算。

2. 梯段高端负筋

AT 型楼梯梯段高端负筋构造如图 7.15 所示，下料长度见表 7.7。

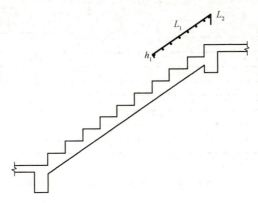

图 7.15　AT 型楼梯梯段高端负筋构造

表 7.7　梯段高端负筋下料长度

L_1	L_2	h_1	长度	分布钢筋根数
$(l_n/4+b-梁\,c)\times k$	$15d$	$h-2\times 板\,c$	$L_1+L_2+h_1$	$(l_n/4\times k-S/2)/S+1$

3. 梯段下部受力钢筋

AT 型楼梯梯段下部受力钢筋构造如图 7.16 所示，下料长度见表 7.8。

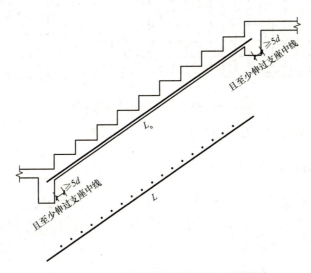

图 7.16　AT 型楼梯梯段下部受力钢筋构造

表 7.8　梯段下部受力钢筋下料长度

L	L_n	a	分布钢筋根数
$L_n+2\times a$	$l_n\times k$	$\max\,(5d,\,bk/2)$	$(l_n\times k-S)/S+1$

楼梯梯段下部受力钢筋根数计算简图如图 7.17 所示。

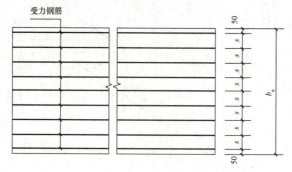

图 7.17　楼梯梯段下部纵筋根数计算简图

楼梯梯段下部受力钢筋根数为$(b_n-2\times50)/S+1$。

4. 梯段分布钢筋

AT 型楼梯梯段分布钢筋构造如图 7.18 所示。

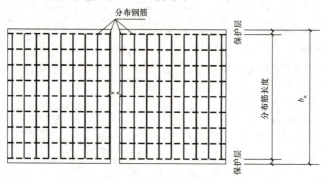

图 7.18　AT 型楼梯梯段分布钢筋构造

梯段分布钢筋下料长度为$(b_n-2\times$ 板 $c)$。

7.3.2　钢筋翻样实例

取某 AT 型板式楼梯，如图 7.19 所示，混凝土保护层厚度为 25 mm，抗震等级为三级，混凝土强度等级为 C30，楼板净宽尺寸为 1 400 mm，梯井宽度为 100 mm，梯梁宽度为 200 mm，踏步宽度为 260 mm，踏步高度为 175 mm，请对其进行钢筋配料计算，并填写钢筋配料单。

【案例解析】

（1）熟悉 AT 型楼梯平法施工图。

（2）计算各钢筋根数。

斜坡系数 k 为

$$k=\sqrt{b_s^2+h_s^2}/b_s=\sqrt{260^2+175^2}/260=1.205$$

1）梯段低端负筋及分布钢筋根数的计算：

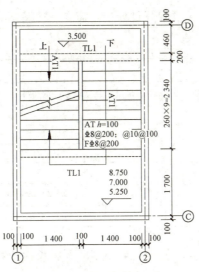

图 7.19　AT 型楼梯平法施工图

低端负筋根数 $= (b_n - 2 \times 50)/S + 1 = (1\,400 - 2 \times 50)/200 + 1 = 8$（根）

　　分布钢筋根数 $= (l_n/4 \times k - S/2)/s + 1 = (2\,340/4 \times 1.205 - 200/2)/200 + 1 = 5$（根）

2）梯段高端负筋及分布钢筋根数的计算：

高端负筋根数 $= (b_n - 2 \times 50)/S + 1 = (1\,400 - 2 \times 50)/200 + 1 = 8$（根）

　　分布钢筋根数 $= (l_n/4 \times k - S/2)/S + 1 = (2\,340/4 \times 1.205 - 200/2)/200 + 1 = 5$（根）

3）梯段下部受力钢筋及分布钢筋根数计算：

下部受力钢筋根数 $= (b_n - 2 \times 50)/S + 1 = (1\,400 - 2 \times 50)/100 + 1 = 14$（根）

　　分布钢筋根数 $= (l_n \times k - S)/S + 1 = (2\,340 \times 1.205 - 200)/200 + 1 = 15$（根）

（3）钢筋下料长度计算。

1）钢筋分解。根据构造详图和钢筋根数大样图，对楼梯内钢筋进行分解，见表 7.9。

表 7.9　钢筋分解

钢筋编号	钢筋描述	钢筋根数
①	梯段低端负筋	8⊕8
②	梯段低端分布钢筋	5⊕8
③	梯段高端负筋	8⊕8
④	梯段高端分布钢筋	5⊕8
⑤	梯段下部受力钢筋	14⊕10
⑥	梯段下部分布钢筋	15⊕8

2）常用数据计算。下料长度计算过程中，需要一些基本的参数，计算见表 7.10。

表 7.10　基本参数表

查阅 22G101—1，查得有关数据	
(1) 根据混凝土强度等级、钢筋级别、得 l_{ab}，混凝土强度等级、钢筋级别、钢筋直径得 l_a	
C30、HRB400 级钢：$l_{ab}=35d$	$\Phi 8$：$l_{ab}=35d=35\times 8=280$（mm）
	$\Phi 8$：$0.35 l_{ab}=0.35\times 35\times 8=98$（mm）
	$\Phi 10$：$l_{ab}=35d=35\times 10=350$（mm）
(2) max（$5d$，$bk/2$）	$\Phi 10$：$5d=5\times 10=50$（mm）
	$bk/2=200\times 1.205/2=121$（mm）
(3) 弯折长度 $15d$	$\Phi 8$：$15d=15\times 8=120$（mm）

3）钢筋下料长度。各项受力钢筋、分布钢筋下料长度计算见表 7.11。

表 7.11　钢筋下料长度

①号筋下料长度	
钢筋根数	$8\Phi 8$
钢筋简图	
钢筋下料长度	斜段长度＋弯折长度＋直钩长度＝$(l_n/4+b-梁\,c)\times k+15d+(h-2\times 板\,c)$
	（2 340/4＋200－25）×1.205＋(15×8)＋(100－2×25)＝916＋120＋50＝1 086（mm）
②号筋下料长度	
钢筋根数	$5\Phi 8$
钢筋简图	1 350
钢筋下料长度	楼板净宽－两端保护层厚度＝$b_n-2\times 板\,c$
	1 400－2×25＝1 350（mm）
③号筋下料长度	
钢筋根数	$8\Phi 8$
钢筋简图	
钢筋下料长度	斜段长度＋弯折长度＋直钩长度＝$(l_n/4+b-梁\,c)\times k+15d+(h-2\times 板\,c)$
	（2 340/4＋200－25）×1.205＋(15×8)＋(100－2×25)＝916＋120＋50＝1 086（mm）
④号筋下料长度	
钢筋根数	$5\Phi 8$
钢筋简图	1 350

钢筋下料长度	楼板净宽－两端保护层厚度＝b_n－2×板 c
	1 400－2×25＝1 350（mm）
⑤号筋下料长度	
钢筋根数	14Φ10
钢筋简图	3 061
钢筋下料长度	斜段长度＋两端伸入支座长度＝l_n×k＋2×a
	2 340×1.205＋2×max（5×10，200×1.205/2）＝3 061（mm）
⑥号筋下料长度	
钢筋根数	15Φ8
钢筋简图	1 350
钢筋下料长度	楼板净宽－两端保护层厚度＝b_n－2c
	1 400－2×25＝1 350（mm）

（4）编制钢筋配料单见表 7.12。

表 7.12　钢筋配料单

构件名称	钢筋编号	简图	直径/mm	钢筋级别	下料长度/mm	单位根数	合计根数
AT 型板式楼梯	①	50 916 120	8	Φ	1 086	8	8
	③	120 916 75	8	Φ	1 086	8	8
	⑤	3 061	10	Φ	3 061	14	14
	②	1 350	8	Φ	1 350	5	20
	④					5	
	⑥					15	

学习情景评价表

姓名		学号		
专业			班级	
评价标准				
项次	项目	评价内容	分值	自评分	教师评分

项次	项目	评价内容	分值	自评分	教师评分
1	职业特质	过程导向的思维；追求准确与快速的计算能力	5		
2		追求达到设计规范与图集、标准的价值	5		
3	技术能力	识图能力	10		
4		解读构造的能力	10		
5		钢筋下料计算能力	10		
6		配料单编制能力	15		
7	相关知识	平法钢筋识图	10		
8		平法钢筋构造与下料计算	10		
9		配料单编制	15		
10	通用能力	合作和沟通能力	4		
11		技术与方法能力	3		
12		职业价值的认识能力	3		
自评做得很好的地方					
自评做得不好的地方					
以后需要改进的地方					
工作时效		提前○　　准时○　　超时○			
自评		★★★★★（5、4、3、2、1分别代表非常好、好、一般、差、非常差）			
教师评价		★★★★★（5、4、3、2、1分别代表非常好、好、一般、差、非常差）			
学习建议		知识补充			
		技能强化			
		学习途径			

实训一　楼梯平法施工图识读

班级_____　姓名_____　学号_____

1. 板式楼梯施工图识读一般规定

现浇混凝土板式楼梯平法施工图有平面注写、剖面注写和列表注写三种表达方式。图集 22G101—2 提供了_____种类型楼梯。其截面形状见图集 22G101—2 第 1—8～1—14 页。

2. 板式楼梯的识读

（1）平面注写方式。平面注写方式是在楼梯平面图上注写截面尺寸和配筋具体数据的方式来表达楼梯施工图，包括集中标注和外围标注，如图 7.20 所示。

1）集中标注内容（五项）

①_____，如 AT××。

②_____，注写为 $h=×××$。当为带平板的楼板且梯段板厚度和平板厚度不同时，可在梯段板厚度后面括号内以字母 P 打头注写平板尺寸。

如 $h=130$（P150），130 表示楼梯_____厚度，150 表示楼梯_____的厚度。

③_____，之间以"/"分隔。

④_____、_____，之间以";"分隔。

⑤_____，以 F 打头注写分布钢筋具体值，该项也可在图中统一说明。

2）外围标注的内容：一个完整的楼梯除梯板、平台板外，还有梯梁和梯柱，因此楼梯外围标注的内容，包括楼梯间的平面尺寸、楼层结构标高、层间结构标高、楼梯的上下方向、梯板的平面几何尺寸、平台板配筋、梯梁及梯柱配筋等。

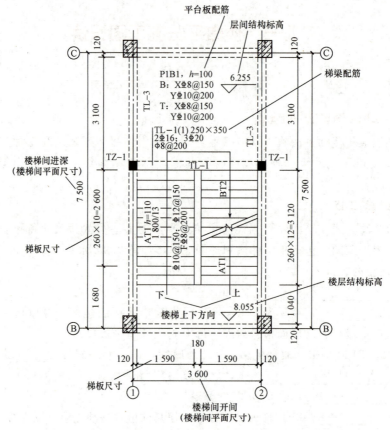

图 7.20　平面注写方式

（2）剖面注写方式。剖面注写方式需在楼梯平法施工图中绘制楼梯平面布置图和楼梯剖面图。注写方式分为平面注写和剖面注写两部分，如图 7.21 所示。

1）平面注写。

①楼梯平面图注写内容包括楼梯间的平面尺寸、楼层及层间结构标高、楼梯的上下方向、梯板的平面几何尺寸、梯板类型及编号、平台板配筋、梯梁及梯柱配筋等。

②楼梯剖面图注写内容包括梯板集中标注、梯梁梯柱编号、梯板水平及竖向尺寸、楼层及层间结构标高等。

2）集中标注的内容有以下四项。

①梯板类型的代号与序号，如 AT××。

②梯板厚度，注写为 $h=×××$。当梯板由踏步段和平板构成，且梯板踏步段厚度和平板厚度不同时，可在梯段板厚度后面括号内以字母 P 打头注写平板尺寸。如 $h=130$ (P150)。

③梯板配筋。

④梯板分布钢筋，以 F 打头注写分布钢筋具体值。

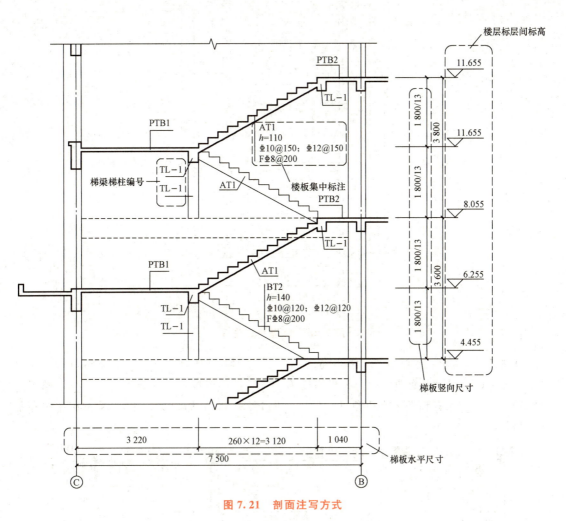

图 7.21　剖面注写方式

识读图 7.22 所示的楼梯平面图。

①楼面结构标高是指结构层楼面现浇板顶面标高：如 T1 楼梯一层平面图中 PTB2 的板顶标高为_____ m。层间结构层高是层间平台板顶面标高：如 T1 楼梯一层平面图中 PTB1 的板顶标高为_____ m。

②水平定位轴线：_____，楼梯间开间间距为_____ m，垂向定位轴线：_____，楼梯间进深间距为_____ m。

③集中标注：1 号 BT 型梯板，板厚为_____ mm；踏步段总高度为_____ mm，踏步级数_____级；上部纵向钢筋_____，下部纵向钢筋_____；分布钢筋_____；2 号 BT 型梯板，板厚为_____ mm；踏步段总高度为_____ mm，踏步级数_____级；上部纵向钢筋_____，下部纵向钢筋_____；分布钢筋_____。

④BT1、BT2 梯板的宽度为_____ mm，BT2 平板长度为_____ mm。

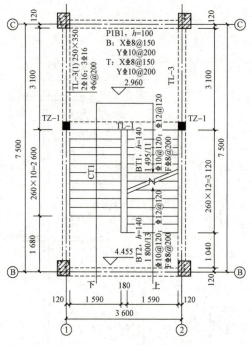

图 7.22　BT 型平面注写

如图 7.23 所示：梯板 ATa1 踏步高为_____，踏步宽为_____，楼梯间的平面尺寸如▽—0.050 楼梯平面图所示。梯板厚度为_____，梯板上部纵筋为_____，梯板下部纵筋为_____；梯板分布钢筋为_____；PTB1 的配筋如▽2.400～▽4.050 楼梯平面图所示。

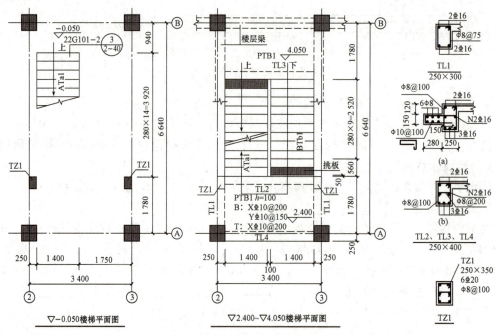

图 7.23　楼梯剖面注写方式

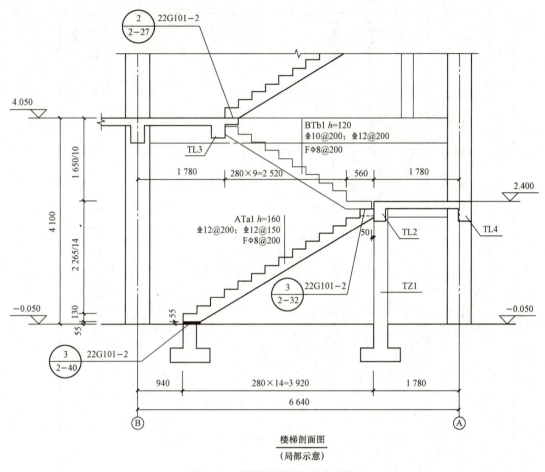

图 7.23　楼梯剖面注写方式（续）

（3）列表注写方式：列表注写方式是用列表方式注写梯板截面尺寸和配筋具体数值的方式来表达楼梯施工图。列表注写方式的具体要求同剖面注写方式，仅将剖面注写方式中的第梯板配筋注写项改为列表注写项即可。

读表 7.13，梯板 TB1 踏步高为_____，踏步宽为_____，梯板厚度为_____，梯板上部纵筋为_____，梯板下部纵筋为_____；梯板分布钢筋为_____。

3. 楼梯下料长度的计算

各楼梯的连接构造详见图集 22G101—2。需计算上部纵筋、下部纵筋和分布钢筋的下料长度和根数。

其中，图 7.8～图 7.13 所示的上部纵筋锚固长度 $0.35l_{ab}$ 用于设计按铰接的情况，括号内数据 $0.6l_{ab}$ 用于设计考虑充分利用钢筋抗拉强度的情况，具体工程中设计应指明采用何种情况。上部纵筋有条件时可直接伸入平台板内锚固，从支座内边算起应满足锚固长度 l_a，如图中虚线所示。

表 7.13 楼梯平法施工列表注写方式

| 楼梯编号 | 梯跑编号 | 标高 | 断面形式 | 梯宽×厚 $b×B$ | 梯跑尺寸 | | | 梯板底筋 | | 梯板面筋 | | 备注 |
					$b×n_1=L$	L_1 L_2	$a×n_2=B$	①	④	②	③	
LT1楼梯	TB1	详剖面	A	详建筑×180	270×16=4 320		155.9×17=2 650	Φ12@125		Φ10@200		
	TB2	详剖面	A	详建筑×160	270×14=3 780		165×15=2 475	Φ12@150		Φ10@200		
	TB2a	详剖面	A	详建筑×160	270×14=3 780		165×15=2 475	Φ12@125		Φ10@200		砖墙砌梯板上
	TB3a	详剖面	A	详建筑×110	270×9=2 430		165×10=1 650	Φ12@200		Φ10@200		砖墙砌梯板上
	TB3	详剖面	A	详建筑×110	270×9=2 430		165×10=1 650	Φ10@150		Φ10@200		
	TB4	详剖面	A	详建筑×110	270×9=2 430		150×10=1 500	Φ10@150		Φ10@200		

实训二　楼梯构造绘制 1

班级＿＿＿＿＿＿＿＿＿　姓名＿＿＿＿＿＿＿＿＿　学号＿＿＿＿＿＿＿＿＿

（1）如图 7.24 所示，阅读楼梯平面注写，绘制出 BT 型楼梯板配筋构造。

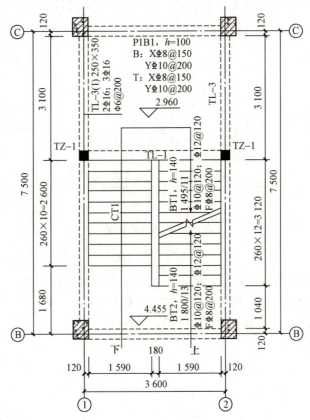

图 7.24　BT 型楼梯平面注写

绘制要求：

1）绘制出梯段、梯梁轮廓线。

2）标出上部纵筋、下部纵筋和分布钢筋。

3）尺寸按照构造详图计算后标出。

（2）根据图 7.25 给定的信息，绘制楼梯配筋图。其中，混凝土强度等级为 C40。

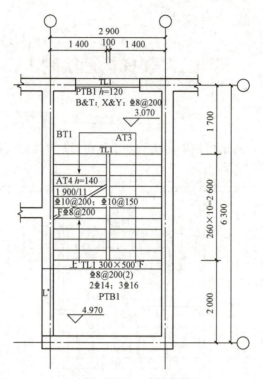

图 7.25 楼梯平面图

绘制要求：

1）绘制梯板、梯梁构件轮廓线，标注梯板必要的尺寸及标高；

2）绘制梯板钢筋，标注钢筋的配筋信息及必要的构造尺寸；

3）绘制比例为 1:1，出图比例为 1:25。

实训三　楼梯构造绘制 2

（对接"1＋X"建筑工程识图职业技能证书、职业院校"建筑工程识图"技能大赛）

班级_____　姓名_____　学号_____

1. 楼梯梯段纵向钢筋构造及分解图绘制

绘制完成图纸中楼梯段（－5.450～2.900 m）AT1、BT1、CT1 纵向钢筋剖面图及纵筋大样。

（1）基本信息：

1）纵向搭接钢筋的接头百分率按 100％计算。

2）混凝土强度等级为 C30，钢筋 HRB400 级（Φ）。

3）PTB 为 100 mm 厚，配筋均为 Φ8@200 双层双向。

4）PTB1 为 130 mm 厚，配筋均为 Φ8@200 双层双向。

5）设计变更：结施 S-20 中，将楼梯段 BT1 的板厚变更为 100 mm，其余不变。

结施 S-20

（2）绘制要求：

1）根据设计要求，以楼梯段纵剖面的方式绘制楼梯段（－5.450～2.900 m）AT1、BT1、CT1 配筋图。绘制比例为 1：1，出图比例为 1：25，钢筋采用多线段绘制，宽度按 10 设置。

2）绘制梯段纵剖面钢筋构造，构造应明示钢筋保护层厚度、钢筋各段长度及搭接长度、分布钢筋的做法，并对梯段纵向钢筋进行分解抽样绘制，标注必要尺寸及配筋信息。

3）应绘制构件的尺寸、标高、钢筋与构件的关系、图名及比例。

2. 楼梯梯段构造详图绘制

根据结施-54 中的 2♯楼梯结构图绘制－1.430 至－0.050 标高范围内 CT2 梯段板配筋构造。

绘制要求：

（1）根据图集 22G101—2 相关构造要求，绘制 CT2 楼梯板配筋构造；

（2）标注配筋信息和纵筋锚固构造尺寸；

（3）注写图名和比例，图名根据绘制内容自定；

（4）绘图比例为 1：1，出图比例为 1：20。

结施-54

典型岗位职业能力综合实训：钢筋配料单编制

班级 _____ 姓名 _____ 学号 _____

　　某 AT 型板式楼梯平法施工图如图 7.26 所示，已知墙厚为 240 mm，轴线居中，楼梯井宽度为 60 mm，混凝土强度等级为 C30，一类环境，混凝土结构使用年限为 50 年，梯梁宽度为 200 mm，踏步宽度为 260 mm，试计算下料长度（忽略弯曲调整值的影响），并编制钢筋配料表（表 7.14）。

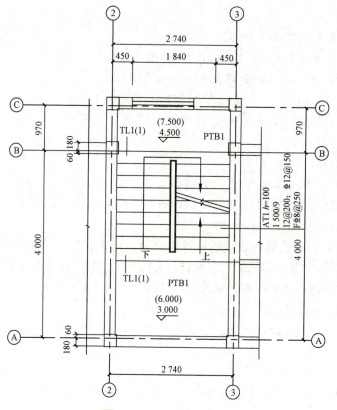

图 7.26　AT 型平面注写

表 7.14　钢筋配料表

构件名称	钢筋编号	简图	直径/mm	钢筋级别	下料长度/mm	单位根数	合计根数

续表

构件名称	钢筋编号	简图	直径/mm	钢筋级别	下料长度/mm	单位根数	合计根数

续表

构件 名称	钢筋 编号	简图	直径 /mm	钢筋 级别	下料长度 /mm	单位 根数	合计 根数

参 考 文 献

[1] 陈达飞 . 平法识图与钢筋计算 ［M］. 3 版 . 北京：中国建筑工业出版社，2017.

[2] 陈园卿 . 钢筋翻样与下料 ［M］. 北京：机械工业出版社，2011.

[3] 胡敏 . 平法识图与钢筋翻样 ［M］. 2 版 . 北京：高等教育出版社，2022.

[4] 彭波 . 平法钢筋识图算量基础教程 ［M］. 3 版 . 北京：中国建筑工业出版社，2018.

[5] 彭波 . G101 平法钢筋计算精讲 ［M］. 4 版 . 北京：中国电力出版社，2018.

[6] 徐珍，章明 . 钢筋混凝土结构平法识读与钢筋算量 ［M］. 武汉：武汉理工大学出版社，2017.

[7] 中国建筑标准设计研究院 . 22G101—1 混凝土结构施工图平面整体表示方法制图规则与构造详图（现浇混凝土框架、剪力墙、梁、板）［S］. 北京：中国标准出版社，2022.

[8] 中国建筑标准设计研究院 . 22G101—2 混凝土结构施工图平面整体表示方法制图规则与构造详图（现浇混凝土板式楼梯）［S］. 北京：中国标准出版社，2022.

[9] 中国建筑标准设计研究院 . 22G101—3 混凝土结构施工图平面整体表示方法制图规则与构造详图（独立基础、条形基础、筏形基础、桩基础） ［S］. 北京：中国标准出版社，2022.

[10] 中国建筑标准设计研究院 . 18G901—1 混凝土结构施工钢筋排布规则与构造详图（现浇混凝土框架、剪力墙、梁、板）［S］. 北京：中国计划出版社，2018.

[11] 中国建筑标准设计研究院 . 18G901—2 混凝土结构施工钢筋排布规则与构造详图（现浇混凝土板式楼梯）［S］. 北京：中国计划出版社，2018.

[12] 中国建筑标准设计研究院 . 18G901—3 混凝土结构施工钢筋排布规则与构造详图（独立基础、条形基础、筏形基础、桩基础）［S］. 北京：中国计划出版社，2018.

[13] 中华人民共和国住房和城乡建设部 . GB/T 50010—2010 混凝土结构设计标准（2024 年版）［S］. 北京：中国建筑工程出版社，2011.

[14] 中华人民共和国住房和城乡建设部 . GB/T 50011—2010 建筑抗震设计标准（2024 年版）［S］. 北京：中国建筑工业出版社，2010.